La filosofía cuántica y el intramundo

ULRICH WARNKE

La filosofía cuántica y el intramundo

El acceso a la esencia oculta del ser humano

EDICIONES OBELISCO

Si este libro le ha interesado y desea que le mantengamos informado de nuestras publicaciones, escríbanos indicándonos qué temas son de su interés (Astrología, Autoayuda, Psicología, Artes Marciales, Naturismo, Espiritualidad, Tradición...) y gustosamente le complaceremos.

Puede consultar nuestro catálogo en www.edicionesobelisco.com

Colección Espiritualidad y Vida interior
La filosofía cuántica y el intramundo
Ulrich Warnke

1.ª edición: junio de 2019

Título original: *Quantenphilosophie und Interwelt*

Traducción: *María Martí*
Maquetación: *Juan Bejarano*
Corrección: *M.ª Ángeles Olivera*
Diseño de cubierta: *Enrique Iborra*

Edita: Ediciones Obelisco, S. L.
Collita, 23-25. Pol. Ind. Molí de la Bastida
08191 Rubí - Barcelona - España
Tel. 93 309 85 25 - Fax 93 309 85 23
E-mail: info@edicionesobelisco.com

ISBN: 978-84-9111-466-6
Depósito Legal: B-13.789-2019

Printed in Spain

Impreso en los talleres gráficos de Romanyà/Valls S. A.
Verdaguer, 1 - 08786 Capellades - Barcelona

La dimensión espiritual de la física cuántica

«Las personas que desconocen que la vida tiene un objetivo mayor toman como válida cualquier otra finalidad. Así que son como ciegos errantes que vagan y encandilan a otros cegados que las siguen y se enredan cada vez más en su trayectoria sin rumbo».

Srimad-Bhagavatam 7.5.31

Durante más o menos 9.000 años ha habido un fenómeno que ha estado inquietando a las personas; lo denominan «el otro mundo» o «el mundo paralelo». Nuestros antepasados estaban convencidos de que el mundo visible era puramente superficial, una superficie engañosa detrás de la cual existía un cosmos mágico. Las narrativas de la antigüedad están repletas de seres que sólo con su voluntad y deseo podían lograr cosas increíbles. Aparecen en distintos formatos: como fantasmas y dioses, ángeles y demonios, brujas y elfos, gigantes y enanos. Con sus misteriosos poderes, se elevan por encima de las leyes materiales de la naturaleza del espacio y el tiempo. Son capaces de hacer magia y volar, de transformarse y de despertar a los muertos.

No todo es mera fantasía. En los mitos y cuentos de hadas, las personas ya soñaban con las habilidades que en la actualidad se perciben como más intuitivas (y altamente creativas) que sirven para poder describir el mundo. Como consecuencia de nuestra visión del mundo mecanicista, hemos perdido de vista el conocimiento sobre la influencia de las energías. Ahora podemos abordar desde un nuevo punto de vista los mitos de antaño. Gracias a la física moderna, podemos describir fenómenos misteriosos, penetrar en la fantasía del otro mundo y dar explicaciones a través de unas ocurrencias que dependen de la energía y de la transferencia de información: yo las denomino «el intramundo».

En nuestro universo, existen influencias ocultas que parecen invisibles y que las ciencias convencionales tampoco parecen poder ver. Vivimos en una realidad que consiste en la creación de un espectro altamente inteligente y universal en un holograma de informaciones transformadas a través de la energía. En mi libro *Quantenphilosophie und Spiritualität* («Filosofía cuántica y espiritualidad»), ya describí lo que podría pasar si la física moderna y espiritual se fusionaran. Ahora voy un paso más allá: hago una expedición a la esfera del intramundo, que es donde tienen lugar todos los procesos de información que influyen en la vida de las personas y que constituyen su esencia. Uno de los momentos más emocionantes de mi investigación fue llegar a la conclusión de que el intramundo determina nuestro camino y, por tanto, nuestro destino. Es el decorado donde actúa nuestra vida espiritual y emocional. En este escenario, desempeñamos los roles principales y engranamos nuestro destino de forma decisiva. De este modo, nuestra existencia adopta una dimensión por completo nueva. Desde tiempos inmemoriales, las personas se han planteado el sentido de su existencia: ¿de dónde venimos?, ¿cuál es nuestro propósito?, ¿cómo es posible llevar una vida feliz y plena? Pero suponer la existencia de un mundo paralelo y mágico no es suficiente. Todos los pueblos y culturas han respondido, aunque de distintas maneras, con enseñanzas espirituales: el chamanismo, las religiones naturales, el budismo o el cristianismo. De manera intuitiva, siempre hemos sentido que existe una fuerza superior más allá de lo visible de la cual podríamos sacar algún provecho. Los cultos y rituales evocan deidades y fuerzas de la naturaleza. Generación tras generación se ha ido transmitiendo este conocimiento sagrado, que a nivel cultural se cuidaba como un gran tesoro.

Y con ello se acabó. Hoy en día, la gran mayoría de la ciencia ignora la existencia de un nivel trascendental. Y, es más, como en nuestra sociedad occidental la ciencia es la que manda, cualquier cosa que pensemos o creamos, como la religión o la espiritualidad, se rechaza como si de una mera especulación se tratase. Lo que en realidad sucede es que las energías secretas y la información útil se encuentran ocultas de manera sistemática. Sólo consideramos como verdadero lo que se puede demostrar científicamente: un error fatal.

Nuestro mundo es mucho más complejo que lo que simples teorías se niegan a admitir. Shakespeare ya lo intuía: «Hay más cosas entre el cielo y la tierra que lo que vuestro conocimiento universitario podría llegar a soñar».[1]

---

1. Hamlet, primer acto, escena 5.

Por desgracia, la visión del mundo mecanicista continúa afirmando las doctrinas comunes con una ignorancia que resulta insoportable. Así que el conocimiento estándar de las enseñanzas científicas sólo concibe el 4 % de los procesos energéticos explosivos que conforman nuestras vidas, una fracción exageradamente pequeña.

En mi larga trayectoria como docente universitario me he dado cuenta de cómo se simplifican las cosas. Como científico, sólo tenía potestad para transmitir aquello que se correspondía con la corriente principal. Mis especialidades, la biofísica, la medicina medioambiental y la biónica, se estudian como meros temas de la naturaleza material. Se pierden las ondas cerebrales, se analizan los procesos químicos del cerebro y la esencia de las personas se limita a una función puramente cerebral. ¿Y eso es todo? Entonces, ¿los sueños son tan sólo el resultado de las ondas cerebrales errantes? ¿La fe es sólo el fruto de la actividad de unas áreas específicas del cerebro? ¿El amor es una ilusión fingida, los fuegos artificiales de la química cerebral? ¿O, como seres pensantes y sensibles, no somos más que el producto de una serie de procesos biológicos?

Durante mis años de investigación en diferentes disciplinas, a caballo entre la biología, la física, la medicina y la psicología, no tardé mucho tiempo en llegar a la conclusión de que, en realidad, lo que nos hace humanos es el alma y la consciencia, los pensamientos, la voluntad y los sentimientos. Eso es lo que nos diferencia de muchos otros seres vivos y de los algoritmos de un ordenador. Los humanos no somos ni seres intelectuales ni esclavos de nuestros instintos. Tan pronto como nos demos cuenta de eso, nos libraremos de las ataduras puramente materiales y nos acercaremos a nuestro verdadero destino: alcanzar el nivel de percepción superior de la consciencia. Por tanto, es hora de llevar la ciencia y la espiritualidad a nuevos niveles. Nos aguarda un conocimiento extraordinario. Hasta ahora carecíamos del coraje para avanzar hacia este terreno desconocido, sin tabúes y sin prohibiciones de pensamiento. La espiritualidad, que deriva del término *spiritus* del latín («espíritu», «aliento»), es la capacidad de aprovechar el potencial de la mente y del alma. Dejamos la etapa de corporalidad anterior a la consciencia y vivimos en una conexión con lo trascendente. Poco a poco nos vamos formando y recibiendo una inteligencia superior, que precisamos para conseguir una vida autodeterminada. El ser humano moderno también es capaz de ello, ya que nadie nace sin dones espirituales, sino todo lo contrario, todas las personas tenemos los medios para ello. La cuestión es que si no se practica esta habilidad, se atrofia.

En el momento en que entremos en contacto con la espiritualidad, echaremos un vistazo atrás, a las escenas de existencia terrenal, y nos preguntaremos qué es lo que nos rodea. No nos quedaremos satisfechos con las doctrinas preestablecidas. Durante nuestro camino hacia la espiritualidad, descubriremos el gran potencial que cada uno de nosotros llevamos dentro y que está en armonía con la ley creativa universal. Todo se desarrolla a partir de esta base. Nos asombramos al darnos cuenta de que nuestra vida está en nuestras manos. Nosotros mismos podemos determinar si somos felices o infelices, podemos opinar sobre nuestros éxitos o fracasos, o decidir si nos apetece encontrar el amor o quedarnos atrapados en el aislamiento emocional.

Por eso decidí escribir este libro. Es un manual sobre una perspectiva de vida completamente nueva, en la que pasamos de espectadores a poderosos actores del universo. El conocimiento de las fuerzas ocultas del intramundo nos libera de miedos y de dudas, incluso del miedo a la muerte. Ya no tenemos que dejarnos llevar por el «vulgar polvo», sino que podemos movernos con libertad como maestros y amos de nuestro destino. «El conocimiento es poder»: esta antigua frase adquiere un nuevo significado. Ahora sólo depende de nosotros si nos dejamos llevar de un modo irrazonable por el azar o si nos abrimos a nuevos conocimientos sobre las energías creativas como base de nuestros actos. Todas las enseñanzas espirituales se han visto expuestas a la influencia de la consciencia en nuestra calidad de vida. Este fascinante encuentro entre la ciencia y la espiritualidad condujo a un nuevo pensamiento: la filosofía cuántica. Aunque el término no sea popularmente conocido, hace ya casi una década que existe. De todas las humanidades innovadoras, para mí, es la disciplina suprema, y la que, a través de la filosofía cuántica, se conecta con las ciencias naturales en la actualidad. Al mismo tiempo, es la clave para explorar nuestro potencial de creación, que nos equipara a los poderes casi mágicos que antes atribuíamos a los seres míticos. Hablando en sentido figurado, llevamos varitas y pociones en nosotros mismos, lo que nos hace capaces de hacer de lo increíble una realidad tangible.

Parece sorprendente que una ciencia exacta como la física se convierta en la interfaz de la reflexión filosófica y espiritual. ¿Cómo ha sido eso posible? En un primer momento, los pioneros de la teoría cuántica se quedaron desconcertados, puesto que, en el campo de los cuantos, y en concreto en relación a la acción energética de los átomos, los hechos que ocurren no siguen precisamente las leyes tradicionales de la naturaleza. Al principio esto causó fuertes irritaciones. Por supuesto, el ser humano estaba acostumbrado a descubrir las leyes de forma experimental. Sin embargo, cuanto más precisos eran los experimentos, menos predecibles eran sus resultados; así que se sospechaba que había errores de medición o de cualquier otro tipo que conducía a equivocaciones. Pero, poco a poco, se hizo evidente que todo lo que sucede en el nivel subatómico ocurre a través de la influencia de la consciencia y del pensamiento. De acuerdo con la quintaesencia, el observador forma parte de lo que observa. Tan pronto como un ser consciente interviene en los procesos físicocuánticos, los resultados cambian.

Este cambio de paradigma causó un gran revuelo. Algunos filósofos cuánticos, entre ellos Carl Friedrich von Weizsäcker, afirmaron: «El conocimiento genuino es siempre el conocimiento subjetivo, el conocimiento del observador». Por tanto, nos engañamos al pensar en la idea de una realidad objetiva. En otras palabras, no hay ningún tipo de realidad asegurada, sino sólo lo que crea el sujeto agente. Ahora surge la pregunta de si se puede transferir este conocimiento de la física cuántica al ambiente vital de los humanos. O, como lo expresa Weizsäcker: «¿En qué medida la subjetividad, es decir, nuestra alma y nuestra consciencia, podría ser objeto de conocimiento de la naturaleza de la teoría cuántica?».[2]

La teoría cuántica volvió a plantearse una pregunta que antes ya se había discutido puramente de forma intelectual: ¿es la naturaleza mera materia? ¿O acaso no tiene un principio espiritual? Y si es así, ¿cómo podemos comprender la dimensión espiritual de la naturaleza, del hombre, de todo el cosmos? El tema había sido debatido durante mucho tiempo en filosofía. Así lo proclamó Friedrich Wilhelm Joseph Schelling a principios del siglo XIX: «La naturaleza es el espíritu que (aún) no se conoce a sí mismo como tal».

Con la era de la ciencia, hubo una separación entre la ciencia exacta y la filosofía desde el siglo XVIII. Para Schelling y sus contemporáneos, lo espiritual de la naturaleza era, por tanto, una mera afirmación. No podrían haber imaginado que, un siglo más tarde, sus tesis encontrarían evidencia científica. Al principio, hubo cierto contacto con la teoría cuántica que tuvo consecuencias importantes. El descubrimiento de la mente humana como creadora de las realidades materiales fue una sensación. Pero eso no es todo. Este patrón de tejido también se puede observar en el macrocosmos, en nuestra realidad. Todo nuestro universo se basa en entidades que actúan conscientemente y que una y otra vez moldean y transforman el panorama general, al igual que un físico cuántico influye en el proceso subatómico a través del poder de su mente.

No debemos detenernos en el umbral que abrió las puertas a la teoría cuántica. Deberíamos pasar y ver qué hay detrás, en la esfera que llamo el intramundo. Sigue siendo una tierra llena de incógnitas que nos es del todo desconocida. Y, sin embargo, los procesos del intramundo se encuentran entre los fenómenos más

---

2. VON WEIZSÄCKER, K. F.: Epílogo de la antología de NEUSER, W.; NEUSERVON OETINGEN, K.: *Quantenphilosophie*. Spektrum Akademischer Verlag, Heidelberg, 1997 (trad. cast.: «Filosofía cuántica»).

emocionantes con los que nos podemos topar en la actualidad. Si en nuestra era de progreso científico del mapa de conocimiento todavía existen parches blancos, estos afectarán al intramundo.

Básicamente, el término «intramundo» se relaciona con los fenómenos mentales que llevan cautivando a maestros y filósofos espirituales durante mucho tiempo. Desde los descubrimientos pioneros de la filosofía cuántica, las antiguas enseñanzas espirituales han dado un vuelco sorprendente y se han convertido en temas de actualidad. De repente, entendemos que el intramundo es un área en la que podemos cambiar la realidad a través de nuestra propia mente, tal como deseamos. Nada en nuestro mundo está grabado en piedra ni es eterno. Todo es mutable. Y nosotros, las personas, podemos cambiarlo todo dentro de ciertos límites, dependiendo de si nos definimos como sujetos agentes o víctimas pasivas. Por tanto, ha llegado la hora de hacer accesible una nueva visión del mundo, y, con ella, un nuevo espacio de maniobra.

Soy consciente de que la base científica para comprender mis pensamientos puede parecer algo complicado al principio. Pero me pidieron que, en la medida de lo posible, simplificara las conexiones y expresiones para que más personas pudieran acceder a las declaraciones, y lo entiendo. Mi amigable editora dio lo mejor de sí para conseguirlo. Por eso, me he distanciado del estilo que ya conocían mis lectores de otros libros publicados antes. Peor aún, la omisión de explicaciones de fundamentos físicos podría crear un vacío que podría alimentar las acusaciones de especulación impropia. Sin embargo, actualmente el libro gana en legibilidad y ofrece una visión general más amplia.

Por tanto, me gustaría subrayar que todo lo que se describe en este libro debe entenderse como un modelo plausible con una superposición de hechos que tienen la intención de que «podría funcionar de esa manera». Esto me exime del hecho de argumentar, ya que, de por sí, no sería posible. Mis modelos se basan en hechos concretos y son una parte integral de la física moderna. Con este modelo, la experiencia personal es la mejor argumentación.

Me gustaría explicar brevemente cómo me convertí en el «descubridor del intramundo». El punto de partida de mi expedición fue la filosofía cuántica, una de las revoluciones científicas más emocionantes de los últimos cien años. Carl Friedrich von Weizsäcker no fue el primero en descubrir que no existía una realidad objetiva. Esto quedó patente, por primera vez, a raíz de los experimentos de los físicos cuánticos. Werner Heisenberg lo resumió así: «Si queremos deducir las regularidades de los fenómenos atómicos, no es legítimo vincular los procesos objetivos con el espacio y el tiempo, sino las situaciones de observación. Para estas situaciones sólo obtendremos leyes empíricas» (Heisenberg, 1973).

De repente, ya no hubo más predicciones generales sobre los eventos. En su lugar, se observaba la naturaleza de los experimentos. Fue un derrocamiento científico, ya que significó el final de la visión mecanicista del mundo. Sir Isaac Newton aún seguía pensando que los procesos físicos siempre son exactamente iguales: el agua comienza a hervir cuando se calienta a cien grados centígrados, o una piedra que pesa un kilo siempre cae a la misma velocidad en el suelo desde una distancia de dos metros. Estos procesos se pueden calcular. Pero en la física cuántica eso cambia. Bajo las mismas condiciones externas, los resultados eran muy diferentes. Lo más decisivo fue el modo en que se observaron.

Lo que Heisenberg descubrió fue la bomba: el observador subjetivo altera la realidad, que es en apariencia objetiva. O, de manera más radical, no hay realidad objetiva en absoluto. Todo está en movimiento. El factor decisivo es siempre que la consciencia interactúa con el evento: la mente da forma a la materia. Por supuesto, darse cuenta de esto fue un shock para la ciencia convencional. Una nueva visión del mundo liberó y confundió viejas certezas, una provocación para los intransigentes.

De repente, ya no bastaban los viejos términos científicos. Sólo hay ciertas probabilidades que se pueden predecir, según la dirección en la que vaya un experimento.

Carl Friedrich von Weizsäcker escribe un destacado párrafo «Sobre la filosofía de la teoría cuántica» en el epílogo de la antología de la colección editorial titulada *Filosofía cuántica*. En él habla de la irrupción de la subjetividad dentro de la realidad objetiva. Como evidencia, cita lo siguiente: «En su ensayo, Schrödinger describe la función de onda como "conocimiento" y discute la "reducción de la función de onda por observación" como un cambio en el conocimiento». Von Weizsäcker se pregunta si la teoría cuántica es la separación de los acontecimientos en la «sustancia amplia», es decir, de las partículas o de los campos o de los hechos que acontecen en la «sustancia pensante», es decir, en los procesos de consciencia.[3]

Los experimentos de los físicos cuánticos demostraron que sólo el hecho de plantearse un experimento ya influye en los acontecimientos. Dependiendo de la configuración del experimento, lo mismo puede ser una onda de probabilidad (que se puede describir matemáticamente) y luego volver a ser un ensamblaje de partículas o un patrón de ondas (un proceso puramente físico). El físico John Archibald Wheeler, pionero de la filosofía cuántica, dijo: «La enseñanza más importante de la mecánica cuántica es que los fenómenos físicos están definidos por

---

3. Von Weizsäcker, K. F.: *Quantenphilosophie. Op. cit.*

la pregunta que planteamos sobre ellos».[4] Así que la pregunta es decisiva para la respuesta. Si solicitamos partículas, vemos una construcción de partículas. Si pedimos una ola, vemos una ola. Si preguntamos por conocimiento, observamos entidades de información enriquecidas de experiencia.

Las consecuencias se referían inicialmente a la zona más reducida de la física moderna, la cual tuvo que reestructurarse para ponerse a la altura de las ideas sorprendentes que iban surgiendo. Werner Heisenberg escribió lo siguiente: «Incluso en las ciencias naturales, el objeto de la investigación no es la naturaleza misma, sino la naturaleza expuesta a la investigación humana».

Esta sorprendente ambigüedad condujo a los filósofos cuánticos hacia otra idea. Pensaron: ¿es posible diferenciar la mente de la materia?, ¿acaso las partículas subatómicas y determinados campos pertenecen a un lado de la realidad y los procesos de consciencia a otro? Así se reivindica la ciencia tradicional. Desde la mecánica cuántica, la separación no se ha mantenido. Ahora era obvio: incluso en el nivel material, las influencias mentales tienen efecto. El físico Niels Bohr, que recibió el premio Nobel de Física en 1975, complementó la idea con la siguiente declaración: «La física no trata de cómo es el mundo, sino de lo que podemos decir sobre el mundo». La atención siempre se centra en la información; con relación a esto, el físico Zurek describió la formación de la realidad en la física cuántica como «el sistema que se vuelve decoherente porque la información se filtra hacia afuera» (Yam, 2003).

Los científicos se convirtieron en filósofos, un proceso insólito.

Durante mucho tiempo pareció que la concepción del hombre, como rey de la creación, fue destronado por las ciencias naturales. Aparentemente, sólo se podía ver y analizar lo que le rodeaba. Las leyes naturales eran consideradas como inamovibles y no tenían en cuenta al hombre. Eso ahora ha terminado. El filósofo Alfred North Whitehead resumió este cambio de perspectiva en la siguiente afirmación: «La visión actual del mundo se basa en el principio de la objetivación; sin embargo, los "átomos de realidad" fundamentales en realidad sólo son el "pulso de la experiencia"».[5] Todas estas declaraciones se centran en un ser humano que es consciente de sus energías espirituales. El espíritu y la consciencia están en marcha por todas partes. Los procesos ciegos y casi automáticos no existen.

Sin embargo, la mayoría de nosotros asumimos que el mundo cotidiano existe con independencia de nuestra presencia en él; lo que, si se analiza mejor, es una

---

4. Wheeler, J. A.; Misner, C. y Thorne, K. S.: *Gravitation.* Freeman, San Francisco, 1973.

5. Whitehead, A. N.: *Proceso y realidad.* Losada, 1956.

opinión muy superficial. Al igual que la observación, la medición y la interpretación de los resultados juegan un papel decisivo en cada experimento; nuestra realidad no es un simple hecho. Las acciones del hombre crean la realidad: el sujeto es el centro. Fue así como de la filosofía cuántica brotó una nueva teoría del mundo. Lo que hoy nos interesa son las consecuencias que ello tiene en nuestra vida personal: ¿cómo pueden transferirse concretamente el conocimiento y la experiencia de la teoría cuántica a la existencia humana?

La ambigüedad de la realidad, observada por Niels Bohr como alternativa de una partícula u onda, es el puente entre el micromundo y el macromundo. Porque incluso nuestro mundo cotidiano en principio objetivo sigue la ley de la pregunta y la respuesta. Hablando en sentido figurado, cuando pedimos amistad, cambiamos amablemente nuestro entorno y recibimos amistad. Si preguntamos por el odio, de forma agresiva y hostil, nos encontramos con una realidad odiosa. Este ejemplo es muy simplista, pero destaca la emocionante relación entre la mente, la consciencia y la realidad. Las referencias se vuelven del todo claras cuando se ven dentro del contexto del intramundo porque es cuando nos aproximamos a la esencia oculta del ser humano y de su ser.

Incluso las enseñanzas chinas de Tao analizaron el intramundo. Siglos antes de nuestra cultura occidental, la doctrina tao definió proféticamente lo que con trabajo debemos volver a aprender hoy. El sabio Laozi (604-531 a.C.) describió el intramundo por primera vez en su obra *Daodejing*.[6] Distingue tres niveles: el primero es este mundo, llamado *You*. El último nivel se llama *Wu*, referente a la nada o al vacío. You y Wu están unidos por el principio de energía *Wuyou*. *You* son los hechos, *Wu* corresponde a lo que podría ser, al «mar de todas las posibilidades». Entre ellos dos, existe un mundo mixto: el *Wuyou*, el intramundo, que media entre las antípodas de este mundo y el vacío. Laozi dice que el intramundo es el «*Wuyou* eterno y perpetuo de larga vida». Desde el *Wu*, emerge una fuerza que produce todo lo nuevo, que luego se hace visible en el *You*. En la doctrina dao, el poder creador se llama *Wuwei*, que literalmente se traduce como «repercute fuera de *Wu*». Laozi estaba convencido de que nosotros, los humanos, también podemos apropiarnos de las energías creativas. En última instancia, sólo tendríamos que acordarnos de algo que ya existe en nosotros, pero que se ha quedado oculto entre las complicaciones de nuestras actividades terrenales. Sólo a través de la absorción meditativa entramos en contacto con el *qi*, la respiración energética que

---

6. Boltz, W. G.: *Lao tzu Tao te ching*. En Early Chinese Texts: A Bibliographical Guide, editado por Michael Loewe. Berkeley, University of California, Institute of East Asian Studies, 1993.

despierta las fuerzas internas. A través de ejercicios especiales de consciencia, podríamos transportarnos de *Ti* a *Wu* en un camino guiado por nosotros mismos. Un futuro brillante y feliz aparece en el horizonte, ya que *Wuyou* representa todo lo que es grande y hermoso que se vuelve accesible para nosotros: un aumento del conocimiento, de la curación y de la virtud; la comprensión del propio origen.

Incluso dentro de la budología Mahayana se presentan estos tres niveles con características idénticas. En primer lugar, según la tradición oriental, el origen es una unidad sin ninguna forma, que puede surgir de sí misma y distinguirse. En la escuela Yogachara, la existencia se enseña en tres cuerpos (*kaya*). El primero es el cuerpo de la trascendencia *Dharma-kaya*, una totalidad infinitamente creativa, sin forma, de la cual surgen todas las cosas. En segundo lugar, el cuerpo de gloria *Sambhoga-kaya*, en el que la energía directa destella de manera permanente desde el fondo del vacío. Y el tercero es el cuerpo creado *Nirmana-kaya*, donde la energía se condensa cada vez más en cuanto a la forma y a la manifestación, a lo que se refiere precisamente la materia. En el cuerpo de la trascendencia hay una revelación directa del conocimiento desde el nivel adscrito más alto en su nombre.

Igual que esta filosofía indo-asiática, la filosofía de los griegos en los tiempos de Platón y Sócrates también trató de llegar al fondo del intramundo. De nuevo, el recuerdo de lo oculto (*anamnesis*) es el foco. Las referencias a la implementación de la filosofía son muy interesantes. Según Platón, es la «práctica de la muerte» (*meléte thanátou*). Esto parece confuso al principio, e incluso amenazante: ¿es necesario morir para ganar sabiduría?, ¿el gran conocimiento sólo se revela en el umbral de la muerte? Seguro que sí.

Afortunadamente, la muerte no es la única oportunidad de conocer la verdadera naturaleza del mundo. Según Platón, a través de los sueños también se puede aprender de nuevo y recordar lo oculto. Entre el despertar y el dormir, en los secretos de los sueños y las visiones, se nos ofrece, de hecho, una visión mágica del intramundo, el «mar de todas las posibilidades». En momentos así, nos damos cuenta de la existencia de una actividad espiritual y mental superior. Platón va un paso más allá: a través de la práctica y del ejercicio, podríamos por último aprender a visitar el intramundo en cualquier momento. Por medio de la voluntad y el pensamiento, incluso podríamos manipularlo de tal manera que lleve nuestra vida a un estado casi paradisíaco.

Tanto tao como el budismo y la filosofía de Platón, al igual que la filosofía cuántica, se basan en la certeza de que somos más que simple materia. En realidad, estamos en un contexto de energías mucho más grande que está determinado por los flujos de información, esencialmente. Y tan pronto como accedemos a la información del intramundo, nos convertimos en creadores de nuestra realidad. Por supuesto, para ello no hay que creer ni en magos ni en brujas. Nos acercamos a los mecanismos de acción del intramundo, por ejemplo, cuando observamos fenómenos mentales desconcertantes. Estos incluyen experiencias científicamente documentadas cercanas a la muerte, efectos de hipnosis, telepatía y precognición, personas con el síndrome de savant. No se pueden explicar estos fenómenos de manera racional. De manera milagrosa, la lógica de la causalidad, del tiempo y del espacio se oponen a ello.

¿Cómo es posible que alguien le mande tareas a una persona hipnotizada y las realice? ¿De qué manera secreta se comunican las personas por medio de la telepatía desde diferentes continentes y cruzando océanos? ¿Cómo es posible que se vean los resultados con independencia de la distancia? ¿Y por qué los pacientes clínicamente muertos que han sido reanimados dicen que han planeado sobre sus propios cuerpos y, sin ojos ni orejas podían percibir todo lo que ocurría en la habitación del hospital?

Tales fenómenos casi nos obligan a cuestionar la cosmovisión actual. La información siempre parece fluir sin los caminos de transmisión habituales, de mente a mente, de alma a alma. Ya sean mitos o experiencias enigmáticas, sólo podemos aprehender todo esto cuando los entendemos como una manifestación del intramundo. Entonces nos damos cuenta de las capacidades y poderes que tenemos. Apagamos la percepción convencional de la realidad y nos enfocamos en la creación de energías e información de nuestra mente y alma.

Es como si un círculo se estuviera cerrando. Los que antes sólo podíamos creer, ahora lo podemos experimentar y conocer. Por tanto, este libro extrae las consecuencias de todo el conocimiento espiritual de la humanidad desde la perspectiva de las fascinantes ideas de la filosofía cuántica.

Te vas a familiarizar con fenómenos documentados científicamente que hasta ahora han sido considerados experiencias extrasensoriales, pero que están en completa armonía con la interpretación cuántico-filosófica del mundo. Y aprenderás cómo el cambio de paradigma de la filosofía cuántica puede tener un efecto concreto en tu vida. Cuando conoces la verdadera naturaleza de la realidad y te das cuenta de que tu mente es capaz de todo, ves que tienes a tu alcance opciones maravillosas. Sí, también como lector de este libro, tienes las facultades para estructurar tu vida conectándote con energías e informaciones creadas. Te doy la bienvenida al intramundo.

Primera parte

El mundo como ilusión y cuarto de maravillas

«Todo lo que tenga una relación cercana y distante con los procesos mentales y con las fuerzas en general debe estudiarse de la misma manera que cualquier otra ciencia. No hay milagros, nada sobrenatural, nada que pueda generar ni alimentar las supersticiones».

Claude Bernard, Collège de France, 1929

Capítulo 1

Nada es lo que parece

La realidad, una ilusión perfecta

¿Nada es lo que parece? Qué afirmación más exagerada, ¿verdad? Si miras por la ventana, verás un árbol cuyas hojas y ramas se agitan ligeramente por el viento. Tal vez no te hayas preguntado nunca si en realidad se trata un árbol, pero, sin embargo, sólo puedes ver lo que, según tu experiencia, podría serlo. En teoría, también podría ser un espejismo o la proyección de una película que trata de árboles. Mientras estás leyendo este libro tumbado en el sofá, no puedes probarlo.

Creemos que los fenómenos en el espacio y el tiempo son reales. Pero sólo hay cosas imaginarias. En última instancia, la realidad sólo es el pensamiento que tenemos en la mente, generado por una imagen que crea un estímulo visual en la retina de nuestra consciencia. A qué me refiero: estrictamente hablando, el árbol no existe, sólo la idea de árbol que viene motivada por un estímulo. Si estuviera oscuro afuera, ni siquiera verías el árbol. Sólo lo puedes percibir mientras esté iluminado por el sol u otra fuente de luz.

Esta distinción podría ser sutil si no fuera porque hay algo muy importante que llama nuestra atención: cualquier cosa que determina nuestra vida cotidiana (algo que se ve como reservado y tan real al mismo tiempo), desde cerca revela una realidad con doble fondo. Centrémonos un momento en el árbol y en el hecho de que lo veas. ¿Qué es la luz que lo ilumina? La luz solar es una energía electromagnética con diferentes frecuencias. Los electrones de materia del árbol absorben esta energía en cuantos individuales (fotones cuando hay luz del sol).

Así que sucede lo siguiente: los electrones de los átomos del tronco, las ramas y las hojas elevan su nivel de energía a causa de la radiación solar. Una parte de la nueva energía requiere que los componentes materiales del árbol suministren sus células vegetales. Otra parte de la energía de electrones animados no puede utilizarse, por lo que estos electrones animados vuelven a su estado base en un período breve de tiempo. Al hacerlo, envían el excedente de energía como una radiación de luz y el árbol emite entonces energía electromagnética.

Es posible que ahora veas el árbol con otros ojos. Después de todo, es receptor y transmisor de innumerables oscilaciones electromagnéticas superpuestas. De la misma manera, las vibraciones se recogen y se envían desde cada brizna de hierba, desde cada flor, desde la tierra, desde las piedras y desde las moléculas del aire. Aunque hablamos de materia, en realidad cada objeto consiste en vibraciones que se propagan hacia todas direcciones a la velocidad de la luz. Algunas de ellas golpean nuestras retinas a través del cristal de la ventana y entran en resonancia energética con la parte posterior de los ojos, con los bastoncillos y las úvulas de la retina. Desde allí, se dirigen a tu cerebro como patrones vibracionales.

Para resumir: el árbol no es un árbol en el sentido material, sino un receptor y transmisor de diversas oscilaciones electromagnéticas. Como estas vibraciones pueden ser absorbidas por los receptores en el árbol, las vibraciones se transforman en cuantos, lo que llamamos fotones. Así que nuestro árbol es un transmisor de fotones, y tus ojos actúan como receptores de éstos. Los fotones difunden energía e información.

Después de que la energía y la información cuánticas de los fotones se hayan transmitido a los bastoncillos y las úvulas de tus ojos, éstos provocan reacciones fisicoquímicas que, a su vez, alteran la tensión eléctrica de las membranas de las células nerviosas. Estos cambios se transmiten como impulsos eléctricos a través del cerebro y, poco a poco, pasan a diferentes áreas, con lo que el cerebro construye un patrón que calcula e interpreta innumerables frecuencias eléctricas, impulsos y ondas. No obstante, todavía no hay señales de ver ningún árbol.

¿Cómo es posible que el cerebro pueda evocar de manera repentina algo tan concreto como una imagen a partir de una maraña de frecuencias eléctricas? Este proceso es fantástico y tan sólo espiritual, ya que sólo el espíritu puede generar la forma y la figura de los objetos a partir de las energías físicas; un verdadero acto de creación. Este proceso en sí ya es un milagro, porque ningún científico puede explicar de manera concluyente hoy en día cómo la actividad cerebral eléctrica produce imágenes. Nos enfrentamos a un enigma, desarrollado por una inteligencia universal y creativa.

El ejemplo muestra que, si asumimos que existimos de facto aislados de un mundo externo, podríamos estar en una ilusión, aunque sea una ilusión perfecta. Construimos nuestra realidad. Pero sólo podemos hacerlo porque somos parte de ello. La distinción entre el ego y el mundo exterior ya no es sostenible. En realidad, no hay separación por dentro y por fuera. Cuando reconocemos cómo surge nuestra percepción, cómo pensamos e interpretamos, descubrimos un mundo en el que todo está interconectado con todo. Todas las sensaciones, todas las imágenes mentales, todas las evaluaciones e interpretaciones son expresiones de nuestra mente y alma, proyecciones puras, alentadas por estímulos informativos.

Entonces, la pregunta sigue siendo: si hemos generado la imagen del árbol en nosotros mismos, ¿por qué vemos el árbol fuera de nosotros, justo donde en realidad crece y prospera? Esta localización intencional en el espacio es una habilidad que debemos adquirir con mucho trabajo. Los niños pequeños no son capaces de estimar las distancias. Caminan hacia el árbol que están mirando, quieren tocarlo, entenderlo, olerlo e incluso probarlo. Lo hacen una y otra vez hasta que, por último, aprenden a estimar la distancia y las características del objeto que están viendo, otro gran proceso espiritual.

El espíritu creativo

Con cierto respeto podemos decir que la mente tiene inmensas habilidades. Sin ella, no nos podríamos orientar. Al mismo tiempo, debemos admitir que, científicamente hablando, estamos construyendo imágenes que nos dicen poco sobre la realidad real. Por muy estable e inmutable que pueda ser el mundo material, no es más que un conjunto de interferencias vibrantes y electromagnéticas que se mueven por dentro de uno de los patrones de interferencias más grandes del entorno y se combinan con él. Todo estalla, como resultado de innumerables ondas energéticas y acústicas que se superponen entre sí. Percibimos el ruido, porque nosotros también estamos hechos de él. Pero sólo la mente puede disolverlo y distinguir los elementos individuales para convertirlos en imágenes.

En última instancia, la mente crea objetos con una forma exacta, lo que requiere un supuesto espacio tridimensional que también construye la mente. Así que la entidad viviente ha «inventado» el espacio. A medida que nuestra mente registra que las formas se mueven y cambian, las vamos experimentando como un antes y un después, con lo que desarrollamos lo que es la noción del tiempo. Y pronto nos encontramos de nuevo en un apasionante dilema epistemológico porque, según eso, las dos dimensiones espacio y tiempo no son hechos fácticos, sino que son más bien construcciones auxiliares que necesitamos para la identificación y reconocimiento de objetos, para la memoria y la orientación.

La mente es una impresionante ilusionista. Sus imaginaciones son engañosamente reales, tanto, que las confundimos con la realidad. Pero, entonces, ¿qué es real? ¿Qué podemos hacer en realidad si queremos entender la naturaleza del mundo? Lo verdaderamente real y eterno está más allá del ruido. Lo que existe para siempre son nuestras ideas y el yo como expresión de la mente y la consciencia. En otras palabras, la única realidad inmutable y tangible no es el mundo de la materia, sino lo que yo llamo el intramundo. Allí es donde encontramos todas las ideas y formas con las que podemos reconocer nuestra realidad; como la consciencia pura. Es el nivel más alto de autoconocimiento, y también es el de conocimiento mundial. Como expresa el sagrado mantra *Om mani padme hum* en sánscrito: «La consciencia pura es la joya en el interior de la forma».

Por supuesto que nos gusta confiar en nuestros sentidos. Después de todo, podemos tocar cosas materiales, absorberlas con todos nuestros sentidos. ¿Acaso no son una piedra, un trozo de madera o una copa en la mano objetos muy concretos? Sólo somos conscientemente reacios a aceptar que tales concreciones proporcionen datos muy inciertos, porque la materia cambia según las energías e información cambiantes que las influyen, según ordene la mente, y luego el alma les da un significado. Sin consciencia, la materia no existiría para nosotros.

Como he explicado en el ejemplo del árbol, el alma y el espíritu pueden crear un mundo exterior, así como un escritor es capaz de pensar en un mundo que sólo existe en su mente. En la vida cotidiana, esto sucede de manera completamente inconsciente sin que nos demos cuenta. C.G. Jung resumió este hecho en el concepto del arquetipo. Con eso quiso decir que en todo reconocemos lo que esperamos como resultado de nuestra psique humana. Jung habla, por tanto, de una «probabilidad psíquica». Lo que nos parece objetivo es, de hecho, un reflejo de nuestra expectativa consciente e inconsciente.

Quizá te estés preguntando por qué presto tanta atención a la realidad aparente. Las razones son obvias: mientras nos aferremos a una idea de realidad puramente material y unilateral, la verdadera esencia del mundo permanecerá oculta para nosotros. Nos subordinamos a sus supuestas leyes y no comprendemos lo más mínimo lo limitada que es nuestra percepción. El mundo más allá de lo visible permanece por completo cerrado para nosotros. De esta manera, perdemos la oportunidad de descubrir una existencia independiente y de cambiar la realidad de acuerdo con nuestros deseos. Nos quedamos en la cárcel de nuestras experiencias habituales sin encontrar una salida que nos salve.

Para las enseñanzas espirituales, la percepción quimérica siempre ha sido una certeza. En el hinduismo, por ejemplo, *maya* se considera parte del mundo visible. Sin embargo, es sólo una ilusión detrás de la cual se esconde el Absoluto, *Brahman*: *Maya* es el término en sánscrito para la ilusión. Según el hinduismo, mientras consideremos que el mundo visible es el mundo real, seguiremos siendo víctimas de nuestra orientación material y nos deberemos someter a la ley del karma. Sólo cuando levantemos el velo *maya* y empecemos a ver el mundo a la luz de la verdad, podremos ser del todo libres. El budismo y el Vedanta también comparan este mundo con *maya*.

Sólo podemos desatar nuestras restricciones a través de la lupa del mecanismo. Entonces es cuando nos damos cuenta de que nuestra percepción es tan sólo temporal. Sin embargo, la mayoría de las personas no se dan cuenta de que sucumben a una ilusión puramente subjetiva. Creen con firmeza que los objetos proyectados determinan los eventos y no entienden que nuestro ser, nuestra mente y nuestra alma son los responsables de ello. Aunque no es de extrañar, porque en el mundo cotidiano primero nos orientamos a nosotros mismos viendo, escuchando, oliendo, probando y degustando. Esto es necesario porque nuestros cinco sentidos son una garantía de que sobreviviremos, nos alimentaremos y haremos todo lo posible para crear las condiciones de vida ideales para nuestros cuerpos.

Se podría incluso decir que esta orientación hacia los cinco sentidos es una función básica. Nuestra existencia se mantiene a base de extraer de nuestro entorno las energías y la información que nos alimentan y protegen de las influencias dañinas como el viento y la lluvia. Nuestros órganos sensoriales actúan como antenas. Son señales de hambre, sed, frialdad y calor que nos advierten de lesiones y peligros.

Poco a poco, los humanos descubrimos que podíamos aprovechar más energía, como la electromagnética. La energía gravitacional nos mantuvo firmes en el suelo. Casualmente, se avanzó hacia los bloques de construcción de la materia, los átomos. De ellos se sabe que consisten en capas atómicas, electrones y un núcleo atómico compuesto de protones y neutrones. Los átomos están dirigidos por fuerzas que actúan sólo en pequeñas distancias; en la física se denominan «potencia fuerte» y «potencia débil». Todo lo que conforma nuestro mundo cotidiano, todo lo que percibimos con nuestros sentidos (los automóviles, los aviones, los pueblos y las ciudades) se debe a estas fuerzas primarias.

Pero los átomos, solos, no pueden explicar la naturaleza de la vida, nuestras emociones y nuestra imaginación. ¿Por qué somos capaces de creer y de cambiar nuestra realidad? ¿De dónde vienen esos sentimientos y sensaciones que surgen más allá de los reflejos instintivos? ¿Cómo influyen en nosotros? Durante mucho tiempo, ciertas consideraciones filosóficas o algunas ciencias naturales exactas abordaron la respuesta. Se han presentado algunas teorías y otras se han refutado. Pero no se penetró en la esencia. Con la filosofía cuántica eso cambió. Reconocemos que el hombre, al igual que el universo entero, no sólo vive en el mundo cotidiano de las fuerzas primarias, sino también en un mundo por completo diferente: el mundo de la consciencia.

Los secretos de la consciencia

En todos los tiempos y épocas, las personas se preguntaban qué es lo que nos hace felices. Entre las múltiples barreras culturales y temporales se encontraron respuestas muy similares: queremos salud, alegría, libertad, bienestar, armonía, amor. Más difícil es responder cómo podemos conseguir todo eso. Por último, ajustamos nuestras vidas para ser felices (pocas veces con resultados satisfactorios). Parece que estamos persiguiendo una suerte que nunca alcanzamos. Intentamos todo lo posible y sólo estamos realmente felices en casos excepcionales.

Incluso los contemporáneos más simples sienten que éstos no son logros materiales que nos traen verdadera felicidad. Ninguna casa ni ningún automóvil ni muchos relojes de lujo o irse de vacaciones son materialismos capaces de poner nuestra mente y alma en un estado de absoluta armonía a largo plazo. Entonces, ¿qué factores favorecen un desarrollo que nos ofrezca las condiciones paradisíacas de las que hablaban Laozi y Platón?

Para comprender los procesos básicos, necesitamos conocer las relaciones entre la mente, el alma y la realidad. Al tratar con estas relaciones tan importantes, la ciencia convencional nos deja tristemente en la estacada. Cada individuo tiene que adquirir este conocimiento de forma independiente. Muchas personas fracasan y siguen indagando de por vida, impulsadas por motivaciones materiales. Pero ¿por qué estamos tan obsesionados con el lado material de nuestra existencia, dondequiera que nos depare mucho más?

Mira hacia afuera de nuevo: al árbol. Para ti resulta obvio que la realidad es una cuestión de costumbre, pero la verdadera realidad no puede ser captada por los sentidos. Miramos a nuestro alrededor y decimos: lo que veo es la realidad: el árbol, la nube, la ciudad. Incluso pensamos que, aunque no estemos mirando, la realidad sigue ahí. Y, sin embargo, no existe ninguna realidad que sea independiente del espectador. No se sabe que cada segundo vamos configurando la realidad, sí, y podemos influir en ella de manera deliberada; es tan poderosa que la naturaleza material de las cosas puede cambiar. ¿Cuesta de creer? Ahí va un ejemplo. Es posible que hayas oído hablar del llamado efecto placebo. A un paciente enfermo se le administra una aspirina sin ningún ingrediente activo, pero el paciente cree que está tomando un fármaco altamente efectivo. Ha quedado demostrado en innumerables experimentos científicos que la mera creencia en la eficacia de un medicamento resulta en una curación. La firme convicción es tan influyente que la célula enferma se puede llegar a curar. En otras palabras, la mente ha modificado la materia. Asimismo efectiva puede ser la propuesta de experiencias místicas o creencias muy arraigadas. Según la Biblia, «la fe mueve montañas».

Si buscamos un contacto consciente con el intramundo, se nos presentarán poderes similares a los del efecto placebo o de las creencias fuertes. Al hacerlo, siempre debemos tener en cuenta que el intramundo es el hogar de la mente y el alma, no muy lejos del cielo, sino que se encuentra en nosotros y controla todo lo que nos rodea. ¿Qué pasa con el ajuste fino de la percepción y la experiencia? ¿Cómo cambiamos la realidad material?

Comencemos con una declaración simple: el hombre nace en un mundo de materia con un cuerpo de materia. Todavía es como una pizarra en blanco, pero eso cambiará pronto. Desde la infancia hasta la edad adulta, tenemos experiencias individuales. Aprendemos mucho, pero también estamos condicionados por nuestra familia y por un entorno más amplio: la sociedad y la cultura. Por tanto, nuestras experiencias no son abiertas, pero siguen cada vez más rejillas de percepción aprendidas e internalizadas. Las convertimos en un hábito para captar el mundo desde una perspectiva por lo general aceptada. Como hemos visto en la teoría cuántica, todos los procesos de aprendizaje y experienciales cambian la materia. Esto es más evidente en nuestro cerebro. Cada experiencia, cada paso de aprendizaje crea nuevas conexiones sinápticas en la red neuronal del cerebro, reconocibles por el cambio de densidad de las fibras nerviosas. Éstos no son más que cambios de estado momentáneos. Después ya depende de nuestra estructura cerebral cómo vemos el mundo, cómo evaluamos otras experiencias y qué acciones preferimos. Todo el aprendizaje, los condicionantes y las experiencias se graban en la consciencia y el subconsciente. Es aquí donde la información se filtra, clasifica y procesa de forma permanente desde el exterior. Sin embargo, con la desventaja de que percibimos gradualmente menos impresiones y acabamos abriendo la puerta sólo a lo que encaja en la retícula que hemos aprendido.

La voluntad controladora

El motor del aprendizaje consciente es nuestra voluntad. Además, los instintos innatos desempeñan un papel, como el de autoconservación o el reproductor. Nuestros impulsos y nuestra voluntad son las agencias decisivas a partir de las cuales ajustamos nuestras vidas. A esto se suma una tercera fuerza: la motivación interior. Todas ellas provienen del intramundo con la consciencia y la subconsciencia, lo que se traduce en razón y sentimiento, mente y alma.

Mientras que la consciencia y la subconsciencia transfieren toda la información a la mente y al alma del ser humano, la voluntad tiene otra función: dirige la información con precisión y la organiza en un patrón de acciones futuras. Después de todo, la motivación es la responsable de la información que esperamos. También se podría decir que la motivación es la voluntad de la mente subconsciente. Poco a poco, se va generando un censor. Después de todo, pronto sólo realizaremos experiencias focalizadas, por lo que preguntamos de manera consciente e inconsciente sobre los beneficios de lo que encontramos. Todo lo demás está oculto.

En apariencia, esta táctica es un gran alivio. Si tuviéramos que asimilar y procesar todas las señales y mensajes a diario, tendríamos que capitular por la cantidad de estímulos que percibimos. Sólo el hecho de ir a trabajar por la mañana se convertiría en una carrera de obstáculos. Nos tendríamos que esforzar por leer cada cartel, cada matrícula, tendríamos que memorizar las caras de los peatones que vemos. Todo sería igual de interesante, igual de importante. Probablemente nunca llegaríamos a la oficina.

Por tanto, elegimos lo que queremos percibir. Sin embargo, esto, como es natural, conduce a una reducción de la perspectiva. Es posible que perdamos información que tal vez no necesitemos en un momento, pero que podría ser importante en otro instante. Todas las novelas policíacas se basan en el hecho de que las pistas son indicios en apariencia inofensivos y poco importantes de un delito que, de repente, contiene información asombrosa que proporciona pistas decisivas sobre el delincuente.

Ahora volvamos a los filtros de nuestra percepción. La distinción entre impulso, voluntad y motivación es fundamental para comprender el comportamiento, el pensamiento y las acciones del hombre. El instinto, la voluntad, el sentimiento y la consciencia son innatos y están disponibles para todas las personas por igual y son el resultado del proceso de cincelado de la evolución. Por así decirlo, lo que la evolución produce está predeterminado por la naturaleza.

En un principio esto no parece muy espectacular. Lo que aquí se ve es en realidad la interfaz en serie de un sistema universal más amplio, pues toda la naturaleza, incluida la del hombre, forma parte del universo. Así, la voluntad y la motivación consciente y subconsciente son parte del universo, y la consciencia y subconsciencia son el cambio decisivo igualmente efectivo para la obtención de información en el conjunto del cosmos.

Existen muchos indicios que indican que incluso la génesis del universo no ocurrió de forma automática ni accidental, sino que fue consecuencia de una intención y una voluntad determinadas. A medida que se fueron involucrando más físicos y biólogos evolutivos en la historia de nuestra Tierra, quedaba más en evidencia que debían eliminarse millones de posibilidades antes de que surgiera la vida y de que comenzara el desarrollo del hombre.

Esto nos lleva a una conclusión emocionante: nuestra humanidad, con toda su parte consciente, subconsciente y emocional, pertenece al contexto de los procesos evolutivos universales. En el pleno sentido de la palabra, formamos parte del universo, con todas las intenciones, con un espíritu inherente. Por tanto, la naturaleza nos ha dado la capacidad de descodificar toda la información del universo. Aunque al principio parece que sólo estemos compuestos de materia, desde nuestro nacimiento estamos en contacto con el universo. Así que, en principio, podríamos recuperar sin esfuerzo cualquier información existente. Podemos acceder al conocimiento de miles de millones de años, desde el origen del universo hasta la actualidad. Lo único que tenemos que hacer es abrirnos a ese conocimiento. Las enseñanzas espirituales prefieren las prácticas meditativas: vaciar el alma de los pensamientos terrenales y orientarse hacia la mente pura.

Focalicemos nuestra atención por un momento en lo que llamamos consciencia. Cuando procesamos información de forma consciente, abandonamos el nivel instintivo innato. En cambio, aprendemos en consonancia con nuestro entorno cómo debemos interpretar las situaciones. También se podría decir que la percepción se forma a partir de programas aprendidos. Por un lado, se activa el neocórtex del cerebro. Es la herramienta con la que percibimos nuestro mundo según la lógica de la razón. Al mismo tiempo, se activa el mesencéfalo para distinguir entre lo importante y lo que no lo es, lo positivo y lo negativo.

Por un lado, por tanto, está la consciencia y la subconsciencia universal congénita, estrechamente relacionadas con el mundo de las ideas para el diseño y las posibilidades funcionales que se manifiestan en el proceso evolutivo.

Por otro lado, la consciencia y la subconsciencia individuales e innatas están muy vinculadas al mundo de las formas, los objetos y las estructuras. Nuestros sentidos están tanteando este mundo una y otra vez. Se forma el yo y, en el curso del desarrollo personal, el ego. Yo y el ego crean su propio mundo de experiencias a partir de las estructuras y los mecanismos apropiados.

Eso no significa que todos vivan en su propio mundo, por así decirlo. El ego esconde un problema: aquel que vive su ego sin reflexión se pone a sí mismo en el centro de su pensamiento y sentimiento, convirtiendo sus propios intereses en la pauta de comportamiento. Y queda recluido al mismo tiempo. Ignora toda la información que, a primera vista, no le aporta ninguna ventaja. Si cultivas tu ego y, con ello, reduces tu visión, el flujo de información continuará siendo limitado. Como ya sabemos que nuestro universo es un gran conjunto de información, es obvio que una persona autocontenida pueda percibir sólo una fracción de la información total que circula.

Pero ¿cómo surge? Todo lo que la mente recrea a través de la consciencia se almacena instantáneamente en el mundo de las ideas como una muestra de información: en el intramundo. Es el almacén donde se deposita la información y desde donde se puede recuperar. El intramundo es, por tanto, comparable a un enorme disco duro para pensamientos y sentimientos, ideas e invenciones. El principio funcional es similar a Internet: cada pensamiento, transformado en palabras, oraciones, lenguaje y sentimiento, se alimenta y se conserva virtualmente. Y, como la autoría de la información que se suministra permanece con el autor, el acceso a Internet se relaciona siempre con el individuo correspondiente. Una vez que nuestro consciente y nuestro subconsciente se activan de forma receptiva, no hay filtros ni barreras, y es entonces cuando podemos incorporar todo el conocimiento del disco a medida que pensamos, sentimos y actuamos.

Otros mundos

No somos individuos cerrados, sino que estamos en contacto constante con el intramundo. Sin embargo, en un mundo de ideas se eluden las leyes familiares de la materia. El dominio del intramundo es incorpóreo, por así decirlo. Por tanto, en este mundo, las antiguas leyes físicas del tiempo y el espacio (las cuales se relacionan con la materia) ya no tienen ninguna validez. Los que están en contacto con este almacén de información se liberan del mundo de la materia y pueden anular los patrones aprendidos. Ya no son prisioneros de sus egos ni de las limitaciones que los acompañan y son capaces de abrir las puertas a la información del universo. Estas personas ya no viven reprimidas por sus hábitos y por las convenciones. Se abren y se autodeterminan.

A primera vista, no parece tan emocionante, pero, en verdad, lo que vemos aquí es la clave para una forma superior de existencia. Vamos a revisar las decisiones que has tomado en los últimos días. ¿Cómo has experimentado el mundo? ¿Qué convenciones has seguido? ¿Cuántas libertades te has concedido? Me imagino que de manera inconsciente has decidido muchas cosas dependiendo de la familiaridad que tenías con ellas. O, dicho de otro modo, has dejado que tu neocórtex decida, sin reflexionar mucho más.

Te habrías comportado de manera muy diferente si hubieras cruzado la puerta del mundo de las ideas y te hubieras involucrado en la información del intramundo. Tal vez te hubieras arriesgado con algo nuevo, algo que nunca antes has hecho. Eso aumentaría tu experiencia y tus impulsos sin precedentes. Por eso, planteamos la pregunta: ¿cómo se obtiene acceso al intramundo? En relación con la filosofía de Platón, ya he mencionado que podemos abrir experiencias límite para el intramundo. Por desgracia, muchas personas sólo experimentan tales vivencias en momentos cercanos a la muerte. Si una persona se está muriendo, todas las funciones del cerebro se van apagando sucesivamente. La mente, que estaba hasta ahora limitada por los filtros aprendidos, se libera, y los censores internos se silencian. Desaparecen todos los hábitos obstructivos, y el hombre moribundo se sumerge en el intramundo. De repente ve cosas que nunca antes ha visto, por lo general combinadas con una euforia de felicidad. Los informes de la experiencia de los pacientes que clínicamente estaban muertos y que pudieron reanimarse de diferentes maneras son muestras de todo ello. Estas personas afirman que han flotado sobre sus cuerpos y que se han separado de su existencia material. Se habla de visiones de luz y sentimientos de alegría extática.

Durante mucho tiempo, las experiencias cercanas a la muerte fueron un misterio. ¿Cómo es posible que una persona clínicamente muerta haya tenido experiencias tan intensas? ¿Por qué no desapareció su consciencia después de que su cerebro fallara? Hoy sabemos que la consciencia no está ligada a la materia, sino que está determinada a nivel espiritual, al igual que el mundo de la información (el intramundo). Por tanto, una persona moribunda vive en el nivel de consciencia y puede continuar recuperando información del intramundo. Para la ciencia convencional, esto es una provocación. La ciencia afirma que el cerebro material es el asiento de la consciencia y, por supuesto, rechaza las experiencias cercanas a la muerte como una fuente de conocimiento.

Sin embargo, la ciencia convencional no puede dar explicaciones plausibles. Falla cuando se tratan los secretos de la consciencia y el alma. De hecho, las experiencias cercanas a la muerte son una indicación de lo que nos espera cuando nos abrimos a las prácticas meditativas del intramundo: una existencia plenamente consciente.

La consciencia despierta es sólo un tipo preliminar de consciencia plena. Esto se evidencia en la reacción tardía de la consciencia despierta para con la información externa. Es similar a lo que sucede con la composición de imágenes en un monitor del ordenador: las operaciones aritméticas se resuelven, la información necesaria para la imagen está disponible, pero la imagen general con detalle sólo se revela poco a poco. El neuroinvestigador Benjamin Libet ha demostrado que cierta información ya puede crear una corriente directa potencial en el cerebro antes de que nos demos cuenta de lo que está pasando. El retraso típico se puede manifestar de muchas maneras. Cuando la luz golpea nuestra retina, sólo somos conscientes de haber percibido la fuente de luz cien milisegundos después. Antes de conocer las imágenes de forma consciente, reaccionamos a ellas de manera sensible con una gran carga emocional. Es importante mencionar que la actividad temprana del cerebro, incluso antes de volverse consciente, es un proceso cuántico controlado a nivel universal.

Por un lado, vivimos espiritualmente, con independencia del espacio y el tiempo, y, por otro lado, vivimos en la Tierra, aquí y ahora. La filosofía cuántica conecta estos dos niveles y agrega un tercero. En primer lugar, experimentamos el mundo cotidiano, que está constituido por la instancia en primera persona. El mundo cotidiano incluye las percepciones sensoriales actuales, así como la planificación y el cálculo del ego. Todo lo que el ego experimenta se acaba almacenando en el intramundo como un disco duro que tiene una capacidad de almacenamiento ilimitada. El intercambio de información con la memoria se origina a partir de pensamientos, recuerdos, fantasías, ideas, sueños. El mundo de la unidad es entonces el «mar de todas las posibilidades», donde todas las opciones imaginables dormitan. Por tanto, aquí no hay espacio para la experiencia habitual; sólo están presentes la experiencia de la calma absoluta y el silencio universal. Sin embargo, el mundo de la unidad no es una zona pasiva: es el origen de todo lo creado.

Los tres mundos (el mundo cotidiano, el intramundo y el mundo de la unidad) existen dentro y fuera de cada ser humano. Hay un flujo de transiciones. Por tanto, los humanos estamos en la interfaz del mundo material y del mundo inmaterial. Al activar esta interfaz, podemos alcanzar la sabiduría y la percepción suprema y elevarnos muy por encima de nuestra realidad material. Todo depende de si nuestra motivación y nuestra voluntad se han desarrollado tanto que nos abrimos a la experiencia de mundos superiores. También significa que debemos estar dispuestos a sufrir una transformación espiritual. Sólo así podremos entrenar nuestra capacidad para comunicarnos con el intramundo y el mundo de la unidad y asimilar toda la información.

Todo esto parece un poco complicado, pero si, por ejemplo, nos fijamos en nuestra memoria, sale a la luz de inmediato. Como nuestras experiencias se almacenan en el intramundo, cuando recordamos algo, sobrepasamos la experiencia sensorial concreta porque la memoria se encuentra más allá del tiempo y del espacio; es puramente virtual. Una experiencia puede haber ocurrido hace muchas décadas, en otro continente, pero, sin embargo, tan pronto como la recordamos vuelve a nuestra percepción consciente. Podemos oler una flor, aunque haga mucho que se ha marchitado. Sentimos el calor de una persona que no hemos visto en años. Una vez más, experimentamos la euforia de escalar una montaña, aunque no hayamos vuelto a estar en la montaña y físicamente no podamos repetirlo.

Cuando recordamos experiencias pasadas, entramos en resonancia con el intramundo, donde podemos acceder a las experiencias como complejos de información. Entonces nos damos cuenta de que el mero hecho de recordar es un fenómeno que no corresponde de ninguna manera a una experiencia actual de realidad. Recordamos situaciones donde el cuerpo material y el cerebro tan sólo han sido herramientas de la experiencia. Sin embargo, la presencia de materia no es importante para la memoria. No tenemos que pasar de nuevo por lo mismo para poder experimentar el paso del tiempo; eso ya está hecho. Por tanto, al recordar algo, el tiempo que se vincula a la materia y al espacio limitado se volatiliza. Lo que queda de esa relación es la información.

El medio de la memoria es la consciencia. En este espacio, quedan ancladas las percepciones anteriores, sin consciencia, sin percepción. Pero tan pronto como se inicia la acción de recordar, la consciencia abandona las leyes terrenales y materiales (causa, efecto, espacio y tiempo). Entendemos que simplemente han sido construcciones auxiliares para ir ganando experiencia. Una vez que estas experiencias se han almacenado en el intramundo, ya no tenemos que escalar montañas para poderlas imaginar o comer un pastel para saborear lo dulce que es.

En la consciencia tenemos todo a nuestra disposición. En cierto sentido, se puede decir que términos como la cronología, la distancia o el pasado pierden su significado. En el momento de la percepción constituían criterios puramente subjetivos, pero, tan pronto como empecemos a recordar, ya no los necesitaremos. Esta transgresión del tiempo y del espacio fue el gran descubrimiento de la teoría de la relatividad. Einstein señaló que el espacio y el tiempo no son dimensiones objetivas, sino que siempre dan testimonio sobre la ubicación actual del observador.

El mundo cotidiano es sólo una ficción de tiempo y espacio, pero tendemos a tomarnos esta ficción como un valor nominal: experimentamos las condiciones de vida materiales como reales. Esto puede ser útil al principio porque, en aquel momento concreto, nos sirven de orientación; pero, a la larga, confundir materia y realidad tiene un efecto secundario negativo. La experiencia material coloca un filtro anterior al intramundo, ya sea a través de patrones perceptivos rígidos o de restricciones sociales. Como se dice popularmente, no queremos que los árboles nos impidan ver el bosque, porque lo miramos desde abajo.

Aunque no tendría por qué ser así. El intramundo y el mundo de la unidad se pueden alcanzar desde el mundo cotidiano, como se muestra a través del ejemplo de la capacidad de memoria. Pero podemos obtener más información del intramundo, incluso de todo lo que no forma parte de nuestros recuerdos personales. Lo que necesitamos es la voluntad de obtener una nueva consciencia. Científicamente hablando, los procesos neurológicos y bioquímicos conocidos de la teoría cuántica se activan a nivel subatómico. Éstos incluyen los llamados amplificadores cuánticos, extintores cuánticos y embrollos cuánticos sutiles, los cuales generan procesos de consciencia y subconsciencia que pueden describirse como mecanismos de control primarios. Un punto de inicio para cambiar el mundo.

Incluso la sabiduría tradicional de China, Japón, India y Arabia abordó la cuestión del desarrollo humano a partir de acciones autodeterminadas o sacrificios pasivos de las personas con poderes superiores. El objetivo de las enseñanzas espirituales tradicionales era el control consciente e intencionado de los tres mundos (el mundo cotidiano, el intramundo y el mundo de la unidad) y la superación de los patrones de pensamiento y de acción innatos y aprendidos, porque nos excluyen del intramundo y del mundo de la unidad. La intención era apagar los filtros que oscurecen nuestra presencia en el intramundo. Si esto tiene éxito, el mundo de la materia ya no tiene poder sobre nosotros y pensaremos de forma universal. Sobre todo, actuamos de manera diferente porque somos conscientes de que un solo pensamiento puede cambiar tanto el conjunto de información del mundo como la realidad material.

Esto abre un campo que nos hace muy conscientes y nos hace maestros inteligentes de nuestro destino. Por tanto, todas las enseñanzas espirituales están asociadas con rituales y ejercicios que resultan en un estado meditativo de receptividad. La efectividad de tales estados de consciencia ha quedado claramente probada. Así que la meditación profunda, pero también los sueños y las experiencias cercanas a la muerte, se basan en la activación de la propia droga dimetiltriptamina (DMT) del organismo. Esta sustancia provoca patrones de información cuántica que afectan a la materia de nuestro cuerpo de tal manera que los filtros y los censores se desactivan. Discutiremos el tema con más detalle más adelante.

Dicho esto, es posible experimentar el intramundo de manera consciente; por ejemplo, a través del «sueño lúcido», también llamado sueño clarividente. Ya conocemos tales experiencias que se encuentran en el reino intermedio, entre el dormir y velar. En aquel momento, nuestra consciencia ya está surgiendo, pero aún no estamos sujetos al control estricto del intelecto y la convención. Podemos tener visiones, atrevernos a imaginar lo imposible, trascender los límites que nos hemos fijado.

Si tales sueños lúcidos son particularmente intensos, percibimos toda la información que en algún momento se ha almacenado como pensamiento y experiencia en el intramundo. Esto les sucede muy a menudo, en especial, a los artistas. Encuentran inspiración de la nada en una pintura, una composición o una novela. No necesitan hacer nada más que estar receptivos a lo que literalmente les llega a la cabeza. Antes, los artistas describieron este momento inspirador como el «beso de la musa», una frase muy bonita para lo que les fluye desde el intramundo. Pero tales experiencias no sólo están reservadas para las personas más creativas. Todas las personas pueden alcanzar este estado de receptividad cuando, de manera consciente, deciden que no controlarán las ideas del intramundo a través del instinto y el intelecto.

En el segundo paso, se amplía el margen de maniobra. Cuando estamos en contacto con el intramundo, sentimos que no somos parte de un engranaje, sino que constituimos una parte activa de la creación. En la tradición espiritual también se habla de la experiencia del «todo en uno». Nos sentimos conectados a todo lo que se unifica con el cosmos. Esta experiencia nos permite sentir que poseemos un potencial divino. No es casual que conozcamos oraciones de tradiciones espirituales como: «Somos de origen divino», o también: «Dios nos creó a su propia imagen y semejanza». La frase: «Someted la tierra» es una apelación a nuestro potencial espiritual y a nuestra consciencia superior. Pocas personas saben lo que en realidad significa eso: somos divinos como parte activa del cosmos, es decir, como portadores de las energías creativas.

La naturaleza espiritual de las personas

Numerosas y nuevas disciplinas de investigación tratan con el pensamiento y los sentimientos humanos. Biofísicos y neurólogos, bioquímicos y teóricos de la información intentan comprender qué es lo que hace que el ser humano sea inteligente y emocional. Hasta ahora se ha investigado mucho menos la naturaleza espiritual de las personas. Tal vez sea porque la ciencia todavía prefiere lo materialmente tangible. Mientras sea mensurable, las personas se sienten seguras. Por supuesto, es fascinante analizar el cóctel químico que inunda nuestros cerebros cuando estamos enamorados. Los científicos están aún más preocupados por lo que no se manifiesta a nivel material. Y lo más difícil para ellos es hacer declaraciones sobre la naturaleza espiritual del ser.

Aquí entramos en la zona del intramundo, donde se anulan los esquemas habituales de pensamiento y las leyes de la naturaleza. Ya hemos podido ver a través de la memoria que el tiempo y el espacio pierden su validez en el intramundo porque los recuerdos pueden resucitar cualquier momento y lugar del pasado. Pero eso significa que nos estamos moviendo en un mundo que es infinito y eterno, fuera de las dimensiones que conocemos del espacio y el tiempo. No podemos ver, oír, tocar, oler ni saborear el pasado de un modo concreto; sin embargo, tan pronto como lo recordemos cobrará vida en nosotros. El pasado existe puramente de modo espiritual, con independencia de su presencia material.

Igual que los recuerdos, el intramundo es el hogar de los sueños, las visiones y las creencias. Aquí fallan los instrumentos habituales de la ciencia. ¿Cómo debemos medir los recuerdos? ¿Cómo se puede cuantificar un sueño? ¿Qué fórmulas matemáticas podrían usarse para captar la tendencia que tenemos los humanos hacia la espiritualidad? No podemos seguir con las herramientas habituales que utilizan las ciencias exactas, ni tampoco sirven nuestros cinco sentidos.

Los dispositivos de medición que los humanos hemos inventado sólo son útiles para representar matemáticamente las sensaciones de los órganos sensoriales. Cuando sentimos un calor reconfortante, un termómetro muestra la temperatura exacta del aire en grados Celsius. Cuando escuchamos música que nos gusta, un dispositivo de medición nos informa acerca de las correspondientes mezclas de frecuencias. O cuando nos enamoramos, y un químico determina la concentración de hormonas de la felicidad en nuestra sangre. Pero ¿qué dice eso del amor? Nada. Ni un análisis de frecuencia nos puede revelar por qué nos gusta una música en particular, ni un termómetro nos puede decir por qué para unos hace una temperatura perfecta, mientras que otros se quejan del calor insoportable.

Al final, el espíritu humano es inconmensurable. Lo que puede expresarse en números y tablas pertenece a este mundo, al mundo material de la vida cotidiana. Por otro lado, todo lo que no se puede pesar ni medir pertenece al más allá, al intramundo. El hecho de que el intramundo no requiera un tiempo y un espacio concreto plantea problemas insolubles para los científicos más tradicionales en sus reflexiones. No es posible preguntar por el origen de algo si este algo ha sucedido con independencia del tiempo. Tampoco te puedes plantear la forma y la estructura de un evento si no se encuentra en tu mismo espacio. Por tanto, la mayoría de los científicos escapan de este dilema porque ignoran todo lo que queda más allá del tiempo y del espacio.

Por las razones mencionadas, se desconoce virtualmente el mundo intelectual de un público más amplio, porque como Christian Morgenstern escribió: «Lo que no debe ser no puede ser». Así que la mayoría de las personas siguen siendo ignorantes, puesto que no conocen la naturaleza de la realidad en la que viven. Se comportarían de un modo más consciente y serían más felices si supieran que todo está íntimamente vinculado y que sólo hay un ser unificado. Eso significaría que nuestra esfera de influencia es mucho más grande de lo que nuestros órganos sensoriales nos transmiten.

A partir de la experiencia del intramundo, no podemos dejar de preguntar por el principio omnipresente sobre el que se ha organizado. Si consideramos el sistema puramente espiritual del universo con sus flujos de información, podemos afirmar que un espíritu del mundo inteligente nos proporciona una realidad objetiva que supera con creces nuestra realidad percibida a nivel subjetivo. Esto es posible cuando el espíritu del intramundo y el de la mente humana individual se entremezclan. Sólo de esta manera, el individuo puede establecer de manera consciente contacto con el intramundo para captar y asumir la información y energía creadas. El yo y el ego tienen la oportunidad de desarrollarse y perfeccionarse a través del conocimiento objetivo de la verdadera naturaleza del mundo. Ésta es la base para una transformación a través de la consciencia y para una existencia libre y feliz.

Si tomamos el camino de la transformación espiritual, se nos abren nuevas perspectivas. Podemos tener experiencias sustanciales que van más allá de los patrones que conocemos; experiencias reales, por así decirlo. Éstas quedan almacenadas en el intramundo y se reviven en los recuerdos y sueños. Cualquiera que permanezca en la mente preconsciente de la experiencia cotidiana es incapaz de darse cuenta de que estamos viviendo en un contexto sistemático muy bien ajustado y creado por una inteligencia universal. La materia y el espíritu, este mundo y el más allá, el mundo cotidiano y el intramundo, las limitaciones y el infinito, la actualidad y la eternidad... no son elementos binarios opuestos, sino todo lo contrario, puesto que están del todo entrelazados.

Ahora bien, se podría argumentar que, incluso sin conocer este sistema, debe ser posible una vida feliz. ¿Qué calidad especial nos aporta esta nueva visión del mundo como una entidad integral?

Mientras ignoremos el intramundo, estaremos malinterpretando el poder espiritual (que todo lo dirige). Lo que nos falta es la convicción interna, la fe que nos permita «mover montañas». En cambio, a menudo nos sentimos impotentes y a merced de los demás. Ni siquiera se nos ocurre la idea de que nosotros mismos podamos intervenir poderosamente en nuestro destino. Sin un contacto consciente con el intramundo, no tenemos acceso a los consejos valiosos que nos urgen, en especial en situaciones de crisis. Nos limitaremos a aprender y condicionar patrones de reacción forzados y no seremos capaces de enfrentar nuevos desafíos. Y, en efecto, todo el mundo dispone de la libertad para cambiar su propia realidad de forma positiva, sobre todo cuando las crisis y los contratiempos nos sacuden.

Cada ser humano tiene un núcleo espiritual con vivencias y experiencias llamadas «alma». La materia de los humanos, el cuerpo, es el recipiente que utiliza el alma de forma temporal. Carl Friedrich von Weizsäcker observa lo siguiente: «El cuerpo es sólo la forma en que un alma se muestra a otro cuerpo».[1] En las tradiciones espirituales, se dice del alma del intramundo que es sutil y que la construcción material del mundo cotidiano es rudimentaria. Definimos la materia rudimentaria como la masa de elementos. Más sutiles son los patrones de información que dan a la masa su forma específica. La relación entre lo rudimentario y lo sutil encaja dentro de una clara jerarquía: la materia o la materia bruta, las cuales se convierten en ideas e información en el nivel sutil, ya nunca pueden revertirse.

Con demasiada frecuencia, y de manera errónea, se considera que la materia no existiría sin un patrón de información correspondiente. Pero, de hecho, sólo al percibir el contenido informativo de un objeto o evento es posible que tengamos experiencias verdaderamente interesantes. De lo contrario, rebotamos en las superficies y la información no nos llega. ¿Y qué se nos escapa?

Dentro del intramundo tratamos con una memoria mundial gigantesca. El conjunto de bibliotecas e Internet es, en comparación, una infimísima subárea. Puesto que cada generación puede recurrir a todo lo que ha ido guardando y seguir agregando nuevas experiencias, las generaciones siguientes siempre sabrán más sobre el mundo que la generación anterior. Si tenemos en cuenta los millones de generaciones que han vivido en la Tierra, imagínate toda la riqueza que podemos extraer de la experiencia espiritual. No tenemos que volver a aprender todo de nuevo, sino que podemos consultar lo que ya hemos experimentado y pensado. Existe un conocimiento inmenso, cuya imaginación es infinitamente superior a la nuestra. Y es tan precioso que, a fin de cuentas, no podemos prescindir de él. ¿Dónde estaría el mundo hoy si todos tuvieran un acceso consciente al intramundo, con todos los procesos de aprendizaje, todas las ideas creativas, todas las visiones que se han almacenado? ¿Cuánto sufrimiento, cuántas guerras podrían haberse evitado? Depende de la imaginación de cada uno creer en un mundo así de sabio.

---

1. V. Weizsäcker, C. F.: *Gesammelte Werke* en CD-ROM, 2011. Michael Drieschner, Worm, Berlín. (Trad. cast.: «Obras recogidas»).

Capítulo 2

Fenómenos misteriosos

Más allá de la teoría

En las siguientes páginas encontrarás fenómenos que dan la vuelta a cosas que antes creías que eran posibles. Si eres una persona escéptica, te preguntarás: «¿De verdad puede suceder algo así?». Te aseguro que sólo he seleccionado casos que han sido observados siguiendo un método fidedigno. Todos los fenómenos presentados son sólo sugerencias, nada está realmente probado. Por naturaleza, son manifestaciones que no están de acuerdo con la cosmovisión que la ciencia convencional ha diseñado. Pero la evidencia de los fenómenos observados es indiscutible, por lo que todo indica que es hora de corregir nuestra visión del mundo.

Ya no podemos permitirnos excluir percepciones y experiencias particulares simplemente porque contradicen ideas preconcebidas. Con mi modelo de intramundo y consciencia generadora de realidad, lo que en un principio era inexplicable se vuelve extremadamente verosímil. Hay mucho contenido que puede resultar nuevo y desconocido, pero la misión de la ciencia es ir en busca de la realidad y revelarla. Sin lugar a dudas, vas a descubrir que algunos de los fenómenos extraños te resultan familiares. Verás que en algunos momentos podrías experimentar algo extrasensorial y en apariencia sobrenatural. No hay nada de qué preocuparse. Como verás más adelante, existen fenómenos inexplicables sobre procesos científicos que han sido investigados a fondo. Entender estos procesos no sólo te proporcionará información, sino también una comprensión profunda de tus propias capacidades.

Un breve viaje por el cerebro

Es importante aclarar el papel real del cerebro material, dado que la explicación materialista del alma y la consciencia todavía tiene un gran poder de interpretación, y así quedará claro lo que no se puede permitir. Existe un significado y un propósito para ello, y es que, a menudo, los fenómenos misteriosos quedan reducidos a disfunciones del cerebro. En el momento en que reconocemos que las funciones son fantásticas, sin pensar en la mente ni en la consciencia, habremos dado un paso significativo hacia delante.

Te voy a dar un ejemplo ilustrativo: en las últimas décadas, los neurólogos han cartografiado casi por completo nuestras áreas cerebrales. Hoy conocemos las diferentes funciones de las regiones individuales, y también los cambios que se producen en la transición del estado de vigilia al estado de sueño. La causa de este cambio, sin embargo, no es una disfunción, sino un acoplamiento físicocuántico al campo de información del intramundo. Este ajuste cambia los pensamientos y sentimientos y conlleva un cambio de la realidad.

Cuando pensamos de manera abstracta dentro del neocórtex (donde reside el razonamiento lógico), los lóbulos frontales izquierdo y derecho están activos. Lo opuesto al pensamiento abstracto sería concebir el mundo en imágenes como hacemos ahora. No hay duda de que la asimilación en el neocórtex tiene sus ventajas: las ideas abstractas nos ayudan a generalizar. De esta manera, podemos sistematizar y administrar el inmenso flujo de información que nos afecta cada día.

Al soñar, desaparece el predominio del neocórtex y se activan las regiones del cerebro medio y del sistema límbico. Lo más importante es que finaliza la actividad del hemisferio izquierdo del cerebro, así que el pensamiento lógico y analítico queda relegado a un segundo plano. En sentido contrario, el hemisferio derecho del cerebro, donde se asienta la creatividad y la intuición, está más receptivo. Este cambio viene motivado por las señales que se derivan del aumento de la actividad del sistema límbico.

Esta ponderación del hemisferio derecho no sólo es posible en los sueños, sino que también puede aprenderse. A veces pasa sin querer, ya sea por traumas o lesiones o porque hay un dominio innato del hemisferio derecho del cerebro desde la infancia, lo cual se manifiesta en un aumento de la creatividad, como vemos en algunos artistas y escritores. Otras personas con estas características son los sinestésicos, que tienen una percepción holística, o los sabios, que poseen talentos muy particulares y extraordinarios.

Resulta más claro observar la importancia funcional de los hemisferios derecho e izquierdo en las tablas siguientes. También aquí cabe decir que para los zurdos congénitos estas cualidades se invierten. La siguiente lista se basa sistemáticamente en los resultados de la neuroinvestigadora Diane Hennacy Powell, cuyo enfoque de investigación muy innovador está ligado al mío (Powell, 2009).

Hemisferio izquierdo	Hemisferio derecho
Razón, lógica	Alma, sentimental
Visión de los detalles	Visión de conjunto
Se focaliza en los hechos	Imagina, ve las posibilidades, sueña despierto/a
Significado literal o textual	Lenguaje figurativo
Idioma, sintaxis, semántica	Fonología, entonación, sentido
Pasado y futuro	Presente
Ciencias naturales y matemáticas	Filosofía y espiritualidad
Realidad cotidiana, comprometido con un supuesto, preciso	Realidad del intramundo, fantasía, alegría de pura existencia
Creencia de que se es un único individuo	Sentimiento de unidad con un poder superior
Neurotransmisores dominantes: acetilcolina (retentiva), dopamina (habilidades motoras finas necesarias para el habla)	Neurotransmisores dominantes: norepinefrina (percepción visual y espacial, emoción a través de la motivación), dopamina (aplicaciones artísticas)
Las interconexiones neuronales son verticales	Las interconexiones neuronales son horizontales
La transformación de las señales ocurre en serie o de forma lineal, el sistema puede fallar en caso de encontrar algún defecto en el modo único	La transformación de las señales ocurre de forma paralela, la información se procesa más rápidamente, el sistema es más estable

El intercambio de información entre los dos hemisferios del cerebro pasa por un puente, llamado cuerpo calloso. Está formado por fibras nerviosas, cuyo número varía de persona a persona. Como media, hay alrededor de 300 millones de fibras individuales, a veces sólo dos millones o incluso menos.

Para explorar el modo de acción de este puente entre el hemisferio derecho e izquierdo más de cerca, en la década de 1960 se recurrió a un remedio drástico: durante algunos experimentos médicos, este puente se interrumpió quirúrgicamente. El resultado fue una división del cerebro en dos partes aisladas. Esto provocó ciertas deficiencias, puesto que la habilidad para aprender idiomas se encuentra sobre todo en el hemisferio izquierdo; por ejemplo, las personas con un cerebro dividido apenas tienen capacidades verbales para los objetos que ven representados en el hemisferio derecho.

En nuestra cultura occidental, con su inclinación hacia la lógica y el análisis, el hemisferio izquierdo del cerebro es el que por lo general tiene el control, o mejor dicho, las prestaciones del cerebro izquierdo son las más solicitadas y, por tanto, se utilizan mucho más a menudo. Entre otras cosas, esta alineación mental destruye la intuición y la compasión, dos habilidades localizadas en el hemisferio derecho. Por naturaleza, ambas mitades del cerebro deben estar en equilibrio armónico. Por tanto, una alta actividad del cerebro izquierdo afecta con claridad a un sistema inmunológico que funciona de manera adecuada. Obviamente, la naturaleza no ha previsto un criterio unilateral, sino una interacción igual con cambios de actividad.

En la cultura de Asia oriental, donde hay una clara predilección por las técnicas de meditación, se ha podido conocer que algunas estrategias activan el hemisferio cerebral derecho. Tanto en la meditación como en el yoga, siempre se trata de dejar libre la mente pensante y lograr una consciencia de aspecto calmado y, si es posible, incluso el vaciado completo de la neocorteza de pensamientos. Cabe decir que estas culturas son mucho más susceptibles a las experiencias espirituales que nuestra sociedad occidental, que es estrictamente intelectual. Los koan del zen, que se basan en paradojas, también son una medida para apagar el hemisferio izquierdo. Los koan se quedan bloqueados en situaciones lógicas, como, por ejemplo, cuando se les preguntó: «Haz palmas. ¿Cómo suena una mano aplaudiendo?». En la teoría de la creatividad, se hablaría de provocación mental, una táctica para abordar el hemisferio derecho creativo.

El dominio de los hemisferios del cerebro también depende de la cultura escrita predominante. Los escritos pictográficos, como la escritura jeroglífica egipcia, se tratan como información pictórica y, por tanto, son procesados por el cerebro derecho. El alfabeto, que fue introducido por los griegos alrededor del año 1000 a. C., requería habilidades cognitivas, es decir, el hemisferio izquierdo. Además, la mayoría de las fuentes fonéticas, las cuales se representan por medio de letras, se escriben de izquierda a derecha. Ésta es una diferencia significativa con respecto a la fuente pictográfica, que se organiza en vertical, de arriba abajo. La dirección de la lectura de izquierda a derecha, como es común en todos los idiomas occidentales, promueve el dominio del hemisferio izquierdo, a diferencia de la lectura de arriba abajo, que activa el lado derecho del cerebro.

Estos hallazgos sobre el cerebro todavía son bastante misteriosos. Es fascinante ver cómo la mente y la consciencia se elevan muy por encima de las condiciones materiales de la estructura del cerebro. Las percepciones extrasensoriales, los fenómenos desconcertantes y las habilidades extraordinarias todavía dan mucho de que hablar. No se pueden explicar mediante los modelos comunes del cerebro. Entonces, concentrémonos primero en las anomalías y diferencias que se pueden ver, y ya, más tarde, preguntaremos por las causas.

Artistas sinestéticos y de la memoria

La sinestesia es uno de los fenómenos más emocionantes que superan la experiencia cotidiana. El término procede del griego *syn*, «juntos», y *aistesis*, «percepción». Los sinestésicos asocian las percepciones sensoriales personales con otras completamente diferentes, sin ninguna razón aparente. Por ejemplo, la letra A se puede percibir como de color azul y fría, o el sonido de un violín se puede ver teñido de rojo o con una forma cilíndrica. A menudo, los números están asociados con los colores. La característica especial es que estas conexiones tienen lugar de manera espontánea, sin ninguna impresión previa. Las personas sinestésicas huelen números, escuchan colores o ven música. A menudo, los cinco sentidos están involucrados a la misma vez. Durante mucho tiempo, esta percepción holística se explicó a partir del hecho de que las fibras nerviosas, que normalmente impulsan regiones individuales del cerebro, estaban en proceso de intercambio de señales.

Ha habido muchos sinestésicos en nuestra historia. Uno de los más famosos fue el pintor expresionista Wassily Kandinsky, cuyos cuadros a menudo llevan títulos musicales. Pero también compositores como Franz Liszt, Jean Sibelius, Alexander Scriabin y Olivier Messiaen tuvieron experiencias sinestéticas. En apariencia fue una fuente especial de inspiración para estos artistas que eran capaces de crear redes sensoriales inusuales.

El neurólogo y neuropsicólogo Richard Cytowic describe cómo los sinestésicos tienen más probabilidades de ser clarividentes o precognitivos. Algunos de ellos transforman los rasgos de personalidad de una persona en colores para poder percibir un aura colorida a su alrededor (Cytowic, 2002).

Otra característica especial de los sinestésicos es la habilidad para recordar detalles, y muchos de ellos también presumen de un alto coeficiente de inteligencia. Algunos dicen que sólo tienen que imaginar lo que va a pasar, y entonces es cuando sucede. Tienen la capacidad de que los pensamientos que tienen de manera consciente influyan directamente en algo, sin tener que esforzarse para que eso ocurra. Dicen que aprenden estas experiencias y habilidades en los sueños. Con la diferencia de que sólo la materia virtual está influenciada en su imaginación y no en el mundo real de la vida cotidiana.

Los estudios fisiológicos muestran que los sinestésicos que tienen un hemisferio derecho preponderante a veces también suelen presentar daños en el hemisferio izquierdo. En un experimento, los sujetos con sensaciones sinestésicas inhalaron gas xenón ligeramente radiactivo. Con la ayuda de los escáneres, se pudo ver que presentaban un neocórtex casi del todo inactivo. Además, cuando se vieron obligados a enfrentarse a los olores, la actividad cerebral del hemisferio izquierdo volvió a disminuir en un 18 %, mientras que el sistema límbico estaba más vascularizado y presentaba una mayor actividad.

Las condiciones previas y específicas de una persona sinestésica son, por tanto, actividades reducidas del neocórtex y del hemisferio izquierdo, así como un aumento de las actividades del hemisferio derecho y del sistema límbico. Curiosamente, lo mismo sucede bajo la influencia de DMT y LSD. Esto conduce a visiones e inspiraciones y, a menudo, a firmes creencias que pueden conllevar efectos de placebo, entre otras cosas. Como veremos, éstas son señales de que alguien está en contacto con el conocimiento y las energías del intramundo. En este sentido, se puede resumir que los sinestésicos establecen una comunicación inusual e intensiva con el intramundo.

Los neurólogos como Cytowic, que han estudiado los fenómenos científicamente, creen que, en principio, todos los seres humanos pueden realizar funciones extraordinarias a través de su memoria, retentiva y reflexiones. Estas habilidades sólo quedan ocultas porque hay otras funciones cerebrales dominantes.

La tremenda capacidad de retención de algunos sinestésicos no puede explicarse a través de las teorías neurológicas de la memoria que hay en la actualidad. Se cree que la memoria es una función cerebral pura, dependiendo de la cantidad de conexiones sinápticas entre las fibras neuronales de la red cerebral. Sin embargo, esto no se aplica a la mayoría de los sinestésicos. De hecho, a menudo tienen menos conexiones sinápticas y menos actividad cerebral que las personas «normales», aunque en algunas habilidades sean muy superiores. Y, en este sentido, es más probable que se produzca una comunicación con el intramundo. Las habilidades paranormales de estos individuos también indican que podemos recuperar del intramundo la información que por lo general no se encuentra a nuestra disposición.

Sabios

Durante mucho tiempo, los llamados sabios eran un grupo marginal del cual se sabía poco y por el que poca gente mostraba interés. Fue la película de Hollywood *Rainman* la que atrajo una mayor atención hacia estas personas extraordinarias. En la película nos encontramos con Raymond, un hombre autista cuyas habilidades inusuales sorprenden. Entre muchas otras destrezas, aprende sin esfuerzo las agendas telefónicas de memoria; cuando en una escena del filme cae un paquete de palillos al suelo, sólo con un vistazo rápido, puede decir el número exacto de palillos de madera que hay tirados. Todo esto contrasta con su incapacidad para hacer frente a las actividades cotidianas más simples, por lo que en este caso se habla de talentos extraordinarios.

La película está basada en la historia de la vida del autista estadounidense Kim Peek. A pesar de su defecto de comunicación, poseía habilidades fenomenales. Se sabía 12.000 libros de memoria, palabra por palabra, y no sólo los había leído de delante hacia atrás, sino también al revés. Siete segundos por página le bastaron para memorizar el contenido y reproducirlo exactamente en cualquier momento. Su comprensión era asombrosa. Era capaz de leer dos libros al mismo tiempo con un ojo en cada página.

Otro talento inusual de Peek son los cálculos en el calendario. En unos segundos, memorizó los días de la semana con la finalidad de intuir fechas muy lejanas en el futuro. También podía memorizar las conexiones de autobuses, números de teléfono, códigos postales y nombres de calles de una manera inimaginable.

Lo más destacable de Kim Peek es que no tiene ningún puente que una los dos hemisferios del cerebro, con lo que puede usar sus ojos de forma independiente. También es esta conexión inexistente lo que en apariencia le proporciona esta gran capacidad de memoria. Según la neurobiología, la información puede fluir de esta manera de forma por completo desinhibida hacia la percepción, ya que ninguno de los dos hemisferios actúa, respectivamente, como una entidad de control y filtrado. Por lo general, el puente entre los hemisferios derecho e izquierdo controla el acceso sin obstáculos a la información de la otra mitad del cerebro. Ésta es la explicación materialista. Como los *savants* no sólo recuperan información que otros ya han olvidado, también tienen información y habilidades que no pueden explicarse mediante los procesos de aprendizaje ordinarios.

Por ejemplo, se sabe que un sabio puede aprender finlandés, árabe y mandarín a través de la lectura inversa de libros. El autista y *savant* Daniel Tammet tuvo un ataque epiléptico a la edad de tres años. Desde entonces es malabarista de números y habla siete idiomas. En su libro *Nacido en un día azul* describió, entre otras cosas, sus artes para las matemáticas (Tammet, 2006). Sin ningún esfuerzo, puede contar las constantes del número π (pi) con el valor 3,14 hasta 22.514 cifras decimales sucesivamente.

El *savant* Stephen Wiltshire creó un mapa detallado de todo el horizonte después de un solo vuelo sobre Londres. Otro sabio era capaz de detectar las marcas y los modelos de todos los vehículos estacionados, incluido el año de fabricación, en un enorme aparcamiento de la zona. Y es más, esta persona no podía leer, por lo que su conocimiento no provenía de revistas de automóviles.

El *savant* e invidente Leslie Lemke sólo escuchó el concierto para piano n.º 1 de Tchaikovsky una vez y luego lo pudo tocar sin problemas, a pesar de que sólo le impartieron una hora de clases de piano en su vida.

Al tratar este tema, es imposible no plantearse interrogantes. Por ejemplo, Michael Kearny, que parece completamente normal en la vida cotidiana, comenzó a hablar a la edad de diez meses y a leer cuatro semanas después. En su tercer cumpleaños, ya dominaba el álgebra, se graduó en la universidad a la edad de diez años y completó su máster en Bioquímica a la edad de 14 años, con una tesis sobre el crecimiento de las células cancerosas. Por último, ganó un millón de dólares en un complicado juego de realidad aumentada en línea (Jones y Flaxman, 2010).

Los resultados de una investigación que dirigieron Susan Goldin-Meadow y Carolyn Mylander en la Universidad de Chicago fueron publicaron en 1998 en la importante revista científica *Nature* e, inmediatamente, causaron un encendido debate. En el estudio científico, las dos investigadoras llegaron a la conclusión de que los niños sordomudos de Estados Unidos y Taiwán desarrollaban, de forma espontánea e independiente, una serie de gestos (muy similares entre ellos) y una arquitectura de lenguaje virtual sin padres ni maestros que los guiaran. Ambos grupos colocaban el objeto antes que el verbo y eran capaces de discernir cómo se construía una oración transitiva («El ratón come queso») e intransitiva («El ratón corre»). El sujeto se trata del mismo modo ya sea en alemán, en inglés o en mandarín. Era imposible que los niños de China hubieran heredado la gramática de sus padres. ¿De dónde procede entonces esta peculiaridad? Las científicas sólo pudieron llegar a la conclusión de que estas reglas eran innatas. No se discutió la idea de un campo espiritual universal.[1]

Siempre sorprende hacer especulaciones sobre cómo funciona realmente la adquisición del lenguaje. ¿Por qué un niño por lo general desarrollado puede

---

1. Goldin-Meadow, S. y Mylander, C.: «Spontaneous sign systems created by deaf children in two cultures», *Nature*, 391(6664), 1998, págs. 279-281.

hablar con fluidez a la edad de tres años y formar oraciones que nunca ha escuchado antes? El lingüista Noam Chomsky concluyó que debe existir un anteproyecto para el lenguaje, una gramática universal a la que todos los nuevos terrícolas están igualmente sujetos. Pero ¿dónde se almacenan todas estas construcciones? Es difícil imaginar que se encuentren en el genoma. Esta información es de naturaleza espiritual, por lo que se debe recuperar de un campo espiritual, del campo de información del intramundo.

Hace poco, se le propuso a un joven artista de la prestigiosa Juillard School of Music de Nueva York que compusiera una sonata para violín. Un «canal de música» interno le iba dictando la partitura. Parece obvio que estaba almacenado en el campo de información y sólo debía recuperarlo. Se dice que Bach y Mozart componían de la misma manera, sin dudas ni planes ni consideraciones de esbozos. Dichos ejemplos ilustran que estas personas no reproducen el conocimiento aprendido, sino que implementan de manera creativa en la esfera cotidiana un conocimiento colectivo superior procedente del intramundo.

Al igual que los sinestésicos, los sabios con frecuencia también poseen habilidades paranormales (Rimland y Fein, 1988). Un estudiante que solía tomar el autobús para volver de la escuela, dice que siempre sabía, sin tener ningún tipo de pista, cuándo iban sus padres a recogerlo. Otra niña con el síndrome de savant dice que podía revelar los regalos de Navidad la semana previa a la celebración, sin que nadie le hubiera dado ninguna información específica sobre ellos. Otra persona con el síndrome de savant predijo la muerte de su padre y también la causa: un infarto. Ella sola ya había visto todos los detalles y las circunstancias exactas de la muerte.

Cerca de la mitad de los sabios son autistas. Muchos presentan daños cerebrales o defectos en cuanto al desarrollo mental. Al igual que con la mayoría de los sinestésicos, los *savants* también muestran disfunciones cerebrales en el hemisferio izquierdo y un aumento de las funciones cerebrales en el derecho. La actividad cerebral de los *savants*, cuando están despiertos, es similar al modo característico del estado de vigilia. Esto significa que su consciencia diurna no está sujeta al control habitual del neocórtex. Presumiblemente, permite percepciones que también podrían poseer otras personas, pero que no penetran en la consciencia.

El cerebro puede recibir unos seis mil millones de bits de datos por segundo. Si todos estos fragmentos estuvieran conscientes no podríamos sobrevivir, porque la gran avalancha de información nos abrumaría y sofocaría. Por tanto, más o menos el 95 % de toda la información percibida permanece por debajo del umbral de consciencia, y sólo el 5 % alcanza la consciencia. Desde esta pequeña proporción, comprimimos algunos paquetes de información más pequeños que llamamos experiencia. Más tarde, formamos patrones para los programas de acción con los que nos guiamos en el mundo cotidiano. En principio, esto es bueno. Todas las regiones del cerebro procesan en perfecta armonía los estímulos sensoriales internos y externos que son del todo vitales, por lo que distinguimos de manera pragmática entre importantes y no importantes.

Los *savants* presentan una interrupción del equilibrio de las interacciones de los hemisferios cerebrales. Los filtros de la inteligencia de selección no están activos, por tanto, la información entrante fluye de manera inconsciente hacia la consciencia. Además, las personas con el síndrome del sabio también pueden recuperar información que no han llegado a aprender nunca de la forma habitual, como cuando predicen eventos. Esta claridad sólo puede explicarse de manera plausible por su contacto con el intramundo, donde el tiempo cronológico no tiene significado y todo es siempre un hecho eterno. Por tanto, para los sabios, las categorías pasadas, presentes y futuras no son relevantes. El contacto entre mundos también explica por qué los *savants* pueden adquirir grandes cantidades de conocimientos o habilidades de un momento a otro. Con los ejemplos siguientes resultará fácil imaginarse el principio que está funcionando. Cualquiera que haya aprendido a conducir o ir en bicicleta puede hacerlo casi de un modo automático. No tiene que recordar todos los detalles que fueron importantes en el proceso de aprendizaje, sino tan sólo acceder a los procesos ya programados. Esto significa lo siguiente: después de la programación, todo el proceso se guarda, y lo único que tenemos que hacer es abrir el archivo en la memoria. Tales programas personales están listos para cada uno de nosotros en el intramundo. Lo especial de los *savants*, sin embargo, es que aparentemente también tienen acceso a los programas de los demás. Esto se muestra en el ejemplo del sabio que pudo recrear el concierto para piano de Tchaikovsky, sin una formación pianística ni un estudio exhaustivo de solfeo. Experimentó el concierto como si fuera un código de palabras. Sólo tenía que acceder, y el intramundo le proporcionaría tanto la partitura como el virtuosismo pianístico. Para los demás, esto sólo se consigue tras años de práctica y disciplina.

Las habilidades de los sabios no son un mito. Es muy fácil verificarlos hoy por medio de ordenadores u otras técnicas de medición. Su conexión con el intramundo es muy plausible, en especial teniendo en cuenta que los sabios suelen ser menos dotados, con un coeficiente intelectual muy bajo, a menudo sólo entre 20 y 40. Por tanto, no se trata de una inteligencia excepcional que les permita hacer cosas extraordinarias. Sus talentos extraordinarios son ventanas que abren hacia el intramundo. Allí, en el intramundo, tienen acceso a hechos y habilidades que otros han adquirido antes que ellos y pueden acceder de manera libre a todo el contenido.

Inteligencia sin cerebro

La doctrina obsoleta (aunque ampliamente aceptada) que afirma que nuestros pensamientos, nuestra consciencia y nuestra voluntad surgen en ciertos centros del cerebro no se ha podido demostrar todavía. A la inversa, hay varios estudios y observaciones que constatan que las actividades mentales son posibles incluso con estructuras cerebrales mínimas. Este material es uno de los argumentos más convincentes que tenemos para justificar el carácter inmaterial de la mente y la consciencia. Numerosos resultados de la investigación se remontan a la segunda mitad del siglo XX, pero apenas han sido honrados por un público científico más amplio. Obviamente, después de establecer un sólido fundamento teórico, las personas se muestran reacias a cambiar el rumbo hacia un nuevo terreno. Y es muy probable que los siguientes fenómenos hagan que muchas bases que tenías fundadas se vayan a pique.

En 1980, la prestigiosa revista científica *Science* publicó un artículo de Roger Lewin titulado «¿Es nuestro cerebro realmente necesario?». Esta provocativa pregunta surgió de la investigación de John Lorber en la Universidad de Sheffield, Londres. Lorber es un especialista de renombre mundial en hidrocefalia, lo que se conoce de manera popular como la «cabeza de agua». En los pacientes, el líquido del sistema de la médula espinal cerebral se acumula en los ventrículos laterales extendidos del cerebro. El fluido ejerce una presión considerable sobre la masa cerebral, lo que hace que ésta vaya muriendo poco a poco. Nueve de los casi trescientos pacientes estudiados presentaban sólo alrededor del 5 % de su masa cerebral original. Sin embargo, cuatro de ellos tenían un coeficiente intelectual superior a 100, y dos incluso un coeficiente intelectual superior a 126. Entre ellos se encontraba un estudiante que sacaba muy buenas notas en matemáticas, pero, por lo demás, no llamaba la atención.

Cuando Lorber examinó al joven con un escáner cerebral, encontró una capa de materia cerebral de aproximadamente un milímetro de grosor entre los ventrículos y el cráneo, aunque en ese punto por lo general tendría que distinguir 4,5 centímetros (Lewin, 1980). Según los neurólogos, eso era imposible. ¿Cómo podía el estudiante ser tan bueno en matemáticas a pesar de su masa cerebral reducida de un modo significativo? Llovieron muchas críticas. Se hicieron alegatos de que estos métodos eran inapropiados. Como resultado, en 1984, Lorber realizó un segundo estudio con el mismo paciente. Esta vez midió el cerebro de acuerdo con todas las reglas de la ciencia y también repitió la prueba de CI.

Los resultados siguieron siendo los mismos: con un coeficiente intelectual de 126, la masa cerebral se redujo en general en un 44 % y se limitó a una capa muy delgada debajo del cráneo. Sin embargo, no hubo problemas con el procesamiento de la información u operaciones complicadas (Lorber, 1984). Los expertos sacudieron la cabeza. Estuvieron buscando inconsistencias en el trabajo de Lorber en vano, ya que no hallaron nada. El profesor de Anatomía Patrick Wall, del University College London, también estaba perdido. Lanzó la pregunta: «La bibliografía médica está llena de informes similares que se remontan a tiempos lejanos… ¿cómo podemos explicarlo?».[2]

Al igual que Wall, otros médicos también parecían desconcertados a la vista de casos similares. En 1997, el *New York Times* publicó un informe sobre una terapia inusual y bastante radical. Al tratar con niños que presentaban defectos cerebrales, las áreas dañadas se eliminaron sin más preámbulos, por lo que a veces era necesario extirpar hasta la mitad de la masa cerebral. El estado mental de los pacientes más jóvenes mejoró de inmediato, aunque había que esperar que después de esta operación se produjera un fallo importante de varias funciones cerebrales. Nunca se pudo determinar nada similar. Eileen Vining, de la Universidad John Hopkins, examinó a los 54 niños en los que se había realizado la operación. Expresó su gran asombro por el buen y normal funcionamiento del cerebro de los niños: «Estamos admirados de que la memoria quede preservada y también del hecho de que la personalidad y la alegría de los niños no se vean afectadas» (Zuger, 1997).

Recientemente, se han publicado resultados de experimentos con animales que podrían ser comparables con todo lo mencionado. Por ejemplo, analizaron hámsteres que habían nacido con hidrocefalia hereditaria y cuyo cerebro había desaparecido casi por completo. Los pequeños mamíferos no mostraron anomalías de comportamiento ni fallos funcionales (Edwards *et al.*, 2006). Las consecuencias asustaron a los neurólogos más intransigentes: ¿habíamos sobreestimado el cerebro? ¿Acaso tenían los animales habilidades que podían transcurrir sin estructuras neurales significativas? El resultado de los experimentos habló claramente a favor de ello.

Otra fuente de investigación fueron los veteranos de guerra con lesiones cerebrales. Una y otra vez, se encontró que, a pesar de la destrucción de áreas esencia-

---

2. Der Spiegel 4. Disponible en: www.spiegel.de/spiegel/print/d-14319714.html. Consulta: [1981].

les del cerebro, la consciencia siempre se mantuvo intacta (Bärtschi-Roschaix, 1951). C.G. Jung también trató soldados cuyos cerebros habían sufrido frágilmente disparos en la cabeza y metralla. Le contaron a Jung su recuperación en los sueños y sus grandes visiones. Para Jung, la pregunta era: si hay gran parte del cerebro que está del todo destruido, ¿qué órgano es el que crea el sueño? Su conclusión fue: «No hay nada que contradiga la suposición de que la consciencia podría existir con independencia del cerebro» (Serrano, 1968). Eccles, galardonado con el premio Nobel, ya había señalado en 1975 que la consciencia continuaría existiendo incluso si se hubieran eliminado grandes partes de la corteza cerebral. También concluyó que la consciencia debe existir fuera del cerebro, sin tener en cuenta el espacio ni el tiempo (Eccles, 1975). En el mismo año, el eminente neurocirujano Wilder Penfield dijo que el cerebro no era la base de la consciencia (Penfield, 1975). Junto con su colega Karl Popper, asimismo conocido, Eccles publicó la siguiente oración programática en 1982: «La mente consciente debe entenderse como algo independiente del cerebro» (Eccles y Popper, 1982).[3] El psiquiatra Stanislaw Grof opinaba de manera similar. Según su investigación, argumenta que la experiencia humana, con la mediación del cerebro, brota de él, pero no es completamente dependiente del cerebro (Grof y Bennet, 1997).

Podemos concluir de estos hallazgos que el cerebro es una estación receptora, similar a una radio o televisión. Apagar el receptor no significa que el transmisor y el programa también desaparezcan. Al contrario: los contenidos siguen en el aire. Traduciéndolo en el contexto del cerebro humano, esto significa que para recibir el programa, obviamente bastan ciertas células cerebrales que ejerzan efectos cuánticos. Por ejemplo, en la enfermedad de Alzheimer y la demencia, los mecanismos ordenados de transmisión cuántica pueden verse alterados. Es la coherencia que discutiremos más adelante. Esto se puede deducir del hecho de que, poco antes de la muerte, estos pacientes a menudo recuperan su plena consciencia. Dado que en el intramundo, nuestro yo es el programa, ya no es necesario ningún medio de recepción de material para su implementación; el flujo de información se realiza a través del inconsciente, que se comunica directamente con el yo. Todo esto lo entenderás a medida que avances en la lectura de este libro.

El suizo Beat Imhof escribe en 2012 en su elaborado libro *En la tierra como en el cielo*: «No pensamos porque tenemos cerebro, sino que tenemos cerebro porque pensamos».

---

3. Popper, K. R. y Eccles, J. C.: *El yo y su cerebro*. Barcelona, Labor, 1980.

Estos ejemplos ilustran con gran fuerza la indestructibilidad de la mente, la consciencia y el alma. Aquellos que buscan el secreto del ser humano en las células individuales del cerebro fallarán tanto como alguien que cree que el amor es sólo una mezcla de las propias sustancias químicas del organismo. Se puede apreciar que la era material está llegando a su fin. Las ideas más recientes sobre la mente y la consciencia elevan al hombre más allá de una existencia puramente física y muestran que es la expresión suprema de una naturaleza muy bien determinada a nivel espiritual.

Capítulo 3

Consciencia y materia

Cuanto más nos adentramos en el mundo de los fenómenos extraños, más claro se vuelve que las transmisiones de pensamientos y las manipulaciones de objetos materiales, entre otros, sólo pueden suceder si la mente humana se comunica, de alguna manera, con los contenidos informativos de la materia. ¿Parece increíble? ¿Quién se comunica con sus tostadas durante el desayuno, o con su televisor, o con las plantas? Confesémoslo: una vez más, se podría pensar que los científicos utilizaron su imaginación para especular con las teorías. Pero si lees las siguientes secciones, hay ciertas posibilidades de influencia que superan la ciencia ficción.

¿Habrías pensado que un físico de renombre mundial llegó a destruir equipos de laboratorio por su mera presencia? ¿O que una persona es capaz de manipular con su consciencia el índice de descomposición de los isótopos radiactivos? ¿O que los cerebros se sincronizan cuando varias personas meditan juntas? Son eventos que se han podido estudiar y documentar, en parte, científicamente. Sirven para dar una primera idea de las posibilidades casi ilimitadas de la mente humana. Y, una vez más, estos sucesos muestran que los procesos filosófico-cuánticos entran en juego y las conocidas leyes de la naturaleza quedan derogadas.

Telequinesia

Existen numerosos mitos sobre el fenómeno de la telequinesia. Van circulando historias donde las personas son capaces de mover o incluso de deformar objetos con una fuerza de pensamiento pura. Durante décadas, la parapsicología ha estado tratando con estos fenómenos que resultan confusos, puesto que no corresponden a las sensibilidades cotidianas de lo probable. Entre las subespecies existe la piroquinesia, donde la mera concentración provoca que un fuego se encienda, o la crioquinesia, por la que una persona puede congelar líquidos sin disponer de ninguna ayuda. ¿Pura tontería o hay explicaciones concluyentes?

El neurocientífico Jacobo Grinberg-Zylberbaum ocupó una cátedra en 1977 en la Universidad Nacional Autónoma de México, en la Ciudad de México. En sólo cinco años, realizó más de 50 experimentos científicos sobre la transmisión de estímulos telequinéticos. Sus estudios más importantes ocurrieron al analizar a una mujer llamada Pachita, quien redujo todas las leyes científicas al absurdo. Grinberg-Zylberbaum observó durante meses escenas casi espeluznantes. Por ejemplo, Pachita realizó cirugías con una cuchilla multiusos, sin anestesia. Al hacerlo, «reemplazó» los órganos enfermos por otros nuevos, que ella misma sacó de la nada. Y lo increíble era que los pacientes se recuperaban.

El científico se preguntó cómo era posible que ocurrieran cosas así. Finalmente, postuló la tesis de que debe haber un «campo neuronal». Basándose en la interacción del cerebro con lo que él denominó «estructura preespacial», Grinberg-Zylberbaum describe un campo primordial como fuente de espacio, tiempo, energía, materia y de toda la vida biológica. En la imaginación del investigador, hay una red holográfica universal que contiene una consciencia. Y como el holograma posee la totalidad de conocimiento, todos pueden recurrir a él estén en el punto en que estén.

De esta manera, el investigador desarrolló una teoría de la telequinesia que se basa en los siguientes supuestos: el campo neuronal del cerebro activo distorsiona el campo original. Esto da lugar a una percepción de los eventos actuales que se interpretarían con imágenes. Pero en caso de que las actividades de interpretación no estén presentes, el campo neuronal y el campo original serían congruentes. En ese momento, la realidad se vuelve perceptible para el hombre libre de ego de manera holística, con una consciencia pura.

Todos los conceptos espirituales, dice Grinberg-Zylberbaum, tratan de encontrar la estructura preespacial no distorsionada e intacta. Sus descubrimientos se basan en su propia ciencia de la consciencia (Grinberg-Zylberbaum, 1994).

En 1987, empezó a realizar otros experimentos extraordinarios. Permitió que dos personas meditaran durante 20 minutos, estableciendo, evidentemente, una conexión mental y espiritual entre ellas. Luego situó a los sujetos en dos habitaciones insonorizadas y con aislamiento electromagnético. A pesar de la separación, el electroencefalograma (EEG) de los dos sujetos mostró patrones asombrosamente sincrónicos. Por un lado, se sincronizaron los dos hemisferios del cerebro, un signo de meditación intensa. En segundo lugar, las actividades cerebrales medibles eléctricamente de los dos voluntarios separados también fueron por lo general sincrónicas, y la persona con la actividad más coherente actuó como marcapasos del resto (Grinberg-Zylberbaum *et al.*, 1987; Grinberg-Zylberbaum *et al.*, 1992).

Los resultados experimentales que se realizaron más tarde, en el año 1994, fueron aún más espectaculares. Además del diseño de los experimentos anteriores, después de la meditación y de que los dos sujetos se separaran, uno de ellos quedó cegado por una luz deslumbrante. Esto fue seguido por una medición del llamado potencial eléctrico evocado en el EEG: la reacción al estímulo luminoso. En cada experimento se incluían 100 destellos de luz emitidos de manera aleatoria en diferentes ritmos. El resultado fue sorprendente, puesto que en el 25 % de todos los casos también se produjo una reacción paralela y justo al mismo tiempo en el EEG de la persona que no había quedado cegada. Sin la meditación previa de los sujetos del grupo de control, no se habría transmitido la reacción a la luz.

A continuación, Grinberg-Zylberbaum no sólo usó irritantes ligeros, sino también ruidos o leves descargas eléctricas en los dedos índice y anular de la mano derecha. El segundo sujeto experimentó de manera repetida una excitación idéntica de las regiones cerebrales afectadas, aunque se encontraba en otra habitación y sin la exposición directa a los estímulos. La publicación de los resultados de las pruebas en la reconocida revista *Physics Essay* causó un gran revuelo. Por primera vez, los científicos aprendieron sobre un mecanismo telequinético que haría historia como la paradoja de Einstein-Podolsky-Rosen (Grinberg-Zylberbaum, 1994). Poco después de la publicación, Grinberg-Zylberbaum desapareció sin dejar rastro y nunca volvió a aparecer. Su esposa desapareció un año después y desde entonces sigue desaparecida. El motivo: todavía no se conoce.

Varios años antes de los experimentos de Grinberg-Zylberbaum ya se habían mostrado resultados experimentales similares, pero nunca se habían publicado. Charles Tart, de la Universidad de Berkeley, California, también les dio a los voluntarios descargas eléctricas leves y demostró que podían enviar el dolor a otras personas al mismo tiempo. Como reacción, se midió un aumento en la frecuencia cardíaca, en el volumen de la sangre y otros indicadores de dolor típicos en los efectos dolorosos controlados a distancia. Era imposible llegar a una colusión entre los sujetos de la prueba porque las descargas eléctricas eran del todo inesperadas para el primer sujeto de la prueba, por lo que no podían ser esperadas ni temidas por el segundo (Tart, 1963).

En este contexto, también cabe hablar de la hipnosis. Está bien investigada como método, pero no se conoce qué es lo que ocurre en segundo plano. Las personas hipnotizadas pueden cambiar todos los procesos vegetativos sin control consciente. Además, el sistema inmunológico parece estar activado, de modo que las curaciones son posibles.

El neurólogo ruso M. W. Bechterew apoyaba con vehemencia la telepatía basándose en sus propios experimentos. Él lo llamó la «radio del cerebro». Su alumno Leonid L. Wasiljew trabajó en 1933 conjuntamente con una comisión científica, formada por fisiólogos, físicos y psicólogos, y elaboró arreglos experimentales para una hipnosis remota (Wasiljew, 1976). Al mismo tiempo, los sujetos de prueba estuvieron bajo hipnosis a distancia sin saberlo desde diferentes estancias. Los experimentos se presentan en una obra colectiva y cumplen los criterios científicos. Los efectos hipnóticos tuvieron éxito incluso a una distancia de 1.700 kilómetros, desde Sebastopol hasta Leningrado. Para probar la «hipótesis de la radio cerebral», los científicos protegieron las salas del experimento del medio transmisor hipnótico y del receptor con planchas de plomo gruesas, como una especie de jaula de Faraday. De manera sorprendente, no se logró debilitar los comandos de hipnosis y, al mismo tiempo, la hipótesis de la transferencia electromagnética quedó refutada. Wasiljew caracterizó la energía de transmisión como «independiente de la distancia y de la resistencia». Concluye su informe con la siguiente frase: «Muy a menudo, en la historia de la ciencia, se han descubierto nuevos hechos que no han podido ser explicados por lo que se conocía antes, y, gracias a eso, se han podido descubrir otras caras impredecibles de nuestra existencia» (Wasiljew, 1976).

En otros experimentos se ha hecho patente cómo los humanos pueden absorber bajo hipnosis información que corresponde a la emoción de sus cinco sentidos, pero que quizá éstos no la han podido asimilar, y, en cambio, los sentidos del hipnotizador, sí. El sujeto del estudio sabe, huele y escucha exactamente lo que el mismo hipnotizador tiene como estímulo. O también es posible que la persona hipnotizada sienta un dolor local cuando el hipnotizador se pinche con una aguja.

El médico y neurólogo italiano Nitamo Montecucco lleva muchos años estudiando el fenómeno de la sincronización cerebral. Constató que las meditaciones del hemisferio cerebral izquierdo y derecho producen patrones de onda idénticos. La importancia de los resultados de sus pruebas dejó a muchos colegas sin habla: once de los doce sujetos que meditaban lograron una sincronización del 98 % de las ondas del EEG. Montecucco repitió el experimento el 20 de mayo de 2007, con motivo del Día Mundial de la Meditación por la Paz. Ahora el neurólogo controlaba las ondas por EEG de multitudes más grandes, algunas de ellas a varios cientos de kilómetros de distancia. En total, más de un millón de personas en 65 países meditaron y oraron por la paz mundial ese día. La sincronización dentro de los grupos fue de 0,53 en la escala de probabilidad y, por tanto, no fue una coincidencia.[1]

Desde entonces, la investigación se ha intensificado. En el Instituto HartMath se pudieron reproducir los resultados de las pruebas. Los sujetos sincronizaron sus frecuencias cardíacas y cerebrales en diferentes habitaciones después de haber mantenido relaciones cercanas y demostrar aprecio, compasión y atención plena recíprocamente. El éxito de la conexión, según el experimentador R. Kenny, fue un nivel de paz reforzado, más unidad y una intuición más aguda (Kenny, 2004).

Una variante especial del estudio de correspondencias son los experimentos bajo hipnosis. William Braud, director de investigación del Instituto de Psicología Transpersonal en Palo Alto, California, presentía en lo que se estaba metiendo. Como hipnotizador, él mismo tenía que asumir muchas cosas en nombre de la ciencia. Por ejemplo, se clavaba agujas o dejaba los dedos un rato rozando la llama de una vela. El sujeto hipnotizado experimentó todo de forma muy realista y sintió el mismo dolor que él. Asimismo, los hipnotizados notaron con rapidez atisbos de luz solar o las imágenes de un barco. Esto llegó a funcionar incluso cuando Braud enviaba información a muchos kilómetros de distancia de los sujetos de prueba. Dado que estas transmisiones entre curanderos y pacientes también pueden detectarse, a menudo a lo largo de miles de kilómetros, se ha establecido la disciplina médica «telesomática» como una medicina no local.

Braud también experimentó con la telequinesia clásica, la manipulación de materiales y objetos materiales. Descubrió que la concentración mental previene en gran medida la erupción de eritrocitos en solución salina. También demostró que un grupo de personas nerviosas puede calmarse de forma remota, sin necesidad de tener ningún contacto directo. El factor decisivo fue el poder del remitente (Braud y Schlitz, 1983).[2] En otros experimentos, los humanos pudieron protegerse contra influencias negativas a distancia al visualizar un tipo de escudo protector, como también documentó Braud (Braud, 1991).

---

1. Nitamo Federicco Montecucco (Cyber Richerche Olistiche, C.so Porta Romana 121, Milano): *Zeitschrift für Psychobiophysik und Interdimensionale Kommunikations-Systeme* vol. II, n.º 4, 1995, págs. 4-16.

2. Braud, W.: «The ley and the labyrinth: Universalistic and particularistic approaches to knowing», *Working Paper n.º 1997-1*. William James Center for Consciousness Studies, Institute of Transpersonal Psychology, Palo Alto, CA, 1997.
Braud, W. G.: «Parapsychology and spirituality: Implications and applications», 1997. Véase también C. T. Tart (ed.), *Body, mind, and spirit: Exploring the parapsychology of spirituality* (135-152). Charlottesville, VA, Hampton Roads.

Telepatía

La telequinesia está relacionada con la telepatía, la transmisión incorpórea de una información determinada. Las ideas, aunque también los sentimientos y las imágenes, se transportan a menudo a largas distancias y el receptor las descodifica en el acto. Se estima que alrededor del 30 % de todos los gemelos están conectados telepáticamente. Guy Playfair, miembro de la Society for Psychical Research, y conocido por su interés en los fenómenos inexplicables, ha recopilado una serie de ejemplos fascinantes en su libro *Twin Telepathy*. Las separaciones espaciales son irrelevantes para los gemelos. Parece que comparten un cerebro, un alma y una mente comunes. Hay pruebas sólidas de que existe una disposición innata para la coherencia (Playfair, 2002). Playfair constata, entre otras cosas, un intento que fue televisado en directo. Había cuatro parejas de gemelos en estancias separadas e insonorizadas. Se midieron los signos vitales, como la presión arterial, las ondas cerebrales y el reflejo psicogalvánico de cada sujeto, un procedimiento conocido como la prueba del polígrafo. Lo que los sujetos del experimento no podían haber adivinado es que en sus respaldos había pequeños dispositivos, y esto producía alarmas estridentes. Así que, en el caso en que un gemelo se asustara, los dispositivos de medición lo registrarían. Además, todo esto también sucedería en la otra habitación donde se encontraba el otro gemelo, el cual no podía escuchar ningún tono de alarma. Esta transmisión telepática sólo falló para una de las cuatro parejas. Sin embargo, el efecto telepático no sólo está vinculado a los gemelos; incluso las personas que comparten una relación profunda conocen las transmisiones espontáneas de pensamientos y sentimientos, como los parientes cercanos, los amantes o los amigos íntimos. La disciplina DMILS («Influencia mental a distancia entre los sistemas vivos») investiga el fenómeno con el objetivo de excluir engaños y trucos. Obviamente, lo logró. Los resultados se han vuelto más efectivos y cada vez es más evidente que los efectos telequinéticos y telepáticos están latentes en todos los seres humanos. Desde mediados de la década de 1930, J. B. Rhine, de la Universidad de Duke, pasó varias décadas investigando transmisiones telepáticas.[3] Los resultados de los experimentos de telepatía fueron tan importantes que no podía tratarse de una coincidencia. Tampoco se vieron afectados por situaciones afectivas. Factores como las tensiones emocionales en el laboratorio, las altas expectativas, la curiosidad, la competitivi-

3. Rhine, J. B.: *El nuevo mundo de la mente*. Ediciones Paidós, 1982.

dad o la ansiedad de los sujetos incluso añadieron más significado a los efectos. En los casos en los que no había simpatía entre los compañeros telepáticos, afloraban resultados positivos; mientras que la antipatía y las diferencias personales los inhibían. Incluso el estado de ánimo del experimentador jugaba un papel importante.

En el Stanford Research Institute, California, en la década de 1970, los físicos Harold Puthoff y Russell Targ experimentaron con sujetos que estaban sentados y relajados en el laboratorio y describían las imágenes espontáneas que les iban apareciendo en su mente. Su descripción coincidía exactamente con las imágenes que veían otras personas a distancia desde otro laboratorio. Puthoff y Targ llamaron a este fenómeno «MindReach», que podría traducirse como el «alcance de la mente». Esto demostró una vez más que las imágenes y los pensamientos se pueden transmitir directamente sin ayudas de por medio (Targ y Puthoff, 1977).

Las formas de comunicación puramente mentales y los efectos telesomáticos (la influencia de la mente en el cuerpo) son tan antiguos como la humanidad. Incluso hoy forman parte de la experiencia natural de los llamados pueblos primitivos. Allí, chamanes, sacerdotes de vudú y magos curativos tienen una posición en la que están muy expuestos. Los investigadores de la OMS concluyeron en una investigación que los éxitos curativos de estas prácticas mágicas no son de ninguna manera inferiores a los de la medicina occidental. El médico Larry Dossey, experto en el campo, está convencido de que después de las terapias farmacéuticas y psicológicas, la medicina telesomática y no local pronto conquistará el campo. Especialmente en los casos en los que la medicina convencional occidental falla y afirma que las enfermedades son incurables, se esperan nuevas posibilidades de recuperación (Dossey, 1989, 1992, 1993).

Sin embargo, siempre que no se reconozca el mecanismo de estos efectos de manera correcta y no haya una práctica de entrenamiento certificada, se debe estar muy atento. No cabe duda de que existen muchos charlatanes que lo único que quieren es dinero rápido. En cambio, es mucho más seria la afirmación de que las transmisiones de información son posibles con independencia del tiempo y del espacio. La teoría cuántica proviene de la razón. Como veremos más adelante, Albert Einstein, con ironía, calificó la comunicación de las partículas distantes como «una acción de largo alcance espeluznante», una elección de palabras que sugiere que un físico tan analítico como Einstein no perdió la magia de dicha transferencia de información.

Influencias espirituales sobre estructuras atómicas

Los fenómenos de las influencias mentales no son exactamente el foco de atención en nuestra cultura tecnocrática dominada por los logotipos. Por lo general, esas cosas se prefieren aplazar, aunque provoquen mal humor al recordar lo delicadas que son las situaciones o incluso dudosas. Los países no europeos tienen menos temores de contacto, porque están lejos de las investigaciones de los campos de la información y la consciencia. Un ejemplo de esto es China. Aunque se considera un estado industrial de alta tecnología, es un país de tradiciones espirituales, y el interés por las investigaciones está en concordancia con ello. Por ejemplo, el fenómeno de *qi*, la misteriosa energía que da vida al hombre y a la naturaleza, ha estado bajo investigación en el Instituto de Física de Altas Energías de la Academia China y la Universidad de Tsinghua. En nombre del Ministerio de Salud chino, el doctor Yan Xin (el llamado «curandero de milagros»), está incluido en la investigación. Esta investigación está diseñada para que la ciencia y la espiritualidad se retroalimenten una de la otra.

Los científicos chinos llegaron a resultados sorprendentes. Entre otras cosas, se analizaron las posibilidades de manipulación mental en la descomposición del isótopo radiactivo ^{241}Am. El curandero Yan Xin podía aumentar o disminuir la tasa de deterioro simplemente a través de la concentración mental, aunque fuera a cierta distancia. Cabe decir que ni los campos eléctricos ni magnéticos afectan a la tasa de desintegración de los elementos radiactivos. Yan Xi justificó su habilidad a través del *qi*. Entonces, se podía llegar a la conclusión de que esta energía puramente espiritual puede cambiar el núcleo atómico con sus protones y neutrones (Xin Yan *et al.*, 2002).

Lo que parece sorprendente para los laicos no debería extrañarnos si conociéramos las facultades mentales de las personas. La mente forma la materia porque en sí misma ya es espiritual: ésta es la visión innovadora de algunos físicos cuánticos. Desde hace tiempo se sabe que nuestra consciencia puede cambiar la velocidad (es decir, la rotación) de los núcleos atómicos y de los electrones. Sin embargo, esto va en conjunción con la fuerza física débil. La fuerza débil también es la causa de la radiación beta radiactiva, en la que se liberan los electrones zurdos.

Numerosas investigaciones demuestran la influencia de la consciencia en la estructura atómica. M. S. Benford señaló que en los tratamientos de curación mental, la radiación nuclear de algunos isótopos, como el K40, variaba entre un 3 y un 6 % (Benford, 1999). Los más intrépidos pueden incluso sostener en sus manos una cámara de medición de isótopos y medir su propia radiación espectroscópicamente en diferentes isótopos. A menudo, la radiación cambia con el tiempo, y se podría llegar a pensar que las fluctuaciones siguen los pensamientos del sujeto.

Estas relaciones se hicieron públicas por primera vez cuando el profesor estadounidense Boguslav Lipinski, de la Universidad de Boston, publicó un estudio sensacional. Realizó los primeros experimentos con mediciones radiactivas, que tuvieron lugar casi en condiciones de vida reales. Y no eligió ningún sitio, sino que fue hacia donde sospechaba que había una alta concentración de consciencia y una fuerte concentración meditativa: las iglesias. Y esta naturaleza quedó bien demostrada.

La documentación más impresionante del cambio de radiación radiactiva le sucedió a Lipinski entre el 15 y el 19 de marzo de 1985 en la iglesia de Santiago, una iglesia de peregrinación. Lipinski midió la intensidad de la radiación ionizante antes y durante la aparición mariana. Para esto usó un dispositivo de medición, como también ocurre en las centrales nucleares, el modelo canadiense BT 400. La intensidad de radiación más elevada que se llegó a medir fue de 100.000 milirradios por hora, con erupciones extremas. Sin embargo, esta radiación extraordinariamente alta ocurrió sólo durante las oraciones intensas. Lipinski lo resumió: «No puede tratarse de energías de origen nuclear», y dio la siguiente explicación: «100.000 milirradios por hora quiere decir que las personas en la capilla fueron expuestas a radiación letal de alta ionización».[4]

Así que había dos «rarezas» de las que maravillarse; por una parte, la radiación radiactiva extrema, en apariencia causada por el efecto energético de la meditación y la oración, y el hecho de que esta radiación, medida de forma objetiva, no fuera perjudicial. El evento se interpretó como que los campos de energía de los isótopos se pueden medir, pero ésta no parecía ser la radiactividad habitual en la iglesia. Más bien se ha desencadenado una fuerza que provoca procesos atómicos que resultan similares a la radiactividad.

Aunque ahora hay un conocimiento detallado de los procesos atómicos y la influencia de la mente en ellos, los fenómenos siempre sorprenden. David Spangler, un visionario de la *New Age*, pasó algún tiempo en la comunidad de Findhorn, en el norte de Escocia. Allí se creó una profunda comunidad espiritual, que ha desarrollado una nueva forma de vida a través de su convivencia, pero también a través de la agricultura sostenible. Uno de sus principios es «trabajar con la inteligencia de la naturaleza». Esto sucede no sólo a través de la

---

4. www.medjugorjeusa.org/boguslawstudy07.htm

agricultura orgánica, sino también de una relación espiritual y meditativa a la hora de trabajar. Las consecuencias incluyen campos inusualmente productivos con enormes cosechas. Los enormes repollos de Findhorn se hicieron muy conocidos.

David Spangler dijo: «Toda la energía nuclear [...] reacciona de manera sensible a los efectos de la consciencia. Puedes estar influenciado por la retroalimentación que proviene del nivel físico de la manifestación o, de forma más efectiva, por el nivel de sentimiento de la mente o por niveles espirituales del más allá» (Spangler, 1978). El papel de la radiactividad también ha sido reconocido de manera intuitiva en algunas culturas nativas. Por supuesto, las personas no conocían las leyes de la física, pero en apariencia eran conscientes de dónde se encuentran los centros de energía específicos. Un ejemplo son los nativos de Australia. Para los aborígenes, siempre ha habido zonas energéticas sagradas. Hoy sabemos que es allí donde existen unos importantes depósitos de uranio. Ute Wittmann informa en su libro *Living Like a Warrior*: «Si bien el uranio se utiliza en nuestra civilización con fines materiales (destructivos), los aborígenes consideran los depósitos de uranio sagrados, porque utilizan sus efectos psicológicos evidentes para aumentar su consciencia y advertir contra la eliminación de uranio de la Tierra» (Wittmann, 1984).

En resumen, se puede decir que la causa de la radiación radiactiva parece tener una fuerte conexión con la consciencia. Esto puede llevar a visiones. Según los hallazgos científicos de los grupos de investigación chinos, la mente humana interviene en la organización del núcleo atómico e interactúa con los quarks o con las energías que dan lugar a los quarks. Además, aquí hay muchísimas posibilidades de recuperación. Por tanto, lo que los chinos llaman *qi* también prevalece en el mundo subatómico. Así que esta energía podría usarse para restaurar la forma original transfiriendo enérgicamente el patrón de información de la estructura original. No hay nada más que esté sanando: las estructuras celulares anormales se normalizan. Por tanto, no es sorprendente que el chino Yan Xin, que puede manipular la desintegración radiactiva de los isótopos, sea también un curandero muy exitoso, cuya ciencia es reconocida en la actualidad en varios países asiáticos (Lu Zuyin, 1997).

También hay otros investigadores dedicados a estas relaciones. Entre ellos se encuentra Joi Jones, profesor de Radiología en la Universidad de California, Irvine. Realizó numerosos experimentos bajo el término «sanación pránica», e informó sobre ello en la reunión NIH Think Tank Working Group Meeting en marzo de 2006. Los curanderos de Prana, según Jones, son capaces de modular los efectos de la radiación gamma en los cultivos celulares. Para descartar todos los demás factores, durante el tratamiento, las células de todos ellos se protegieron de las frecuencias de radiación electromagnética. El tratamiento mental de las células, tanto antes como después de la irradiación, aumentó la tasa de supervivencia del 50 a más del 92 %. El grupo también pudo demostrar que los efectos neurofisiológicos influyeron en el curandero, aunque estaba muy lejos del paciente. Si bien tales experimentos se conocen a partir de publicaciones especializadas relevantes, hasta ahora no han llegado a los principales científicos. Se descartan importantes impulsos para mejorar la calidad de vida reduciéndolos como si fueran un fenómeno marginal desde una ignorancia inconcebible. Éste es un testimonio de los memes que también se utilizan en la ciencia, como una estrechez ideológica de la mirada, que no es capaz de ver siquiera las ideas más explosivas.

El efecto Pauli

En los laboratorios que operan científicamente, el llamado efecto Pauli es un fenómeno bien conocido. El premio Nobel Wolfgang Pauli, que fue profesor de Física en la Universidad de Zúrich, le dio su nombre a esta aparición. Cuando Pauli entraba en un laboratorio, sucedían cosas extrañas. Como informa C. G. Jung, los dispositivos eléctricos dejaban de funcionar de un modo repentino, se destruían o incluso comenzaban a arder (Pietschmann, 1995). En apariencia, la consciencia de Pauli se comunicaba de manera peculiar con los equipos del laboratorio.

Los incidentes se iban acumulando. En febrero de 1950, durante una visita del científico, un ciclotrón se quemó en un laboratorio de la Universidad de Princeton. Esto llevó a Pauli, después de muchas experiencias similares, a considerarse a sí mismo como la causa (Pauli *et al.*, 1950). En aras de la diversión, se utilizó el término «segundo principio de exclusión de Pauli», porque parecía imposible que Pauli y un dispositivo en funcionamiento estuvieran en la misma estancia. El colega Heinz Bethe afirma: «Conocí a Pauli por primera vez en 1929 durante una reunión de la sección de la Sociedad Alemana de Física en Friburgo de Brisgovia. En esta sesión, cuando el proyector de diapositivas falló, Pauli se puso de pie para señalar, con mucho orgullo, el "efecto Pauli". En ese momento, había un rumor de que ninguna instalación de prueba funcionaría mientras Pauli estuviera en la habitación» (Bethe, 2000). El físico experimental Otto Stern, que era amigo de Pauli, incluso le prohibió entrar en el laboratorio porque le inquietaba que estuviera tan cerca de los aparatos. En una entrevista, Stern dijo que la cantidad de efectos

Pauli documentados era muy alta, así que no podía permitir que su colega, que en apariencia tenía talentos extraños, continuara ingresando en el laboratorio (Enz, 2009). El propio Pauli estaba tan convencido del impacto de su persona en el equipo técnico que hasta se responsabilizó por los fallos del motor de su vehículo durante las vacaciones de 1934 (von Meyenn, 1993). Stephen Hawking también señala irónicamente el efecto Pauli: «Las lenguas malvadas afirman que sólo es necesario que Pauli se quede en una ciudad para que todos los experimentos salgan mal» (Hawking, 1988). El efecto colateral alude a un incidente que James Frank experimentó en Gotinga. Durante un experimento, un aparato se rompió y Frank le escribió a Wolfgang Pauli diciéndole que esta vez no había tenido la culpa porque no se encontraba en la ciudad en el momento en cuestión. Pauli le contestó que, en el instante exacto del experimento, durante su trayecto a Copenhague, se había alojado en Gotinga.

C. G. Jung explicó los eventos como un fenómeno de sincronicidad. Un evento interno (emociones fuertes, ideas, visiones o sueños) puede corresponder a un evento externo. Para averiguar lo que sucedía, Pauli a menudo mantenía correspondencia con C. G. Jung. En una carta que le escribió el día 28 de junio de 1949 a Jung, escribió que los fenómenos parecían aparecer cuando otro par de opuestos se equilibraba entre sí. Con eso, se refiere al *I Ching* y menciona el signo zhèn, que significa «trueno» o «temblor» (Enz, 2002).

Pauli estaba convencido de que entre los niveles atómicos y subatómicos había una cantidad desconocida fuera del espacio y el tiempo que debía asignarse a otra realidad (Pauli y Jung, 1952). En ese momento, desenterró una energía que no es comparable a las energías físicas conocidas, pero que, sin embargo, tiene relación con ellas: el poder de la consciencia, la cual crea sin esfuerzo conexiones entre la mente y la materia a través de procesos físicocuánticos.

Levitación

La ley de la gravedad es una de las primeras experiencias humanas. Al aprender a andar, los niños se caen innumerables veces hasta aprender a coordinar las fuerzas de la gravedad y dar los primeros pasos. Y eso no es todo. Los objetos se escapan de las manos, obedeciendo a las leyes de la gravedad, y otros son demasiado pesados para poderlos levantar. Parece imposible, incluso impensable, que, bajo condiciones terrenales, alguien sea capaz de elevarse literalmente por encima de la gravedad. Esto es justo lo que sucede en la levitación, derivado del latín *levitas*, que significa «ligereza».

En el espectro de las experiencias extraordinarias, flotar pertenece al ámbito de la psicoquinesia: es la capacidad de una persona para superar la gravedad sin ningún tipo de ayuda. Hay informes de levitaciones en todas las culturas, y son tan antiguas como las escrituras más viejas que han sobrevivido. Desde los inicios del budismo en la India, hay constancia de levitaciones durante meditaciones y, más tarde, también en otros países asiáticos. El hinduismo y el budismo han estado enseñando desde los tiempos más remotos que la ingravidez se puede lograr a través de la perfecta armonía entre la mente y el cuerpo.

La religión cristiana también conoce el fenómeno de la levitación. El evangelio de Mateo informa de que Jesús y Pedro pasaron sobre el agua sin hundirse. Muchos místicos cristianos tuvieron experiencias similares, como lo describe Joseph von Gorres en 1836 en su libro *Christian Mysticism*. El octavo capítulo de los Hechos menciona al mago Simón Mago. En el siglo I, se dice que éste realizó públicamente un «concurso de milagros» con Simón Pedro en Roma. Se aventuró en el aire, pero finalmente se estrelló, lo que fue evaluado como evidencia de su incredulidad.

Santa Teresa de Ávila describe sus propias experiencias de levitación en su autobiografía. Al parecer, hay más de 230 santos a los que se podría otorgar la capacidad de levitar. Algunos se levantaban varios metros por encima del suelo, entre ellos el franciscano José de Copertino (1603-1663), cuyos más de 100 vuelos fueron atestiguados por estudiosos de esa época, así como por el papa Urbano VIII y el duque Federico de Brunswick. Más de una vez se había quedado José atrapado entre las ramas de un olivo tras empezar a flotar. Su don despertó un gran asombro, pero no lo podía controlar. Una vez comenzó a flotar durante una misa y aterrizó bruscamente en las velas encendidas del altar. La lista de nombres de personajes históricos levitantes es larga: Apolonio de Tiana, Girolamo Savonarola, Catalina de Sena, Pedro de Alcántara y Alfonso de Liguorio aparecen mencionados en varias fuentes. La princesa María de Saboya y el rey Juan II Casimiro de Polonia dieron testimonio de sus observaciones de levitación incluso bajo juramento.

Todavía no hay evidencia científica para la levitación. De todos modos, el tema parece complicado porque a menudo es difícil decidir si es un engaño sutil o una levitación genuina. En el siglo XIX, cuando las ciencias ya habían explorado las leyes físicas de la gravedad, Daniel Dunglas Home (1833-1886), de la ciudad escocesa de Currie, se presentó a las manifestaciones de levitación. Probablemente el evento más espectacular tuvo lugar en Londres el 16 de diciembre de 1868. Bajo la mirada de un espectador, se dice que Home salió volando por la ventana del tercer piso y regresó a la casa a través de otra. El testigo, lord Vizconde Adare, escribió: «Durante la sesión, la casa del señor Daniel Dunglas entró en trance y se expandió por la ventana de la habitación contigua. La distancia entre las ventanas era de unos 2,3 metros, y no había ningún obstáculo en el hueco».[5]

A las celebraciones en el hogar atendieron las celebridades de la época, incluyendo Napoleón III, el príncipe Metternich, la reina británica, Mark Twain, William Makepeace Thackeray y John Ruskin. Por supuesto, muchos escépticos intentaron probar que era un fraude, pero no les sirvió de nada. El presidente de la Royal Society, William Crookes, escribió en la entonces más importante revista científica, *Quarterly Journal of Science*, sobre el conflicto interno al que tuvo que enfrentarse. Por un lado, quería creer el «conocimiento irrefutable» de la gravedad, pero, por otro lado, estaba aturdido por lo que «experimentaba con sus ojos y manos».

Entre 1981 y 1986, el psicólogo Berthold Schwarz utilizó una cámara de vídeo para documentar las levitaciones de Peter Sugleris desde New Brunswick, New Jersey. El estadounidense de ascendencia griega aparentemente podía quedarse a medio metro sobre el suelo durante más o menos un minuto. Debido al enorme esfuerzo, cayó en trance con sudores fríos. Luego, tardó un cuarto de hora en volver a la consciencia normal (Swanson, 2003).

Los argumentos de los escépticos se detallan con rapidez. Por supuesto, hasta un científico podría equivocarse y dejarse engañar por un truco sin darse cuenta. No neguemos que algunos creen que las «supuestas» levitaciones se generaron con mucho ingenio y por medio de métodos muy terrenales. Pero ¿acaso prueba eso lo contrario? No tengo nada en contra del sano escepticismo, pero hay demasiados ejemplos comprobados para que queden descartados y se califiquen de engaños. Los informes de testigos presenciales que experimentaron levitaciones entre los nativos de África y América del Sur son en especial interesantes. En condiciones simples, a menudo al aire libre, no hace falta ningún tipo de ayuda técnica. Además, los pueblos nativos no tienen ninguna intención de engañar.

Lo circense y la levitación siempre han ido de la mano, como el escamoteo y los parques de atracciones. Los animadores de todos los tiempos han dominado el arte de las ilusiones perfectas y las han sabido presentar como trucos. Ya en el París de 1860, el mago francés Hamilton nos presentaba a una chica levitando casi medio metro en el aire; o la levitación Asrah de Jean Henri Servais Le Roy

5. DOYLE, ARTHUR CONAN: *Historia del espiritismo: sus hechos y sus doctrinas*. Editorial Eyras, 1983.

en 1900, por la que es conocido. Este último siguió la dramaturgia de los trucos de magia que todavía se practican en la actualidad: primero, hizo que una persona cubierta con tela flotara en el aire, luego quitó la tela y la persona ya había desaparecido.

Más recientemente, tales exhibiciones han sido, y siguen siendo, una atracción popular en la ciudad de diversiones de Las Vegas. Animadores populares, como Siegfried & Roy y David Copperfield, fascinan a su público al poner a las personas y los objetos en suspensión, también en la perfección ilusoria. Los magos británicos Barry y Stuart en apariencia lograron caminar a través del agua como Jesús. Por supuesto, aquí no estamos lidiando con la levitación, sino con una combinación de herramientas de puesta en escena y alta tecnología.

Pero incluso más allá de las etapas populares de los magos, hay un verdadero culto en torno al fenómeno de la levitación. Hay muchos vídeos publicados en Internet donde parece que haya personas que pueden elevarse unos centímetros por encima del suelo y flotar, luchando por mantener el equilibrio. Uno de los vídeos más vistos es una escena en la que un médico se levanta dentro de un círculo de fuego hasta dos metros en el aire y, finalmente, cuando ya no le quedan más fuerzas, cae. ¿Nos está engañando? ¿Es un truco?

Otra variante que existe son las sesiones en las que los participantes alentan una levitación. Por lo general, es de dos a cuatro personas, cada una con un solo dedo debajo de las axilas y las rodillas de una persona sentada y pesada. Al principio, parece imposible levantar a la persona de esta manera. Pero entonces, los ayudantes, gracias a concentración común, son capaces de comunicarse. Se coordinan entre sí de forma coherente, respiran al mismo ritmo y hacen una cuenta atrás. Ahora, la persona parece que levite sin esfuerzo y que flote.

La verdadera fascinación de la levitación se refleja en los sueños de un número abrumador de personas: volar. En el sentido figurado, superar la gravedad ha sido siempre el sueño de la humanidad, desde el mítico Ícaro hasta viajar por el espacio. Muestra nuestro anhelo por superar el espacio y el tiempo, una idea que, como veremos, es un fenómeno típico del intramundo. Porque una cosa es indiscutible: si hay tantas personas que pueden volar de forma automática mientras sueñan, ¿entonces no será ésta una de las experiencias arquetípicas?

Quizás el deseo de volar sea una necesidad espiritual de libertad absoluta. Esto también se expresa en nuestro idioma: decimos de alguien que está completamente en su mundo espiritual que «levita» o «que flota en otras esferas». Lo afrontamos con escepticismo y también, quizás a veces, con envidia. Después de todo, ¿no es envidiable que alguien se resista a las reglas del día a día y simplemente siga sus necesidades espirituales?

En las religiones naturales y en las religiones asiáticas a muchos dioses se les atribuye la capacidad de volar. En consecuencia, los yoguis, los faquires, pero también los monjes budistas, se esfuerzan por invalidar de manera visible las leyes de la naturaleza, como muestra de victoria del espíritu sobre la gravedad material de la Tierra. Pero no es algo que se haga para asombrar al público, sino a fin de encontrar una posición apropiada para los rituales meditativos. Es un acto simbólico y, de hecho, algunos monjes budistas son capaces de cosas así. Si crees en testigos presenciales te confirmarán los acontecimientos.

Por ejemplo, la investigadora británica Alexandra David-Néel observó a un monje tibetano que volaba unas decenas de metros por encima de la meseta de Cnang Tang. Igual que una pelota de tenis, el clérigo caía al suelo de vez en cuando y luego volvía a flotar. Sus ojos estaban fijados en una estrella imaginaria, que colgaba sobre él en el cielo y que sólo él podía ver. Aunque es verdad que no tenemos que creer esas historias incondicionalmente, sí que demuestran un deseo vital de las personas: separarse del mundo material y buscar una existencia espiritual. Más tarde, nuestro modelo filosófico-cuántico revelará un mecanismo concebible.

Deformación de la materia

Como ya hemos visto, la influencia de la mente en la materia puede variar ampliamente a través de la telequinesia o la manipulación de la desintegración radiactiva. Incluso las huellas dactilares en la roca atestiguan este logro intelectual tan poco corriente. Estas impresiones no son extraordinarias. Vi una huella en la entrada de un templo de Bali y una segunda en la cueva de Asura en Padmasambhava, en el valle de Katmandú.

Aún más conocida es la huella de la mano del «turco incrédulo» en la roca de las montañas italianas Montagna Spaccata. Incluso la huella de la mano del yogui Milarepa (1052-1135) es visible a día de hoy en una cueva del centro del Tíbet y ha ganado cierta fama. Parece como si una mano abierta hubiera sido empujada hacia la roca maleable al nivel del hombro. Pero ¿cómo podría haber ocurrido eso? La roca no es de origen volcánico, así que ninguna lava semilíquida puede haberse convertido en el material de esta impresión peculiar.

Igualmente inexplicable es la huella que Jerry MacDonald encontró en 1987 en las montañas Roledos, en Nuevo México. La formación montañosa se remonta a la era del Pérmico y tiene entre 250 y 290 millones de años. Hay sólo unas pocas razones posibles: o bien la mano fue cincelada fuera de la roca, que sería muy fácil de reconocer; o es una huella real, tal vez una mano fosilizada. Pero luego hay complicaciones con la datación, ya que la roca se originó millones de años antes de la aparición de *Homo erectus* y *Homo sapiens*. Otra posibilidad, pero menos probable (aunque todo apunta a esto), es que una persona que poseía la habilidad inmortalizara aquí su mano derritiendo la roca. ¿Es esto posible?

De forma espontánea, por supuesto que negaríamos la pregunta. Por otro lado, hay muchos informes de ermitaños que vivieron en cuevas y pasaron su tiempo meditando profundamente, así que desarrollaron habilidades sobrenaturales. Según cuentan muchas tradiciones asiáticas, han disuelto, fundido y cambiado la roca. ¿Hasta dónde llegará el poder de lo consciente?

Aquí ya se indica lo que quiero probar más adelante: cada acto humano se basa en el hecho de que la voluntad espiritual controla y altera la materia. Incluso si movemos nuestro dedo meñique, el impulso de la consciencia debe desencadenar una cadena de reacciones que eventualmente hace que el músculo de ese dedo se contraiga. Esto sólo puede ocurrir porque transformamos las energías espirituales que fluyen a través de nosotros en fuerzas físicas. Esto se hace influyendo en los espines de partículas de nuestros átomos, que actúan como arquitectos de las estructuras de la materia.

Entonces es cuando se plantea la pregunta: si puedo transformar la forma, la estructura y la apariencia de mi cuerpo con mi voluntad, y modificar, de forma demostrable, los espines incluso más allá de mi cuerpo a través del poder mental, que es el estado de conocimiento en la física, ¿no sería entonces concebible que el hombre deformara estructuras en la roca, si ésa era su voluntad? Y si eso realmente funcionara de esa manera, ¿qué aspecto tendría una roca tan cambiada? Mi tesis es que podría «derretirse de frío» en los lugares donde fuera tocada, de modo que sus conexiones moleculares tendrían una nueva formación.

Sí, parece que estemos especulando. Pero primero, hay varios experimentos controlados que confirman un cambio en las conexiones moleculares del material tan sólo a través de la voluntad. En segundo lugar, en la huella original de Padmasambhava, se puede ver muy bien que la roca se deforma no sólo en el área de la huella de la mano, sino también alrededor. Sí es cierto que las conexiones moleculares de la roca se pueden cambiar a voluntad (y es lo que parece), entonces no hay límites para la manipulación.

Sin embargo, al evaluar las huellas dactilares, a nivel molecular y subatómico, la consciencia logra cosas que parecen increíbles. Miembros del Instituto de Física de la Universidad de Múnich en el verano de 1976 también realizaron la experiencia. Para anticipar el resultado, demostraron que las influencias mentales en el dominio cuántico se pueden traducir en términos macroscópicos. Con Hans-Dieter Betz como líder, los científicos del instituto produjeron protocolos de experimentos telequinéticos que rompieron por completo con la imagen científica actual. El sujeto era capaz de rotar las cucharas soperas sobre la mesa sin ningún tipo de fuerza aparente, movía los vehículos de juguete, e incluso transfería esta capacidad a los científicos. Se sometió a pruebas a una niña de doce años que deformó artificialmente piezas de cobre y cables de plástico.[6] Otro sujeto del experimento aumentó la resistencia eléctrica fija de 68 a 244 ohmios. Igualmente espectaculares son los resultados del equipo de trabajo de R. Mandel, de la Universidad de Rochester, en 1997. Si el conocimiento intelectual del experimentador cambia a través de una «información del camino recorrido» dentro de un arreglo de orden de radiación de haces de luz, la onda se convierte en un fotón. El mero reconocimiento de información posible obliga al fotón a manifestarse fuera de una probabilidad y a transmitir efectos de fuerza reales (Mandel, 1997).

Veamos otro ejemplo. Se sabe que los swamis indios pueden detener conscientemente sus latidos. El Dalai Lama mencionó este fenómeno en una conferencia titulada «Otras realidades» en septiembre de 1983 en Alpach, Tirol: «Algunas personas que tienen mucha experiencia en una disciplina espiritual pueden interrumpir su respiración y dejar de mantener su calor corporal, de lo cual un médico diría con certeza que es un motivo de muerte aunque su cuerpo mantenga una postura erguida. Sin embargo, una persona que medita puede llegar a pasar en ocasiones una semana o dos así, en este estado».[7]

La meditación deliberada en el estado de samadhi, inducida por un paro cardíaco, también ha llamado la atención de los científicos. Han examinado a los swamis durante esa condición mediante varios indicadores. Samadhi está muy bien documentado por el yogui Satyamurthi. Aquí está la grabación del ECG. Se puede ver cómo el corazón se detiene durante cinco días completos (Kothari *et al.*, 1973).

---

6. Der Spiegel 29/1976, «Dreh dich, dreh dich». Disponible en: www.spiegel.de/spiegel/print/d-41170645.html. Consulta: [12.07.1976] (Trad. cast.: «Date la vuelta»).

7. Kakuska, R.: «Andere Wirklichkeiten. Die neue Konvergenz von Naturwissenschaften und spirituellen Traditionen», Múnich, Dianus-Trikont Buchverlag, 1984.

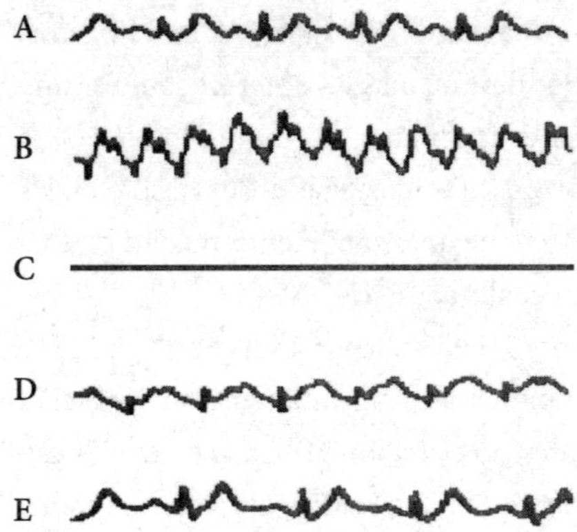

A) 1.er día: ECG normal

B) 2.º día: Taquicardia hasta 250/min

C) 2.º al 7.º día: Paro cardíaco.
Temperatura corporal: 34,8 °C

D) 8.º día: Casi al final del experimento

E) Al final del experimento

Incluso los médicos reconocen que la línea intermedia es normalmente la frontera con la muerte. Cualquiera que una vez haya acompañado a una persona moribunda conoce la línea plana, que aparece como un indicio de la muerte que se aproxima, acompañada por un pitido, que al final se convierte en un tono continuo siniestro. A partir de entonces, la reanimación sólo es posible con los medios más potentes, con equipos de baja presión o de fuertes sobretensiones, en todo caso.

El caso de Satyamurthi fue totalmente distinto. Tranquilo e inamovible, centrado en su corazón, su consciencia tomó el control del cuerpo y detuvo los latidos. Ningún pánico acompañó a este proceso, ninguna emoción visible. El espíritu triunfó sobre el cuerpo, sobre su función vital más importante: el latido del corazón. Es quizá el ejemplo más contundente de lo que la mente humana puede hacer cuando se libera del espacio y el tiempo, pero también de cualquier ley de la naturaleza. Este swami no sólo detuvo su corazón, sino que sus células también estaban libres de oxígeno, que por lo general se bombea a través de la sangre del cuerpo. No sólo observamos la energía espiritual de una persona que puede hacer de todo, sino que también se alimenta de una energía que trasciende a todas las demás, ya se llamen *prana*, *qi* o de cualquier otro modo.

Curas milagrosas

¿Quién cree en los milagros hoy en día? Nos hemos acostumbrado a aceptar lo probable, es decir, las expectativas sugeridas por las leyes conocidas de la naturaleza. Por tanto, cuando se trata de nuestra salud física, confiamos en la investigación médica académica, la cual se basa en una comprensión muy simple y puramente material del hombre. Según esta definición, la enfermedad es una disfunción del cuerpo de la materia, y es exactamente ahí donde los médicos aplican los métodos de diagnóstico a través de químicos, fijándose tan sólo en las partes enfermas del organismo, con terapias que analizan la enfermedad de forma aislada, sin tener en cuenta la mente ni el alma.

Lo más irritante son los acontecimientos, que suceden una y otra vez; por ejemplo, las curaciones espontáneas, las operaciones sin intervención visible, la «discusión» de enfermedades con efectos de recuperación inmediata, etc. ¿Es eso un milagro o un fraude? El Nuevo Testamento habla de varias curaciones espontáneas efectuadas por Jesús de Nazaret. Cura a los leprosos, a los cojos y a los ciegos sólo a través de la imposición de manos y de sus palabras. «Levántate y anda», le dice a un paralítico, e inmediatamente este recupera el movimiento de nuevo.

Los milagros (del latín *miraculum*) en el cristianismo actual están claramente definidos en la Iglesia católica romana, un procedimiento utilizado en 993 que regula el reconocimiento de los milagros. Este procedimiento se ha adaptado a la era actual, donde hay un predominio de las ciencias naturales, y se lleva a cabo de acuerdo con preámbulos legales muy estrictos. Un organismo internacional de 23 miembros supervisa el procedimiento.

Un exmiembro alemán de la comisión de expertos es Rolf Theiss, cirujano de Saarburg. Ha lidiado con muchos milagros, en especial con la curación espontánea en Lourdes, un lugar de peregrinación en Francia donde se puede encontrar un agua de manantial que se dice que tiene un efecto curativo. Sobre los criterios de selección, Theiss comenta: «Si la enfermedad se considera segura, de origen orgánico, grave y potencialmente mortal, la curación podrá ser repentina, inesperada y no medicada. La duración no se puede explicar a día de hoy, y los documentos se pasan al obispo de la región responsable» (*Der Spiegel*, 51, 2000).

De acuerdo con estos criterios, desde 1858, la Iglesia católica romana ha reconocido un total de 65 curaciones en Lourdes como milagros, excluyendo engaños, alucinaciones y coincidencias. La cantidad de curaciones inexplicables por año, que no han sido reconocidas como milagros, es de 15 a 25. Lourdes cuenta con alrededor de cinco millones de visitantes cada primavera, entre los cuales hay más o menos 70.000 que están gravemente enfermos. El número de curas milagrosas es bajo. Pero el mero hecho de que existan milagros debería ser el mayor desafío de la ciencia para descubrir los condicionantes y el porqué.

Por lo general, la curación espontánea de tumores, la llamada remisión espontánea, no se considera un milagro, porque se explica con causas psicógenas que afectan al sistema inmunológico. Sólo se considera milagro cuando no existe ninguna causa biológica. Entre los casos reconocidos por la Iglesia, existe el de un benedictino de un monasterio en el lago Zúrich, cuya curación está oficialmente catalogada como el 57.° milagro de Lourdes.

Varios médicos le habían diagnosticado esclerosis múltiple incurable, y la enfermedad estaba tan avanzada que el monje ya no podía caminar. Así que un viaje a Lourdes fue su última esperanza. Lo que sucedió allí fue descrito por el monje como un relámpago que le había atravesado. Desde aquel momento se curó, y así aparece también en el informe.[8]

Dado que los criterios son muy estrictos, se excluye que sea un informe ficticio. Tampoco se puede aceptar que sea una simulación del paciente, porque existen informes de los médicos. Entonces, ¿cuál es la causa de esta recuperación repentina? El espíritu y la consciencia son fundamentalmente superiores a la materia. Por tanto, la mente puede cambiar el material «informándolo» de nuevo. Lo mismo sucedió cuando el chino Yan Xi controló la descomposición radiactiva de un isótopo a través del poder de su concentración mental. Dado que nuestra consciencia puede cambiar los espines de los núcleos atómicos y los electrones, en principio también sería posible un cambio directo y espontáneo de las células tisulares.

Si un yogui puede detener los latidos de su corazón sin morir, ¿no sería posible que un paciente pudiera «ordenar» sus células para que cambien sus patrones patológicos? El factor decisivo es siempre que el estado deseado esté en primer plano. ¿Por qué los mecanismos de tales casos no son controlados por un equipo interdisciplinario de científicos? Todavía estamos aplicando medicina mecanicista de alta tecnología en lugar de explorar qué podría hacer la mente para que tuviera efectos en la materia. Los efectos de placebo y nocebo nos muestran el camino correcto. En esta área, se debe investigar mucho más en beneficio de la persona. La psicosomática ya es una forma de entender las relaciones de la mente con la materia, pero la mayoría de las veces, esta dirección de investigación también se usa con fines de diagnóstico, por lo que se queda en los síntomas en lugar de impulsar una curación. Probablemente, todavía tendría sentido la frase que pronunció Einstein en 1953: «Es difícil decir cuál es la verdad, pero a veces es muy fácil detectar algo que está mal».[9]

---

8. Warnke, U.: *Gehirn-Magie – Der Zauber unserer Gefühlswelt*. Saarbrücken, 1998. (Trad. cast.: «Magia mental: La magia de nuestro mundo emocional»).

9. Bundesminister für Bildung und Forschung, Wissenschaft im Dialog. Disponible en: www.einsteinjahr.de/page_2896.html

Capítulo 4

Alma y espíritu

Seres en acción

Los pensamientos pueden desarrollar un gran número de cosas increíbles. Cuando les damos permiso para que lo hagan, crean diferentes estados de ánimo y sentimientos, como alegría, confianza en sí mismos y orgullo, pero también envidia, frustración o estados de ánimo depresivos. Todo lo que pensamos está basado en las emociones. En este sentido, nuestros pensamientos son poderosos productores sentimentales, aunque a menudo no lo registramos. Al mismo tiempo, como seres comunicadores, también somos los mensajeros de los pensamientos. Si empiezo el día con pensamientos inquietos, literalmente pululan y regresan cargados. Sin embargo, cuando me despierto con pensamientos alegres, cosecharé las recompensas a lo largo del día porque generará una retroalimentación positiva.

A largo plazo, nuestros pensamientos determinan nuestra personalidad y nuestro carácter. Cuando nos descuidamos y dejamos rienda suelta a los pensamientos, sobre todo a los negativos, más aterrador es el efecto sobre la propia personalidad. Pero también al tratar con otras personas, nos damos cuenta de que dejar paso a la negatividad envenena nuestras vidas. Al intramundo esto también le afecta. Como es una formación tan sólo espiritual, cada pensamiento se conserva eternamente, incluso si la persona muere de forma mundana. Dado que todos los pensamientos se almacenan en el intramundo, siempre están conectados con nosotros y nos esperan una segunda vez, en la transición de la vida terrenal al intramundo.

Echemos un vistazo más de cerca al proceso de almacenamiento. En el intramundo, los pensamientos y la información adquieren de inmediato una forma significativa, como un patrón de información que también conlleva un contenido emocional. Un principio similar también funciona en el mundo cotidiano. Tendemos a asociar un significado con cada percepción y experiencia. Sólo podemos interpretar las vivencias cuando el significado de un evento ya se ha abierto a nosotros. A nivel material, esto se manifiesta de manera inmediata en emociones legibles en nuestro lenguaje corporal.

Resulta peculiar que cada uno de estos pensamientos se comunique con las formas informativas del intramundo. Si no hay información relacionada disponible, se crean nuevas estructuras. Si ya existen patrones similares, las estructuras de información existentes se remodelan. Entonces el pensamiento, ahora en forma de información energética, hace presión para poderse realizar en el mundo material. Por tanto, todo lo que se piensa puede llegar a manifestarse en poco tiempo.

Si los pensamientos están dedicados a personas, animales o plantas, luchan por los patrones de información correspondientes. Eso es justo lo que experimentamos en un sueño. Por lo general, cuando soñamos no encontramos personas con rostros, sino que identificamos las figuras emergentes según las características que vinculamos con las personas reales. Por supuesto, no es una atribución objetiva. Éstas son simplemente cualidades que el sueño ha recibido de las sensaciones que se absorben cuando las personas involucradas están despiertas. Si alguien te parece celoso, le pondrás la etiqueta de celos, por así decirlo. Si la persona te parece que tiene carisma y que es simpática, eso es justo lo que sentirás al soñar con esa persona. Este vínculo de significado más sensibilidad persistirá mientras lo mantengas; por ejemplo, a través de recuerdos animados de la persona en concreto.

En otros casos, podría suceder que tu padre fallecido se te apareciera en sueños. Lo reconoces por cualidades familiares que hacen que lo sientas de verdad. ¿Estás en tan plena consciencia que puedes dominar los sueños lúcidos sin dormir y puedes aprovechar para comunicarte directamente con tu padre a través de las sensaciones? Esto no es una fantasía. Es del todo real, dado que los pensamientos en el intramundo siguen inmediatamente tu voluntad y tus sensaciones resuenan con las cualidades típicas almacenadas sobre tu padre. Ya sea en el sueño nocturno o en el sueño lúcido, en ambos casos la comunicación tiene éxito porque los filtros racionales del cerebro están apagados.

Una vez que entendamos el principio del pensamiento, también seremos capaces de comunicarnos con cualquier criatura (el difunto, el conocido que vive en otra parte), pero también con lo imaginario y lo percibido (espíritus de la naturaleza, gnomos, elfos, o sirenas). Podemos crearlos para nosotros tan pronto como la sensación y el deseo se conecten.

Si lees esto con algo de irritación, piensa en los ángeles de la guarda, por ejemplo. Están ayudando a los seres que sólo pueden amparar y proteger porque queremos creer en ellos, con toda la energía y sensibilidad del alma. Muchas personas han experimentado que los ángeles de la guarda los han rescatado. Lo sorprendente es que tan pronto como tales seres existen en nuestra realidad espiritual desarrollan un poder independiente. El poder sensible del pensamiento, por tanto, evoca estructuras de información que, a su vez, generan sus propias esencias, ya que la información también representa las características del alma. Como seres del intramundo son construcciones puramente mentales pero en extremo poderosas. Sé que parece fantástico, casi mágico. Y, sin embargo, es un proceso del todo natural cuando las personas deciden, por su voluntad sensible, crear un ser arbitrario de ellas mismas. De esta manera, podemos enriquecer nuestras vidas de forma decisiva, con mentores, ayudantes y acompañantes. Aquellos que todavía se oponen a que tales seres sean reales sólo deben acordarse de que incluso nuestro mundo cotidiano es irreal. Sólo es real el cúmulo de información eterna e imperecedera que se guarda en el intramundo.

Pensamiento mágico

Ya sabemos que todo lo que se experimenta en el mundo cotidiano se almacena como una copia exacta en el intramundo; es lo que llamamos la memoria. También allí se encuentran todos los seres que hemos conocido: los padres, los parientes, los hermanos, nuestros amigos y también nuestros enemigos. Además, la fantasía y la intuición pueden complementar fragmentos de experiencias en vivencias completas o crear nuevas experiencias. Cada ser recibe copias completas de las experiencias originales. La memoria, es decir, la recuperación arbitraria de experiencias del pasado en el presente se fundamenta en esta función del intramundo.

Cuando se crea un ser particular, se gana un poder cada vez mayor, alimentado por los pensamientos de la persona que lo ha creado. Comienza una comunicación intensiva, y también una retroalimentación, porque sentimos, cada vez y de manera más clara, los efectos de este ser. La retroalimentación permanente conduce a un sentido de la realidad en términos de física cuántica. En otras palabras, cuanto más vivos y sentimentales estemos al tratar con el ser que nosotros mismos hemos creado, con más claridad sentiremos la certeza de su presencia. Somos nosotros los que no sólo creamos tales seres, sino los que también los fortalecemos. Incidentalmente, el principio se intensifica tan pronto como las personas se comunican, al mismo tiempo, con un ser imaginario, lo que significa que sí que existe un consenso para afirmar que los ángeles de la guarda, los elfos o los demonios son reales. No es necesario quedar de forma especial con ellos, sólo basta con tener una fe común o el espíritu de la época.

Tales seres desarrollan luego su propia personalidad y también su propio impulso, tal como conocemos por los sueños. A partir de cierto punto, ya no son manejables. Por tanto, las cosas buenas o dañinas pueden emanar de seres autocreados. Si actúan negativamente, se solía hablar de diablos o demonios, incluso de Lucifer. Por otro lado, el intramundo también está poblado por figuras informativas que se crearon hace siglos, como fantasmas y dioses, y se han ido nutriendo hasta el día de hoy. Son seres radiantes, como los ángeles. La creencia incondicional en ellos fortalece los sentimientos de las personas. Tales seres tienen el poder de dispersar la ansiedad, el dolor y la duda en fases complicadas y proporcionan confianza.

Sería un error descartar estos fenómenos como superstición o pura proyección. El neurocientífico Matthew Hutson descubrió recientemente que el pensamiento mágico facilita la vida porque nos brinda apoyo en tiempos de crisis (Hutson, 2012). La irracionalidad de lo mágico, en opinión de Hutson, nos brinda felicidad y salud. Antes de que la racionalidad determinara nuestras vidas, el pensamiento mágico era la fuente de poder de todas las grandes culturas. Ninguna nación podría existir sin dioses, espíritus guardianes y semidioses que medien entre las energías cósmicas y la vida terrenal.

Ya que, de todos modos, estamos creando nuestra propia realidad, es lógico que recordemos ahora estas prácticas de la antigüedad. Al igual que con el efecto placebo, sin duda, podemos evocar un cambio en la realidad material a través de seres imaginarios.

Cuando se entiende el principio, surgen nuevas opciones. La creación de entidades a través de su propio agradecimiento puede incluso sumar un componente de magia a los objetos materiales del mundo cotidiano. Esto también lo sabemos por todas las civilizaciones antiguas y contemporáneas. Ya sean amuletos, piedras milagrosas o reliquias, siempre se les otorga una entidad altamente energética. Esto no ha cambiado en nuestra civilización occidental. El psicólogo Lysann Damisch descubrió en un estudio científico que los sujetos que jugaban a golf con las llamadas «bolas de la suerte» lograron más putts que los que jugaban con bolas normales. En los ejercicios verbales y de memoria, los participantes que tenían amuletos de la suerte también obtuvieron mejores resultados que los grupos que no tenían ningún talismán (Gielas, 2013).

Todo esto no tiene nada de sobrenatural. La profecía autocumplida de las prácticas mágicas corresponde a la organización de nuestra constitución mental y espiritual. Nosotros, los humanos, somos susceptibles a los trascendentales. Sentimos la realidad de todo lo que sentimos y creemos con firmeza y con razón, porque el mundo cotidiano y el intramundo son las fuentes para el espíritu y el intelecto, los cuales están indisolublemente entrelazados y en permanente interacción.

La sensación más fuerte y, por tanto, la fuerza más potente en la experiencia de las personas es el amor. Es, sin duda, el poder más elevado y misterioso de la existencia humana. Hasta ahora, no se ha explorado a fondo si los animales o las plantas dan y reciben amor. Después de todo, los biólogos han señalado hace poco que, incluso los organismos simples, tienen en apariencia sensaciones, «saben» lo que es bueno para ellos y ajustan su comportamiento de acuerdo con ello. Los biólogos suponen que hasta los organismos unicelulares tienen ciertos valores. Son sujetos, no máquinas. Por supuesto, el amor, al igual que las sensaciones y los pensamientos, no es mensurable. Sólo se pueden detectar los efectos de las sensaciones. Y es aquí donde encontramos procesos similares a los que ocurren en los humanos. Si se cuida a un animal con un amor afectuoso, prospera mejor y no tendrá graves problemas de conducta. Asimismo, las plantas se hacen más fuertes si les hablas con amor, como queda patente en algunos experimentos. Como asociamos sensaciones con pensamientos, podemos cambiar nuestra realidad con una mayor eficacia.

Duendecillos y diablos

El intramundo está poblado por seres invisibles, dioses, ángeles, espíritus, demonios, devas. Freud los reconoció como productos de la subconsciencia que correspondían al intramundo. Obviamente, los humanos tendemos a delegar tareas que no podemos manejar solos. Así que creamos una contraparte y la dotamos de cualidades y habilidades deseables.

A veces, estos seres son una muy buena compañía. En los cuentos de hadas de Grimm, por ejemplo, se retratan a unos siete enanos que hacen las tareas domésticas como los duendecillos del hogar de Colonia y se ven muy diligentes y trabajadores. Más allá de los cuentos de hadas encontramos informes de «espíritus de la casa» que se han ido creando a sí mismos. Bajo el seudónimo H. E. Douval, el hermano de la logia espiritual Herbert Döhren publicó los *Libros de magia práctica* en varios volúmenes. En el volumen 10 describe la creación de un «Imagospurium». En él había imaginado una figura concreta de un espíritu servil y la esculpió en una figura de madera. Ambos, la imagen y la figura de madera, estaban «fusionados» por una fuerte concentración de pensamientos. Luego animó a esta construcción al energizarla con sus manos, atrayéndose de manera alternativa y concentrándose en el nombre del personaje: Cagaster.

Este procedimiento duró varios días sin interrupciones. Al principio, vio el espíritu creado sólo como una «apariencia interior» y, por último, incluso como una figura real de pie en la habitación. La convivencia con la bonita criatura fue bien al principio. Douval le ordenó varias cosas a su espíritu del hogar, y éste se las trajo de inmediato. Pero, al final, la criatura se transformó en un demonio con una sonrisa horrible que era imparable e hizo enfermar a Douval. Sólo los encantamientos fueron los que acabaron destruyendo a la criatura y Douval pudo recuperar su salud.

Como Douval pertenecía a una logia, sus rituales lo influenciaron muchísimo. Desde los palcos de la magia se instruyó a los miembros para que crearan «egregores» y otros seres fantasmales a través de la concentración de pensamiento, a los que llamaron «demonios de pensamiento» (Hartmann, 1992). Por ejemplo, los templarios tenían su Bafometo, que todavía se encuentra en las casas de campo tallado en piedra. En cuanto a la aparición de H. E. Douval, conocido como Döhring, quedó en evidencia que sufría de una psicosis que lo llevó a tales fantasías extrañas.

En todas las culturas existe la presencia de seres fantasmales. En el Tíbet, por ejemplo, los tulkus desempeñan un papel importante; estos seres creados por arte de magia están al servicio de su creador. En tibetano, el Lama Padma Rigdzin fue quien introdujo la práctica del chöd en el siglo XVIII dentro de la secta dzogchen de la «gran realización». Según ella, los estudiantes debían darse cuenta de que los poderosos demonios son criaturas procedentes de su propio poder de imaginación. En otras palabras, la función de los seres espirituales es sólo servir para conocerse a sí mismos (Eliade, 1992).

Para algunas personas, los espíritus se vuelven tan reales que son indistinguibles de su existencia. El caso de la investigadora francesa Alexandra David-Néel fue muy conocido. Se torturó a sí misma con un plan diseñado por ella misma llamado Tulpa. Mientras estaba realizando una investigación en el Tíbet, la científica no creyente y extremadamente crítica consiguió una experiencia que por lo general está reservada a los habitantes indígenas de las montañas. En su libro *Magia y misterio en Tíbet* describe cómo en el período de unos meses visualizaba y se concentraba en la figura de un fantasma en forma de monje. Se convirtió casi en su compañero de mesa y la acompañaba cada día en sus excursiones. En el Tíbet espiritual, nadie se planteaba interrogantes sobre su compañero imaginario, incluso fue visto por otros en su tienda de campaña y reconocido como un lama. David-Néel a veces sentía la presión de su mano sobre el hombro. Esta cercanía desconocida, como ella dice, la ponía cada vez más nerviosa, y la presencia permanente de aquel ser se convirtió en una pesadilla. Así que decidió disolver la ilusión, en especial porque cada vez era más maligna y se volvió incontrolable. Sólo después de seis meses de intenso trabajo mental, el lama fue destruido por su creador. David-Néel relata lo siguiente: «Estos casos de "encarnación" resultan peculiares sólo porque terceras personas pueden ver las formas que produce el pensamiento. Algunos dicen que en realidad es la creación de una forma física, mientras que otros afirman que sólo es una figura sugerente. Después, los pensamientos del autor de esta silueta influyen de manera involuntaria en un tercero y le hace ver lo que ve el autor» (David-Néel 2005).

¿Verdad o sugerencia? Como sabemos que los pensamientos y las ideas pertenecen al intramundo y, por tanto, forman lo real, la verdadera realidad, esta pregunta es superflua. Todo lo imaginado por personas con alta consciencia y emociones fuertes es, de hecho, su realidad.

Los inuits también conocen un sistema de pensamiento autocreado, el tupilaq. La palabra significa algo así como «el alma o espíritu de una persona fallecida». Es un ser espiritual, encarnado en pequeñas esculturas talladas, en su mayoría constituidas por morsas. La mayoría de ellos tienen rasgos grotescos. Los inuits les atribuyen poderes mágicos. La característica esencial es el hechizo de dolor, que hace del tupilaq una criatura temida. Tan pronto como éste se infunda, se tiene que contar con el impacto de un tupilaq hostil: una interpretación sabia que dice que las intenciones y pensamientos negativos siempre vuelven al emisor. Del mismo modo, la retroalimentación tiene lugar en el intramundo. En ese sentido, el culto de tupilaq expresa un conocimiento intuitivo de un mundo en una red espiritual.

Los indígenas llaman «seres elementales» a los seres con los cuales se pueden comparar. Éstos se corresponden con complejos de ideas que contienen información energética, una gran carga de emociones y actúan como si tuvieran su propia consciencia. Por eso pueden hacer cosas reales y llamar la atención. Algunos maestros espirituales los denominan programas elementales, porque básicamente estos seres corresponden a patrones de pensamiento y sentimiento. Sin embargo, se les aparecen a los seres humanos como seres de verdad y, a menudo, les causan sufrimiento y dolor. En este caso también podemos suponer que se crea de manera inconsciente una contraparte para poder manifestar lo que no se ha asimilado.

Ángeles y demonios

Los seres fantasmas tienen una larga tradición en la cultura occidental. Marsilio Ficino (1433-1499) y Giordano Bruno (1548-1600) describieron tales seres y los llamaron «fantasmas». Bruno, que desarrolló la idea de un mundo infinito y completamente espiritualizado, creía que una sustancia espiritual, el pneuma universal, lo conectaba todo. Los sueños, fantasmas e imaginaciones son manifestaciones de pneumas y, por tanto, de sutilidad. Sólo la magia es capaz de controlar este material. Ficino ya había descubierto que la magia era la energía para conectar partes separadas. «El efecto de la magia –afirmó– es la atracción que un objeto ejerce sobre el otro debido a una cierta consanguinidad». Para los dos pensadores del Renacimiento tardío, los seres sutiles tenían un poder integrador.

Las sesiones espirituales se hicieron muy populares alrededor de 1900, y eran cualquier cosa menos frívolas. A las sesiones del psicoterapeuta Oskar R. Schlag en Zúrich asistieron científicos tan famosos como el psicólogo C. G. Jung, el filósofo Rudolf Bernoulli y el psiquiatra Eugen Bleuler. En 1926, experimentaron un ser que se describía a sí mismo como una «fuerza psico-energética» y se llamaba «Atma». Jung interpretó la entidad como una creación a través del inconsciente colectivo de los participantes en la sesión. Tuvo bastantes experiencias. Diez años antes había entrado en contacto con un ser llamado «Basílides». ¿De dónde proviene este nombre tan inusual? Basílides había sido un gnóstico que vivió en el siglo II d.C. y dirigió una secta hereje. En su manifestación como fantasma, le reveló a Jung el sistema transpersonal «Pleroma», que se introdujo dentro del concepto del «inconsciente colectivo» (Schlag, 1998).

En la cultura occidental, también nos es extremadamente familiar el fenómeno de los ángeles. Éstos ya aparecían en la Biblia y han cobrado importancia en el misticismo cristiano. Existen innumerables representaciones pictóricas que los muestran como figuras protectoras de la luz, aparecen flotando sobre las cabezas de su protegido o en postura defensiva con armaduras relucientes. Al igual que los santos, son mediadores entre dios y las personas, es decir, seres híbridos clásicos que acompañan o acuden a la ayuda de las personas en situaciones de emergencia.

Emanuel Svedberg, nacido en Estocolmo en 1688, era una persona muy curiosa. En el transcurso de su vida, este hijo de sacerdote protestante trató de explorar los secretos del intramundo (aunque, en aquel entonces, aún no se usaba esa terminología). Al principio entró en contacto con ideas espirituales, luego se fue a Inglaterra y se convirtió en alumno del físico Isaac Newton y del astrónomo Edmond Halley. Continuó su formación en Leiden, Ámsterdam y París. A la edad de 26 años, el entonces llamado Swedenborg, dibujó planos de construcción de bombas, hornos de fundición, grúas, submarinos e incluso un avión que fue reconstruido en 1897 y que, en realidad, sólo podía volar distancias cortas por el aire.

Sólo a la edad de 56 años empezó a mostrar sus primeros intereses espirituales cuando ya había conocido la fama y el éxito. Comenzó a analizar los sueños, tenía visiones intencionadamente y acabó convencido de que los ángeles y los espíritus eran sus maestros. Aprendió a vivir en la Tierra y «en el cielo» al mismo tiempo, y subrayaba que estos conceptos no eran lugares, sino estados y realidades. En su experiencia espiritual, visitó a los muertos en el otro mundo y se comunicó con ellos.

En su guía del otro mundo *Del cielo y el infierno*, describe a los ángeles que tienen forma humana. Dice literalmente: «Después de mi experiencia, que he ido repitiendo durante muchos años, puedo deciros y aseguraros que los ángeles [...] tienen cara, ojos, oídos, pecho, brazos, manos y pies, los cuales se ven, se escuchan y se hablan entre ellos. Es decir, que no les falta nada que pertenezca al hombre, excepto que no están vestidos con un cuerpo material».[1] Esta declaración es muy interesante, porque los japoneses, por ejemplo, describen a sus «seres celestiales» con bastante precisión, pero no incluyen a los ángeles.

Un estudio reciente muestra que cada cultura representa a los seres colaboradores o destructores de acuerdo con sus creencias tradicionales, lo que constituye un fuerte argumento para que nazcan de sus propias convicciones. Los indígenas, por ejemplo, suelen ver a sus devas en la Devaloka, las áreas esféricas de la consciencia, como si fueran un conjunto de pequeñas nubes. Esta dependencia por los seres autocreados a partir de impresiones culturales era bien conocida por Swedenborg. Intuía que estos seres reflejaban la existencia humana: «Los ángeles quieren que anuncie de su parte que no hay un solo ángel en todo el cielo que fuera creado desde el principio como tal; ni tampoco en el infierno existe ningún demonio que se crease como un ángel de luz y se dejara salir. La mayor parte de los que hay en el cielo y en el infierno se han desprendido del hombre».[2] Esto muestra claramente que estamos creando nuestros propios ángeles y demonios, un mecanismo que corresponde a los hallazgos filosófico-cuánticos.

---

1. Swedenborg, E.: *Del cielo y del infierno: el cielo y sus maravillas y el infieno de cosas oídas y vistas* (entre los años 1688-1772). Biblok, 2017.

2. Swedenborg, E.: *Die Weisheit der Engel betreffend die göttliche Liebe und die göttliche Vorsehung*. https://archive.org/details/EmanuelSwedenborg-DieWeisheitDerEngelBetreffendDieGoettlicheLiebeUnd. Libros en español en PDF disponibles en: www.swedenborg.es/libros-de-swedenborg/. (Trad. cast.: «La sabiduría de los ángeles sobre el amor divino y la divina Providencia»).

Mensajeros del intramundo

Parece que a las personas les es más llevadero soportar y dominar su destino con la compañía de seres imaginarios. Un poco más difícil es que los pensamientos y las acciones asuman la plena responsabilidad; y probablemente también más oneroso. La habilidad innata de las personas para usar el principio cuántico con el fin de crear seres puede convertirse en una fuente de bienestar. Esta capacidad está vinculada a una «inteligencia» independiente que facilita la asimilación de la información y la comunicación con otros seres. En este contexto nos gusta hablar de «imaginación» y significar una ilusión. Pero, precisamente, el «imaginado» es casi idéntico en el contenido y en las consecuencias que acarrea su plan diario de vida; la única diferencia es que es mucho más eficiente con la ayuda de los seres autocreados. Nuestra capacidad para ser creativos es una cara de nuestro ser. El otro lado que todavía tenemos que aceptar es el hecho de que nuestras creaciones tienen vida propia. El arte y la cultura son ejemplos de esto, los memes descritos ahora y más adelante es lo que también llamamos ángeles o espíritus.

Pero ¿qué pasa con las apariciones que no estamos dispuestos a reconocer, que van y vienen sin que les importen nuestros pensamientos y expectativas? Hay muchos ejemplos de esto también, incluyendo las posesiones de demonios. El premio Nobel de Física Gerd Binnig, de la Universidad de Múnich, incluye aquí el trabajo de los antepasados cuyas energías e información continúan existiendo. Afirma lo siguiente: «Creo que los efectos que emanan del poder psíquico de una persona siempre están ahí, incluso después de la muerte, cuando la fuerza ya no se puede identificar» (von Rohr, 1996). Esta tesis parece muy válida. Si imaginamos el intramundo como si fuera un cúmulo de imágenes directas e informativas de todos los eventos que suceden en el mundo cotidiano, o como el hogar de las almas, es posible que encontremos entre ellos fantasmas como patrones de información individuales, incluyendo todos los detalles físicos. Del mismo modo que en el ordenador vemos eventos y figuras en movimiento en forma de película utilizando sólo patrones de información como imágenes.

Durante la segunda guerra mundial, los británicos ganaron la batalla de Londres y prevalecieron sobre los alemanes. En 1957, el mariscal lord Dowding, en el Congreso Espiritista Internacional en París, confesó: «No podría haber llevado a cabo con éxito la defensa aérea de Londres entre 1940 y 1943 sin haber conectado con los espíritus de los pilotos ingleses y alemanes abatidos y muertos en los ataques». Una confesión asombrosa y ¡que lo diga un representante militar! Con esto, se muestra cómo los seres con capacidad mental estimulan la motivación e influyen en la acción, incluso de forma decisiva para toda una nación

(Brunner, 1972). Otro ejemplo sorprendente proviene de la industria de la aviación. El primer hombre en intentar cruzar el Atlántico de este a oeste con un avión en 1930 fue un piloto llamado Hinchliffe. Como le faltaba un ojo, llevaba siempre un parche. Su patrocinador le exigió que le acompañara una mujer copiloto. En un navío de línea, lejos de la ruta aérea, había dos amigos de Hinchliffe que se acababan de acostar; eran el coronel Henderson y el aviador Rivers Oldmeadow. Ninguno de los dos sabía nada sobre el intento de rastreo de vuelo ese día. Alrededor de la medianoche, Henderson irrumpió con entusiasmo en la cabaña de Oldmeadow y relató la siguiente experiencia: Hinchcliffe acababa de estar en su cabaña, en uniforme de aviador y con su parche en el ojo. Una y otra vez preguntó: «¿Qué debo hacer? ¡Esta mujer está aquí conmigo! ¡Estoy perdido!». Luego se desvaneció. En ese mismo momento, Hinchliffe se había estrellado y ni él ni su acompañante sobrevivieron al accidente (Fuller, 1979).

¿Con qué sentidos podemos percibir semejantes apariciones de fantasmas? ¿Y qué objetivos persiguen estos seres que emergen de manera tan repentina? ¿Quieren alertarnos sobre algo que, de otra manera, se nos escaparía? ¿Están buscando nuestra proximidad? Se nos pasan por alto muchas historias, algunas escritas, otras orales, pero siempre parecen predominar los mensajes positivos. A menudo son advertencias, a veces son visiones útiles que nos traen a unos seres determinados. Los hemos evocado nosotros mismos, pero su información está más allá de nuestro propio conocimiento: pueden percibir lo que las personas comunes no podemos hacer. Dicho sin más preámbulos: son vehículos del intramundo, creados para ayudarnos con sus mensajes. También hay informes que nos pueden hacer daño. Pueden estar diciendo algo sobre nosotros o nuestro comportamiento que debemos considerar urgentemente. Entonces tendrían una función como los tulkus tibetanos, que están al servicio del conocimiento más importante: el autoconocimiento.

Capítulo 5

Sueños y percepciones extrasensoriales

Extracorporación

Hay personas convencidas de un intramundo en el que pueden abandonar su cuerpo durante un breve período de tiempo. Hay muchos testimonios de estas experiencias extracorpóreas porque se ha sabido e informado de ellas desde que la humanidad existe. A menudo, una experiencia cercana a la muerte es el desencadenante para que alguien aprenda a abandonar su cuerpo como le plazca. Esto significa que deja su cuerpo porque lo ha decidido voluntariamente, asciende y lo observa abajo. Estas personas lo describen como que «salen de la cáscara de su cuerpo material con un segundo cuerpo».

Cualquiera que haya adquirido esta habilidad puede dirigir sus objetivos con la ayuda de sus propios pensamientos: dentro de la habitación, a través del techo, en el apartamento vecino, fuera de la casa y en la calle. Esto nos lleva a experiencias paradójicas. Una vez durante un vuelo extracorpóreo, una mujer vio la puerta de su casa abierta de par en par. Por supuesto, ella quería cerrarla, pero no podía hacer nada porque estaba fuera de su cuerpo. Regresó a su cuerpo, salió de la cama y cerró la puerta principal. Si no hubiera dejado su cuerpo, no habría sabido que la puerta estaba abierta, y tal vez habría recibido una visita no deseada de alguien de la calle.

¿Cómo debemos calificar tales narraciones? Los principales científicos no dudan de las experiencias, pero las explican a base de causas puramente fisiológicas: falta de oxígeno, situaciones estresantes, fármacos, unas determinadas expectativas. Por tanto, clasifican las experiencias extracorpóreas como alucinación, fantasía e imaginación. Una prueba de estas causas puramente fisiológicas es que las experiencias ocurren cuando ciertas áreas del cerebro son estimuladas con corriente eléctrica. Sin embargo, como conclusión, las experiencias extrafísicas son, en consecuencia, alucinaciones cerebrales puras que suelen ser demasiado breves.

Ya hemos visto que el intramundo, con sus propiedades, llega a cada átomo de nuestro cuerpo y, por supuesto, a cada neurona del cerebro. El modo de acción según el cual tiene lugar el acoplamiento al intramundo se explica por la coherencia de espines de las membranas inducidos de forma enérgica y por la coherencia de los hemisferios del cerebro. Todo eso lo veremos más adelante con detalle. Ambas coherencias también pueden ocurrir porque han sido estimuladas por la corriente eléctrica. Así que también cabe esperar que ocurran experiencias especiales del intramundo a partir de estímulos eléctricos.

Las personas que han comunicado sus propias experiencias de escape real ponen especial énfasis en la capacidad de orientarse según la función y la presencia del ego durante la extracorporación. Los sujetos están del todo convencidos de que, durante esta acción, la mente y el alma están separadas del cuerpo. La característica especial de estas experiencias es que se trata de una vivencia interna sin pérdida de identidad y siempre consciente del ego. Las experiencias no tienen nada que ver con las sustancias tóxicas o los elementos ocultos. Una y otra vez se describe cómo la comprensión, la razón y la lógica funcionan claramente, al igual que ocurre en la vida cotidiana; a diferencia de los sueños, donde el ego no actúa de manera del todo consciente, sino más bien como actor en una película desconocida.

En el caso de las experiencias extracorpóreas, la propia personalidad está presente en primera persona, aunque desinhibida, ya que no presenta ningún tipo de limitación corporal. Muchos científicos lo confirman. El neurólogo Willis Harman, que ejerció una cátedra en la famosa Universidad de Stanford, dedicó varias investigaciones al fenómeno. Subrayó que lo más intrigante de las experiencias extracorpóreas es que todo lo que sale del cuerpo puede requerir una capacidad de reflexión, así como de percepción y de posterior retentiva. Con ello se entiende que el espíritu y el alma están completamente conectados a la red de información del intramundo. El científico suizo de Física y Química Ernst Waelti califica sus propias experiencias extracorpóreas como prueba de que nosotros también existimos en el intramundo (Waelti, 1983). Charles Tart, psicólogo estadounidense y fundador de la psicología transpersonal, fue profesor en la Universidad de California, Davis. En su experimento fijó una tabla con cinco números en el techo del laboratorio. Los números se colocaron de modo que no se podían ver desde la cama. Sólo alguien con la capacidad de flotar hasta el techo podría haberlo leído. Luego llegaron algunas personas, que ya habían tenido algunas experiencias extracorpóreas, con la finalidad de dormir en la habitación. La mañana siguiente, algunas de ellas pudieron nombrar los números correctamente y describieron cómo sintieron que iban ascendiendo (Tart, 2000).

Por tanto, la extracorporación es un fenómeno que no sólo se limita a las experiencias cercanas a la muerte. Es evidente que hay personas que tienen una disposición natural para liberarse espiritual y emocionalmente de su existencia material. La barrera que obstaculiza a los demás es inexistente para ellas. La mayoría de las personas pueden viajar a todo tipo de lugares a través de la memoria o de fantasías, incluso volar si lo imaginan. Pero aquí todo es muy concreto y del todo real. Estas personas pueden experimentar su conexión con el intramundo como una extensión de la percepción, una habilidad envidiable.

Sueño e intramundo

Si bien todos los fenómenos mencionados hasta ahora abarcan la materia percibida como real, ahora llegamos a un tema que se desarrolla por completo en la esfera espiritual: el sueño. Ofrece tremendas oportunidades de experimentación. Los sueños son centrales eléctricas de emociones, crean mundos que no tienen nada que anhelar de los de la industria de la fantasía. Son capaces de trasladarnos directamente al «mar de todas las posibilidades».

Todos los humanos y un gran número de animales sueñan cada noche. Si resumimos todas las fases del sueño, el ser humano sueña un promedio de cuatro años de (su) vida, y duerme más o menos un cuarto de siglo. Pasamos alrededor del 75 % de la noche en el sueño profundo incipiente o completo (NREM) y el 25 % restante en el conocido sueño REM. Su nombre procede de los movimientos rápidos y bruscos de los ojos de la persona que duerme con los párpados cerrados. Su nombre tiene su origen en el inglés: «Rapid Eye Movement». Es en esta fase cuando la mayoría de los sueños tienen lugar. El sueño profundo se diluye durante la intensificación gradual del sueño en cuatro etapas, que se hacen visibles en la imagen del EEG al disminuir la frecuencia del cerebro y aumentar su amplitud.

Durante la fase REM, la respiración, los latidos del corazón y la presión arterial son más elevados y más irregulares debido al sueño. El consumo de oxígeno, la temperatura interna del cuerpo y la circulación sanguínea en la corteza cerebral son elevados: todos estos factores son beneficiosos para la vida, ya que el sueño reduce la temperatura corporal y la circulación sanguínea se debilita. Además, la formación desproporcionadamente mayor de óxido nítrico da lugar a la erección del pene o del clítoris, que se considera un indicador de la regeneración vital general durante la fase REM. El óxido nítrico tiene funciones muy importantes en el organismo: aumenta el rendimiento del sistema inmunológico, dilata los vasos sanguíneos, elimina las bacterias y oxigena el tejido.

En esta fase, también aumenta la actividad muscular en el oído medio, la cual se percibe como vibración o silbidos de alta frecuencia en el despertar temporal. Los movimientos corporales esporádicos y las expresiones faciales también son posibles, aunque los músculos esqueléticos están muy relajados. Sorprendentemente, durante el sueño REM, el electroencefalograma es similar al de la vigilia, porque en el sueño REM, el tono muscular es casi inexistente. Es una medida de precaución de la naturaleza para que la persona que duerme quede protegida de cualquier daño que pueda hacerse a causa de los movimientos violentos durante el sueño.

Soñar es como la espuma, como se dice popularmente. En la cultura asiática, los sueños siempre han recibido una atención especial. Se dice de los sueños que son una puerta de la consciencia a través de la cual camina el durmiente. El *Upanishad*, una importante colección de textos filosóficos hindúes, distinguen cuatro estados de consciencia:

1. Conciencia de vigilia, en la cual el alma percibe información del mundo interno y externo.
2. Estado de sueño, en el cual el alma crea el mundo sin la mediación de los órganos sensoriales.
3. Sueño profundo, un estado en el que el alma deja el mundo empírico por completo («nombre y forma») sin darse cuenta y, por tanto, la persona está libre para sentirse conectada con el espíritu universal.
4. *Turîya* (también *Caturtha*), un estado en el que se produce la realización más alta, donde el conocedor y el conocimiento fluyen juntos y no hay tensión ni polaridad: el estado *buddhi*.

Por tanto, los sueños de esta interpretación son un precursor de una cognición espiritual comprensiva del mundo y una oportunidad para captar el panorama general. Lo expresaría de esta manera: los sueños sólo tienen lugar en el intramundo, porque el sueño abandona el mundo cotidiano. El evento del sueño, similar a una película o un acto de teatro, aparece proyectado en una pantalla interior, donde el sueño es, por igual, participante y espectador. El sueño experimenta todo como un verdadero acontecimiento, donde el inconsciente penetra en lo consciente, durante el tiempo que dure el sueño.

El neurobiólogo estadounidense Gerald Edelman, del Instituto de Investigación Scripps de San Diego, California, confirma que el sueño tiene todas las características de la consciencia primaria: podemos orientarnos en el espacio virtual y formar enlaces simples entre los estímulos sensoriales.[1] Más allá de eso, intervienen eventos fantásticos. A veces podemos volar del espacio al tiempo, o de un momento a otro. Estamos caminando por una ciudad, luego aparecemos en un bote remando por el mar y, de repente, nos encontramos con personas en una montaña. Existe tanta imaginación como la que permita el disco duro de información del intramundo.

No obstante, el creador evolutivo inteligente también ha dibujado una barrera entre el sueño y el mundo cotidiano: la memoria de los eventos de los sueños, después de despertar, sólo dura de cinco a diez minutos. Después de eso, todo es como si se borrara. Sólo cuando quien sueña logra darse cuenta del contenido del sueño inmediatamente después del despertar, puede transferir el sueño a su estado de vigilia. Pero ¿por qué tenemos que olvidar lo que soñamos?

Imagínate a un recién nacido: todo el tiempo que pasa durmiendo. Sueña con estar preparado para la experiencia y, prácticamente, mantener la temperatura corporal central en torno a unos 37 °C, aunque esté casi inmóvil. El sueño tiene otra función importante, ya que el cerebro de un recién nacido tiene sólo unas pocas conexiones de fibra nerviosa. Tales sinapsis están formadas por la experiencia, así que no pueden ser muy numerosas en el bebé. Todavía no puede correr, no reconoce nada de un modo consciente, no busca nada. Todo se tiene que aprender poco a poco. Por otro lado, el metabolismo del cerebro no debe fallar ni detenerse durante el sueño continuo. Eso sería fatal, porque además de mantener la temperatura, este metabolismo es el garante de los factores de crecimiento que el bebé necesita con urgencia desde el principio. Entonces, como un sustituto, los seres inteligentes del intramundo aparecen en sus sueños. O, técnicamente hablando: hay almacenados y disponibles varios patrones de información.

Desde la enorme reserva del disco de memoria del intramundo, el bebé se ve asaltado por imágenes y eventos que no puede clasificar porque le falta experiencia en todo. Si el niño mantuviera el contenido de sus sueños y lo aceptara en su mundo cotidiano, sería del todo imposible aprender de forma ordenada a través de los sentidos de la materia del mundo cotidiano. ¿Cómo vamos a aprender a caminar si ya hemos experimentado qué se siente al volar?

---

1. www.spiegel.de/wissenschaft/mensch/schlafforschung-wie-klartraeumer-ihre-gedanken-steuern-a-744502.html

Esta precaución de la naturaleza, el olvido del contenido de los sueños, también es apta para los adultos, pero con más condiciones porque los adultos pueden derribar la barrera de la separación a través del conocimiento y el reconocimiento y luego recordar el sueño. Eso significa que el sueño adquiere un significado por completo diferente. Lo veremos más adelante con la ayuda de la consciencia de lo cotidiano. Piénsalo y quizá lo estimulemos. Eso es justo lo que sucede cuando tienes un sueño lúcido.

Sueño lúcido

El término «sueño lúcido» deriva del latín *lux*, que significa «luz». Lúcido también quiere decir «transparente». Otro nombre es «sueño clarividente», lo que equivale a decir que es un sueño consciente. Esta variante del sueño abre posibilidades por completo diferentes, porque se reconoce que la consciencia también puede dirigirse con la voluntad. Eso es lo especial de estos sueños. Cualquiera puede imaginarse cómo le gustaría que fuera el sueño. Teniendo en cuenta que todas las posibilidades de la vida se almacenan como información y que la materia real no juega ningún papel en el intramundo, todo lo concebible se puede generar a voluntad de estos sueños. La experiencia es, a la vez, virtual (como el intramundo) y completamente real.

Esta peculiar forma de soñar entretuvo muchísimo a psicólogos y profanos. En 1913, el holandés Frederik Willems van Eeden publicó un artículo en el que explicaba sus propias experiencias. Su informe fue ampliamente reconocido en el ámbito académico. Por primera vez, Van Eeden le dio el nombre al fenómeno de sueño lúcido (van Eeden, 1913). Anotaba sus sueños con regularidad en un diario. Al hacerlo, entrenó su consciencia a fin de que no se apagase durante el sueño y pudiera así continuar ejerciendo cierto control, incluso en sueños.

El filósofo griego Aristóteles mencionó alrededor de 300 a. C. que existen fronteras que fluyen entre el sueño inconsciente y la percepción consciente: «A menudo, mientras duermes, algo en tu consciencia te dice que lo que se te aparece sólo es un sueño» (Dönt, 1997). En otras palabras, la persona dormida que vive su sueño como un evento real de repente se da cuenta de que está soñando. Probablemente muchas personas conozcan este fenómeno, pero es sólo el comienzo para aprender a controlar un sueño. En muchas enseñanzas espirituales, lograr la unión entre el sueño y la consciencia se considera una fuente de conocimiento. A poca distancia del sueño lúcido se encuentra el yoga del sueño, una doctrina budista del Vajrayana. El objetivo de este yoga es crear eventos ocultos en la mente subconsciente, así como los contenidos de los sueños, para poder experimentar el verdadero espíritu. Aprender el yoga del sueño tenía una gran prioridad, ya que era una manera de obtener la sabiduría más elevada (Chögyal Namkhai Norbu, 1992, Evans-Wents, 1935).

El marqués d'Hevrey de Saint-Deny, profesor de Literatura china, publicó en 1867 un tratado sobre los sueños y su control. Conseguía tener sueños lúcidos haciendo únicamente dos cosas muy importantes. La primera: justo después del sueño, trataba de recordar de manera consciente el contenido. La segunda: provocaba de un modo voluntario un sueño lúcido donde podía dirigir de forma deliberada su contenido (Saint-Deny, 1982).

Nada menos que Sigmund Freud se interesó también por este tipo de sueño consciente y así lo dejó por escrito: «El marqués de Hervey [...] afirmó que había conseguido tanto poder sobre sus sueños que podía acelerar su curso según quisiera y darles instrucciones. Parece que el deseo de dormir le provocó el deseo preconsciente de observar sus sueños y deleitarse en ellos. Con una premeditación de deseos así, el sueño se tolera tan bien como las reservas que tengas para despertar (sueño de lactancia)» (Freud, 1968). Además, cabe decir que el sueño de lactancia es un sueño muy ligero en el que la consciencia está más presente de lo normal. Es el sueño característico de las enfermeras que cuidaban a los bebés y nunca se les permitía dormir bien, porque si no, no podían escuchar el llanto de los bebés. La observación de Freud se refiere, por tanto, al hecho de que en un sueño lúcido, la consciencia está suficientemente activa como para poder interrumpir el sueño en cualquier momento.

En 1968, se publicó el primer libro donde se describió el rol principal del fenómeno: *Sueños lúcidos* de Celia Green, de la Universidad de Oxford. Un año después, el psicólogo Charles Tart mencionó el tema de los sueños lúcidos al volver a comentar el informe de van Eeden. Pero la ciencia convencional arrinconó todas las descripciones (como todavía les gusta hacer hoy) en el rincón esotérico (Green, 1968; Green y McCreery, 1996). Sólo se tomó en serio a Stephen LaBerge, quien exploró el sueño lúcido en profundidad inspirado en el libro de Green. Primero demostró la existencia del sueño lúcido con la ayuda del electroencefalograma y del electrooculograma (EOG), luego proporcionó más pruebas, en las que se puso a disposición como sujeto. LaBerge quería demostrar que las personas pueden mantener su consciencia activa incluso en el sueño profundo. Dejó claro que daría una señal específica con los movimientos de sus ojos, en la fase REM, cuando se diera cuenta de que estaba soñando. Se durmió en el laboratorio y los resultados del experimento fueron un éxito: justo en la fase en la que el EEG y el EOG se marcaron como la fase REM, Stephen dio la señal acordada tan característica y que no podía explicarse por casualidad. Basado en sus propias experiencias, luego describió en algunas publicaciones las condiciones y las instrucciones detalladas sobre cómo cada persona puede lograr este tipo de sueño (LaBerge, 2000). Las personas que sueñan lúcidamente y son capaces de dirigir sus sueños de manera consciente se llaman onironautas. Hoy existen siete rasgos reconocidos a nivel científico que demuestran de un modo inequívoco la presencia en un sueño lúcido. Los primeros cuatro puntos deben cumplirse; el resto es opcional. El psicólogo alemán Paul Tholey, que también acuñó el término de sueño clarividente, menciona los siguientes criterios (Tholey, 1997):

1. El soñador es consciente de que está soñando.
2. El soñador es consciente de su libertad de elección.
3. La consciencia es clara, no hay confusión traumática ni nubosidad.
4. La percepción de los cinco sentidos es como si estuviéramos despiertos.
5. Hay claridad sobre la vida despierta, sobre quién eres o lo que te has propuesto para el sueño lúcido.
6. Después del sueño, hay un recuerdo claro.
7. El soñador es consciente del significado del sueño.

Por tanto, el sueño lúcido difiere del estado de sonámbulo, en el que alguien está claramente dormido, pero percibe el entorno y también realiza acciones (sonambulismo). En este curioso fenómeno, una persona se encuentra entre el despertar y el dormir. A menudo los ojos están abiertos y la mirada se fija de manera distraída en un punto en la distancia. La persona en cuestión puede viajar largas distancias en este estado sin encontrarse con objetos o árboles. Abre puertas, sube y baja escaleras. Si el sonámbulo está despierto, no sabe nada de su viaje y, por lo general, está confundido. Por desgracia, la investigación todavía es muy novedosa. Hay una sociedad que se dedica a este fenómeno, la Sociedad Alemana para la Investigación del Sueño y la Medicina del Sueño (Deutsche Gesellschaft für Schlafforschung und Schlafmedizin). Aquí hay otro campo para los psicólogos que estén preparados para explorar un nuevo terreno.

En cambio, los sueños lúcidos se han descrito en numerosas publicaciones y se continuarán investigando empíricamente. Ursula Voss, profesora del Instituto de Psicología de la Universidad de Bonn, estudió fisiología del cerebro. Descubrió que en el sueño lúcido, en comparación con el sueño, la corteza prefrontal (el cerebro anterior) está activa y es la que por lo general es responsable de evaluar y de concentrarse de manera consciente en los objetos. Un estudio realizado por científicos de las universidades de Bonn, Darmstadt, Mainz y Harvard Medical School refinó el resultado. En este estudio, se llegó a la conclusión de que el cerebro dormido está soñando y al mismo tiempo realiza una evaluación crítica y una comprobación de la realidad de estas fantasías oníricas. «Es como si una parte del cerebro estuviera repentinamente despierta, mientras que el resto estuviera durmiendo», afirma Ursula Voss (Voss *et al.*, 2009).

Un sujeto del experimento en el laboratorio del sueño de la Universidad de Bonn describió su sueño lúcido: «De repente, me detuve en una dimensión completamente distinta, parecía un álbum familiar. Moví los ojos y me di cuenta de que en realidad estaba acostada en la cama, dormida. Cuando vi el hermoso paisaje borroso, pensé: "¡Esta es la imagen de mi sueño, debería quedarse!". La escena volvió a aparecer. Pensé que sería bueno galopar a través de este paisaje. Conseguí un caballo en el sueño, pero sólo logré sentarme en el lomo del caballo; el cuello y la cabeza del animal eran bastante irreales. Pero podía sentirme montando a caballo y acostada en la cama al mismo tiempo».[2]

Control de los sueños

Los psicólogos Michael Schredl y Daniel Erlacher estudiaron el fenómeno del sueño lúcido en 2004 en el Instituto Central de Salud Mental de Mannheim. La pregunta que se formularon fue si unos rasgos de personalidad determinados eran el motivo por el cual unas personas sueñan más lúcidamente que otras. Resultó que al menos el 82 % de los encuestados había tenido un sueño lúcido una vez, y poco más de un tercio lo había experimentado, como mínimo, una vez al mes. La disposición aumentaba si las personas tenían una motivación particularmente intensa para las nuevas experiencias o si eran propensas a tener pesadillas. También se hizo evidente que los sueños lúcidos son muy comunes al padecer enfermedades como la gripe o la malaria.

En el sueño lúcido, la consciencia puede llegar a ser muy confusa. Así es como el soñador cree que está despierto, pero, en cambio, «despierta» en un nuevo sueño que siente como si fuera la realidad. Al soñar, a veces resulta imposible discernir entre sueño y realidad. Esto puede ocurrir incluso en el sueño lúcido. La película de Hollywood *Origen* ha vinculado este laberinto de sueños de una manera inquietante con una trama de juego. Los diferentes niveles de los sueños son casi

2. (Voss *et al.*, 2009).

indistinguibles entre sí; todo sucede de manera simultánea, todos los niveles se influyen entre sí.

¿Qué sucede exactamente en un sueño lúcido? Por lo general, sentimos el ambiente con los órganos sensoriales, y luego las señales se transmiten a la corteza cerebral. He explicado este complejo proceso al comienzo de este libro: las impresiones físicas y moleculares de los sentidos se transforman en imágenes; de manera análoga, las ondas de sonido, por ejemplo, se transforman en sonidos. Las escenas en las imágenes resultantes provocan intenciones de moverse. Los movimientos subsiguientes se devuelven a la corteza cerebral a través de varios receptores internos (enteroceptores), como un bucle sensomotor. En el estado de sueño falta la retroalimentación. Por tanto, se recomienda realizar una prueba si no tienes la certeza de estar en un estado de vigilia o soñando. Mantén la nariz y la boca cerradas: si todavía puedes respirar, eso significa que estás en un sueño. Por desgracia, a estas pruebas también las forja la consciencia, así que no son fiables.

Muchos investigadores han informado de los beneficios de los sueños lúcidos. En general se puede decir que quien sueña lúcidamente entrena la consciencia; aprende algo sobre la influencia de la mente y el poder de su voluntad. Al mismo tiempo, aprende a considerar lo imposible como posible, porque en el sueño lúcido se puede experimentar y crear lo que uno quiera. Por tanto, en esta ocasión se aprende a anular el tiempo, el espacio y la causalidad, y se siguen tan sólo las reglas del intramundo. En el sueño lúcido, todo lo que es posible en la vida cotidiana se considera magia. No hay mejor ejercicio de consciencia para superar la existencia material. Al final de este libro explicaré qué técnicas debemos usar para experimentar el sueño lúcido.

Las ventajas que aporta el sueño lúcido son las siguientes:

- En el sueño lúcido, la intención dirige toda la materia a voluntad y a consciencia, y constituye una experiencia real.
- Esta experiencia modifica la herramienta (el «cerebro»). Cambia otras sinapsis a través de nuevas experiencias más allá del mundo cotidiano.
- Los sentimientos, sensaciones y estados de ánimo relacionados se intensifican: curiosidad, gratitud, optimismo, entusiasmo y fe. Cualquiera que practique estas actitudes positivas hacia la vida aumenta su calidad de vida, como descubrió Willibald Ruch y sus colegas en su investigación en la Universidad de Zúrich, publicado en el *Journal of Happiness Studies* (Ruch *et al.*, 2012). El ego puede entrar en un diálogo con el yo del intramundo. Esto significa que se puede pedir el subconsciente propio.

- Las pesadillas se pueden conducir hacia una dirección más agradable para el ego.
- Los temores del subconsciente, que se reproducen en el sueño, pueden borrarse para siempre (Spierling, 1997).
- Los trastornos por estrés postraumático también pueden ser neutralizados.
- En el sueño lúcido, las habilidades motoras se pueden aprender con la programación de movimiento (Erlacher, 2005).
- Se puede preguntar a las figuras y seres del sueño sobre su significado e integrarlos en la vida. En el caso de una evaluación negativa se podrían «desconectar».

Todo lo que uno solicita o piensa como finalidad se vuelve virtual. El mundo lúcido se forma de acuerdo con la propia voluntad: puedes volar, caminar a través de las paredes, respirar bajo el agua, hacer que los objetos desaparezcan y mucho más. No hay límites para la creatividad. Así que no es sorprendente que muchos escritores y compositores obtengan la inspiración para sus obras de sus sueños lúcidos. Toda la gama de posibilidades en el intramundo es accesible, sin ninguna limitación.

Sin embargo, en el sueño lúcido, no todo depende de la voluntad de dirigir. Lo **remanente** es la propia vida del sueño, un viaje hacia lo desconocido. Por eso es necesario aprender a organizarse con el sueño. Según los investigadores de los sueños también hay otras acciones que no salen bien en los sueños lúcidos. Por ejemplo, parece imposible realizar operaciones lógicas. En algunas pruebas, a los sujetos se les dieron problemas de matemáticas que debían resolver durante un sueño lúcido. Aunque demostraron que habían trabajado en las tareas, *a posteriori*, las soluciones resultaron ser erróneas.

Surge otra pregunta en relación con la frecuencia y el diseño del sueño lúcido. ¿Cómo de a menudo tiene que ocurrir? Y ¿cómo lo terminas? En la práctica, el sueño lúcido tiene tres finales: a través de la transición a un sueño normal, la consciencia se retira y conscientemente no se da cuenta de que está en un sueño; la segunda variante es despertarse (lo que también se puede soñar); por último, la tercera variante es la transición al sueño profundo. Sin embargo, con toda la fascinación que esto provoca, siempre se debe tener en cuenta que cualquiera que llame al sueño lúcido con bastante frecuencia pierde la noción del mundo cotidiano que tiene bajo sus pies. Éste es un riesgo que no debe subestimarse.

Clarividencia y precognición

Cuando se trata de percepciones extrasensoriales, a menudo tenemos que lidiar con fuertes incertezas. La incertidumbre es inherente a la naturaleza de las cosas. Son condiciones que no se pueden evocar en el laboratorio, y si alguien ha tenido una experiencia sobrenatural, un científico por supuesto que no lo va a apoyar. Así que tenemos que confiar en el hecho de que los informes de experiencia pueden tener más o menos un contenido veraz, pero siempre deben considerarse con cierto escepticismo. Que tales experiencias existan es indiscutible. ¿Por qué, si no, debería tanta gente reclamar cosas que nunca sucedieron? Además, la llamada clarividencia es fácil de comprobar. Aquí hay algunos mensajes que aportan cierta credibilidad porque se han puesto a prueba en experimentos y eventos de instituciones oficiales.

- La compañía electrónica japonesa Sony, a través de su portavoz Masanobu Sakaguchi, anunció publicamente la creación de un grupo de investigación encabezado por Yoichiro Sako. Este equipo ha demostrado percepciones extrasensoriales en nombre del grupo comercial.[3]
- El general mayor del ejército de Estados Unidos, Ed Thompson, reunió a un grupo de clarividentes en Fort Meade con fines militares para obtener información. Los resultados fueron del todo convincentes. Describieron construcciones estrictamente confidenciales, como una estación de escucha por vía satélite en un área boscosa, basándose tan sólo en unas coordenadas geográficas. Las cosas se pusieron emocionantes y verificables porque los clarividentes lograron entrar virtualmente en el edificio y leer las credenciales de los pasillos. Podrían describir a las personas presentes e identificarlas por su nombre.[4]
- El expresidente de Estados Unidos Jimmy Carter informó sobre un episodio que le contó el exjefe de Inteligencia de la CIA, el almirante Stansfield Turner. Con la ayuda de los clarividentes, Turner pudo recuperar un avión de reconocimiento que se había estrellado en África. No lo había podido encontrar por medio de satélites de observación. La Marina de Estados Unidos y el FBI de la Policía Federal de este país también han logrado una serie de éxitos comparables con la ayuda de métodos paranormales.[5]

---

3. www.hrvg.org/discussion/showthread.php?61-Sony-Investigates-ESP
4. Österreichische Zeitschrift für Geschichtswesen 14. (2003) Jg, H 4. Geppert ACT, Braid AB.
5. http://parapsychologie.ac.at/programm/ws199900/mulacz/cia.htm

- Estas operaciones clarividentes son la base de las investigaciones realizadas por el Instituto Internacional de Stanford en California, que opera sobre todo en representación de las agencias federales de Estados Unidos. También la empresa Science Applications International Corporation de Palo Alto, California, afirma que ha conseguido logros en este campo durante veinte años. De la antigua Unión Soviética, se conoce que hay tales centros de investigación en Moscú, San Petersburgo, Omsk, Irkutsk y Vladivostok.[6]
- En la Universidad de Nevada, D. J. Radin realizó experimentos cuyos resultados coincidieron con los del investigador del cerebro Benjamin Libet. Midió la electricidad y la conductancia de la piel de los sujetos mientras les mostraba diferentes imágenes en un monitor. Después, de manera arbitraria, se alternaban motivos relajantes con escenas horribles. La sorprendente reacción en todos los experimentos fue que los sujetos ya anunciaban las imágenes a través del cambio de electricidad de su piel, aunque ninguno de ellos podía verse en el monitor. Éste es un fenómeno llamado premonición, anticipación o precognición.[7]
- También se han observado indicadores fisiológicos de presentimientos en otros institutos de investigación, como el Instituto de Radiología de Newcastle, Australia. Los experimentadores Mike Grayson y Lindsay Rowe descubrieron que se podían medir ondas cerebrales del todo desconocidas en varios pacientes poco antes de un terremoto, aunque los dispositivos sismográficos aún no habían registrado nada.[8]
- El físico August Stern investigó las ondas cerebrales de los gatos de Ámsterdam. Los animales mostraban siempre amplitudes y frecuencias anormales cuando sus cachorros recién nacidos recibieron descargas eléctricas en edificios que estaban a mucha distancia. En la antigua Unión Soviética se ha informado de experimentos similares. El gatito fue asesinado mientras la madre estaba en un submarino sumergido, donde las ondas cerebrales se registraban continuamente. Cada muerte se correlacionaba con las frecuencias anormales del cerebro de la madre.[9]

---

6. http://en.wikipedia.org/wiki/SRI_International
7. Radin, D. I.: «Electrodermal Presentiments of Future Emotions», *Journal of Scientific Exploration*, vol. 18, n.° 2, 2004, págs. 253–273.
8. Freak earthquake warning a puzzle to Hunter medicos collections.
9. Linnemann, R.: *Der Delpasse-Effekt*. Psychowissenschaftliche Grenzgebiete. Disponible en: www.psychowissenschaften.de. Consulta: [2002]. (Trad. cast.: «El efecto Delpasse»).

A pesar de lo convincentes que parecen estos informes, todavía son rechazados por muchos científicos. El problema es que tales fenómenos no son reproducibles libremente en los humanos. Por tanto, según los criterios actuales, no se adaptan al sistema de la cientificidad. No obstante, como señaló la revista científica *New Scientist*, la mayoría de los investigadores consideran posibles las percepciones extrasensoriales y la precognición. ¿Por qué todavía se tratan entonces como si fueran algo exótico? Según parece, es porque se perciben como una anomalía o una apariencia patológica. Lo opuesto es cierto, como explica Daryl J. Bem, psicólogo de la Universidad de Cornell en Ithaca. Estados Unidos está convencido de que el cerebro una y otra vez recibe señales débiles que incluyen percepciones extrasensoriales, pero los estímulos externos ahogan estas señales.[10]

El siguiente incidente también es verificable: los detalles de la invasión aliada hacia el final de la segunda guerra mundial estaban, por supuesto, sujetos a la más alta confidencialidad. Esto incluía las designaciones de códigos para las diversas secciones costeras programadas para aterrizar en Normandía: Omaha, Utah, Mulberry, Neptune y Overlord. Sin embargo, todos estos códigos aparecieron dos semanas antes de la invasión en un crucigrama del *Daily Telegraph* de Londres. El autor fue interrogado, pero pronto quedó claro que no era un agente. ¿Cómo supo las palabras en clave y las utilizó exactamente en esa combinación para el crucigrama?

Esto se explica por el campo de información universal. En apariencia, el hombre había estado en una intensa fase de concentración mental en busca de términos adecuados para sus crucigramas, y se había conectado con el intramundo. A través de su conexión con él, había tropezado con la lluvia de ideas de los aliados y, de allí, recibió las palabras en código, de acuerdo con la legitimidad de que la información se puede obtener en cualquier lugar al mismo tiempo.

Las personas que trabajan espiritualmente parece que tengan mucha facilidad para conectar con el intramundo. La novela *El hundimiento del Titán* de Morgan Robertson se publicó en 1898. En ella, el autor describió la colisión de un barco con un iceberg en el Atlántico Norte y llamó a este barco *Titán*. En 1912, el famoso *Titanic* se chocó con un iceberg en el Atlántico Norte, y esto se repitió en 1939 con el barco *Titanitan*, un caso especial de sincronicidad anticipada. En una de sus historias, Edgar Allan Poe describe cómo tres personas náufragas, en su gran desesperación y medio muertas de hambre, matan y se comen a un mozo de ca-

10. www.ksta.de/ratgeber/parapsychologie-koennen-wir-in-die-zukunft-sehen-,15189524,12601654.html

bina con el nombre ficticio de Richard Parker. Aproximadamente cincuenta años después de la publicación del libro, tres personas náufragas tuvieron que ser juzgadas en un tribunal por matar y comerse a un mozo de cabina llamado Richard Parker (PM 10/1985).

Acordémonos de que, si el conocimiento intelectual del experimentador cambia a partir del contenido de información de un orden determinado de radiación, la onda se convertirá en un fotón. El mero conocimiento de la información posible y el hecho de saber su significado obliga al fotón a manifestarse fuera de una probabilidad y transmitir los efectos de una fuerza real. Pero esto significa que el supuesto espiritual precede a un estado real. Y esa es justo la definición de las percepciones precognitivas. Hay algo que se manifiesta espiritualmente antes de que aparezca en la realidad. Ésta es una ley elemental del intramundo. Más adelante veremos que esta ley no sólo parece producir «percepciones extrasensoriales», sino que también podemos usarla de manera activa para crear una realidad a nuestro gusto.

Ver sin ojos

No hay nada que nos parezca más natural que el hecho de ver con nuestros ojos. Pero hay algunas situaciones en las que los ojos y la vía habitual de transmisión de información al cerebro no son muy significativos. Uno de los fenómenos más asombrosos es la experiencia cercana a la muerte, donde la persona moribunda es capaz de ver todo en detalle, aunque se acueste en la cama con los ojos cerrados y el cerebro esté prácticamente apagado. Aún resulta más sorprendente si esto se asocia a una experiencia extracorpórea. ¿Quién o qué es lo que se ve ahí?

En efecto, en los sueños lúcidos vemos imágenes y escenas, pero no he visto hasta ahora ningún informe que indique que las personas que están soñando sean capaces de describir los procesos de su realidad circundante. Parece una contradicción: en el sueño lúcido, el cerebro funciona, pero en realidad no lo vemos. Cuando la muerte está cerca, el cerebro está dañado, pero la persona moribunda puede ver todo. Esto parece imposible. Cuando el corazón deja de latir, el cerebro ya no recibe sangre y el activador tisular del plasminógeno (ATP) se queda sin energía celular. En consecuencia, las neuronas de los centros visuales del cerebro ya no pueden construir ningún potencial de reposo porque el ATP bombea la energía necesaria para la clasificación de los minerales sodio, potasio y cloruro. En consecuencia, no hay potencial para el descanso y, por tanto, no hay potencial de acción, por lo que es posible que no haya más imágenes.

Aunque sea difícil de creer, las visiones existen incluso si los ojos no son receptores. Este fenómeno se conoce desde hace mucho tiempo. Uno de los primeros que lo exploró fue Louis Farigoule, conocido más tarde por el seudónimo de escritor Jules Romains. Farigoule fue profesor de Filosofía y recibió varios diplomas en la École Normale Supérieure de París, entre otros en Biología. En 1919 publicó un estudio de 144 páginas, el cual se publicó por segunda vez en 1921, y en él describió en detalle que la gente es capaz de ver incluso sin ojos. En un congreso internacional de la vista en Edimburgo en 1927, el trabajo de Farigoule fue reconocido y premiado. ¿Qué es lo que descubrió?

Farigoule había observado que los sonámbulos y las personas hipnotizadas se movían sin dificultades en espacios desconocidos y llenos de objetos. Realizó experimentos con personas que llevaban los ojos tapados con una venda. Algunos también se movían alrededor de los objetos con gran seguridad, e incluso podían reconocer símbolos. Farigoule estaba convencido de que, después de un largo período de entrenamiento, podría ser capaz de leer textos con los ojos vendados. El público se sorprendió. Descubrió que la piel juega un papel muy importante. Cuanta más superficie de piel quede libre, más rápido y preciso será el reconocimiento de formas y textos. Después de practicar un poco, fue capaz de leer artículos enteros de ficción y también periódicos si se acercaba el texto a las manos o muñecas, a la frente o al cuello.

Luego entrenó a niños invidentes, y una comisión especializada del hospital Cochin confirmó todos sus hallazgos. Los expertos de la comisión realizaron pruebas por su cuenta y demostraron la autenticidad del fenómeno. Bajo el título «¿Se puede ver sin ojos?» se publicó un informe sobre el tema en 1952 en los dos últimos números de *Petit Progrès*, el órgano de la asociación suiza para invidentes del cantón de Romandía.

Sería de esperar que representantes de la ciencia recogieran este extraño fenómeno y lo investigaran, pero nadie se atrevió a hacerlo. Rusia dedicó mucho interés al tema. Un público más amplio se enteró de esto por la publicación suiza, el caso «Rosa». En 1975 se publicó en el número cuatro de *Messager suisse des aveugles* (el órgano de la sección romanche, hoy *Clin d'Œil)* bajo el título «Investigaciones parapsicológicas increíbles en la URSS».

¿Quién fue esta misteriosa Rosa? Vivía en Nizhnyi Tagil, una ciudad industrial y minera de los Urales, y en el momento de las investigaciones, a principios de la década de 1960, tenía 22 años. Sus habilidades eran increíbles. Con los ojos vendados, podía leer sin esfuerzo periódicos y revistas haciendo sonar las letras con los dedos anular y meñique. Fue evaluada varias veces bajo la supervisión de un neurólogo para descartar que no fuera una farsa. Seguía siendo cierto: podía leer sin usar sus ojos. En el otoño de 1962, se le hizo otra prueba durante una conferencia regional de la asociación de psicólogos. Le taparon los ojos con una venda oscura, luego varias personas entraron en la habitación. Podía describir con facilidad los colores de la ropa de los visitantes y el aspecto de los libros que iban sacando de los bolsillos. Además, podía describir a las personas que aparecían en las fotografías. Para obtener esta extraordinaria habilidad, Rosa había tenido que entrenarse muchas horas al día durante seis años.

Acto seguido, se inició una investigación científica de seis semanas en la Clínica Sverdlovsk. Basados en el método, los investigadores asumieron que la habilidad estaba asociada a una sensibilidad particular de los dedos. Por tanto, pusieron una lámina de celofán de color y una placa de vidrio en los textos. Los resultados siguieron siendo los mismos. Al parecer, Rosa no se guiaba por una sensación táctil. Luego se especuló que Rosa probablemente reconocía los colores por pequeñas fluctuaciones de temperatura. Así que los investigadores calentaron las telas en los llamados colores fríos azul y púrpura, y las telas más frías con colores cálidos como el rojo o el amarillo. Esta táctica no desconcertó a la joven lo más mínimo. Todavía podía reconocer los colores con los ojos vendados e interpretar las imágenes en los sellos postales, las rosas que aparecían y los aretes que usaba la mujer de la fotografía. Cómo lo hacía: seguía siendo un misterio.

A finales de la década de 1970, apareció otra joven rusa que podía ver sin ojos. Según ella, había tenido esta capacidad desde los 17 años. También se la presentaron a un neurólogo en una conferencia regional de una asociación de psicólogos y varios científicos estudiaron su habilidad. Se repitió el caso de Rosa: era innegable que esta mujer también podía ver sin ojos.

Eso planteó algunas preguntas. ¿Puede la piel de la superficie del cuerpo realmente ver e incluso leer? ¿El cuerpo humano tiene otros sensores, además de los ojos, para procesar los estímulos visuales? ¿Nos guiamos por señales que no conocemos, pero las captamos de manera intuitiva? Incluso si se acepta cierta sensibilidad para la radiación electromagnética en el intervalo de frecuencia de la luz, es impensable poder leer o ver sin ningún tipo de lente. En mi opinión, las dos mujeres tenían una condición muy específica, lo que significaba que la piel era sólo el detonante del ajuste de un proceso mental por completo distinto. O, como mínimo, las experiencias y vivencias nos conducen hacia esta pista. En la bibliografía especializada, son constantes los informes en los que se indica que hay personas que son capaces de reconocer objetos en una habitación completamente oscura. En estos experimentos, se aseguraron de que las habitaciones no tuvieran ventanas y que no entrara luz tenue por debajo de la puerta. Los sujetos del experimento permanecieron en la sala durante unos días, esperando lo que acabó sucediendo. La visión en la oscuridad siempre llegaba de un modo espontáneo y durante unos minutos, siempre poco después de despertarse. Después, la oscuridad subjetivamente negra regresaba.

Ver se refería a todos los objetos de la sala. La gente podía levantarse y caminar sin chocar con ellos, al igual que caminar durante la noche, pero aquí con control de la consciencia. Sin embargo, existía una diferencia interesante: la perspectiva de los objetos era diferente de la habitual. De acuerdo con el modelo del intramundo, el fenómeno podría describirse del siguiente modo: inmediatamente después de despertarse no significa tan sólo despertarse de su sueño, sino también desde el sueño; la persona todavía estaba en el intramundo dentro de su consciencia universal. Sólo cuando la consciencia cerebral material recuperó el poder con el ego, se estableció el bloqueo y se extinguió la «videncia».

Esto es mucho más evidente cuando pensamos en la sensación de confusión que sentimos justo después de despertarnos: a menudo no sabemos ni dónde estamos ni qué está pasando. Estamos en nuestro lado, por así decirlo. Incluso en estos momentos, parece mucho más creíble la interpretación de que nuestro yo está libremente activo en el mundo espiritual con lo que llamamos el subconsciente. Sólo a medida que avanza el despertar, el ego y el yo vuelven a tomar las riendas. Todo indica que, en el momento del despertar, la información pura almacenada en el intramundo sobre el proceso visual es suficiente para ver el entorno real.

Esto no es imposible, en absoluto. ¿Recuerdas al joven que tocó un concierto de piano completo de Tchaikovsky después de escucharlo sólo una vez, sin asistir a ninguna clase de piano? Este ejemplo evidenciaba que las habilidades complejas también se almacenan en el intramundo, junto con toda la información sobre el mundo cotidiano. Quizá eso fuera suficiente para que la información almacenada en el intramundo del sujeto del experimento se distribuyera a los objetos del espacio, junto con el conjunto de información para poder «ver» en la oscuridad. Por supuesto, el sujeto había tenido que entrenarse en esta habilidad extraordinaria, pero la cuestión es que era posible. Lo más probable es un comportamiento similar al de las percepciones extrasensoriales: todos poseemos las mismas «instalaciones», pero su desarrollo depende del uso que hagamos de ellas, cosa que ocurre en muy pocos casos. Por tanto, cualquier persona que haya entendido el modo de funcionamiento del intramundo tendrá la opción de entrenar específicamente tales percepciones.

Sosias

El concepto de los sosias se encuentra dentro de nosotros de muchas formas. En algunas religiones, y también en muchas culturas nativas, los dobles se han descrito como una sombra misteriosa de la persona. De ahí proviene la idea de deidad protectora, como ocurre con el grupo étnico de África Occidental del Akan, o según la antigua tradición de los enlaces de la cultura estadounidense azteca central. Una doble existencia era una manera de prometer una doble fuerza para hacer frente a los desafíos y peligros de la vida cotidiana.

Muchos escritores tratan en detalle el tema de los sosias, entre ellos el poeta del romanticismo tardío E. T. A. Hoffmann. En su novela *Los elixires del diablo*, el héroe se salva de su *doppelgänger*. Edgar Allan Poe y Kafka se consagran al estudio de esta materia pero, sobre todo, desde el punto de vista de un temor a perder la identidad, ya que el sosias roba la identidad de su verdadero modelo a seguir. El poeta ruso y escritor Fiódor Dostoyevski dedicó incluso toda una novela al fenómeno, que se tituló *El doble*.

Incluso el poeta favorito de los alemanes, Johann Wolfgang von Goethe, tuvo contactos con esta modalidad doble. Así que su fiel retrato apareció mientras dejaba que su amante Friederike von Brion montara a caballo desde la exquisita casa de Sessenheim hacia su casa. Más tarde, en Weimar, Goethe experimentó otro incidente inexplicable cuando, de manera inesperada, su amigo, el consejero Rochlitz de Leipzig, corrió hacia él bajo la lluvia. Lo más extraño era que su amigo llevaba la bata y las zapatillas de Goethe. Cuando Goethe quería saludarlo, éste se disolvía. Goethe fue a su apartamento negando con la cabeza todo lo que había visto; cuando llegó se encontró con su amigo de frente y, en efecto, llevaba su bata y sus zapatillas, una imagen que era idéntica a la que el poeta había visto en la calle.[11]

Como respuesta, su amigo le dijo a Goethe que había llegado a Weimar por casualidad y se había mojado en un paseo por el Belvedere. Y, por eso, había ido a casa de Goethe para ver si le prestaba ropa seca. Luego se quedó dormido. Si pensamos en las historias que van saliendo a la luz sobre nuestras relaciones con el intramundo, podríamos decir que el consejero estaba soñando mientras se encontraba en el intramundo. Y parece como si Goethe, un poeta con mucho talento y con percepciones especialmente sensibles, se hubiera deslizado en este sueño; es como si hubiera conocido al amigo en la esfera de los sueños y el intra-

---

11. Staudenmaier, L.: *Die Magie als experimentelle Naturwissenschaften.* Original-Ausgabe Leipzig, 1922. Versión PDF Paul Allen 2004.

mundo se ampliara para compartir su sueño lúcido con él en la calle. Al menos, es la explicación más razonable que puede darse.

En la ciencia se conocen numerosos casos de percepciones dobles. Se clasifican como alucinaciones de uno mismo o heautoscopia. El fenómeno aún no se ha podido explicar, pero cuando las personas tienen que asimilar muchísimas cosas, eso les suele afectar y, a menudo, se traduce en un shock. Se registraron unos 70 casos, y todas las descripciones son similares: te ves a ti mismo con todas tus particularidades, de forma del todo real y con mucha claridad. Los movimientos suelen ser un reflejo. El espejismo se fija con atención en el espectador y, algunas veces, puede llegar a producirse un intercambio de palabras. Incluso los sentimientos de la otra persona se perciben como si fueran los propios.

Poco antes de la apariencia visual, las personas afectadas tienen una sensación clara de que se trataba de alguien muy cercano. El estrés emocional y el agotamiento aceleran los síntomas. Sin embargo, cuando tratas de alcanzar al sosia, éste desaparece. Al amanecer o al anochecer es cuando las visiones son más comunes. Algunas partes afectadas encuentran a sus dobles en muchas ocasiones y de forma esporádica; otras experimentan el «fantasma» sólo una vez en su vida. Los científicos todavía no tienen una visión clara sobre el significado del fenómeno. La revista *Medical Tribune* advierte que los que se ven colgando de un árbol es que tienen una tendencia claramente suicida.

Se puede suponer que el ego se encuentra con el mundo cotidiano y con el yo simple del intramundo. En las antiguas narraciones mitológicas de la India y en muchos cuentos populares existe el motivo de Dioscuros, unos gemelos especiales: uno se considera mortal y el otro inmortal. La palabra «éxtasis», a menudo asociada con el éxtasis religioso, se traduce literalmente como «estar fuera de sí». Y, de hecho, la inmersión y el éxtasis espiritual conducen a experiencias de duplicación en las que el conocimiento de mortalidad e inmortalidad emerge como un conocimiento intuitivo del intramundo. Los llamados «sosias» (*doppelgänger*) siderales aparecen mencionados una y otra vez en la historia de la humanidad. Se consideran una segunda vida.

Todavía cuesta de imaginar. Como siempre, la teoría está muy por delante de la comprensión práctica. Todo nuestro ser, mente y alma, pero también la información sobre nuestro cuerpo material, se almacena allí. Así que sólo se necesita una voluntad creativa para poderlo copiar en el mundo cotidiano. Es muy probable que seamos nosotros mismos los que creamos este doble desde el intramundo y lo veamos en el mundo cotidiano, siguiendo la misma lógica con la que también atraemos a espíritus y demonios a nuestra realidad: creamos una contraparte real.

Posiblemente sea nuestro compañero de entrenamiento, en el que deleguemos, hasta cierto punto, la carga, lo que nos agobia, y lo diabólico. De esta manera, podemos lidiar con todo con mucha más facilidad. Sigmund Freud califica esta estrategia de forma bastante negativa. Habla del *doppelganger* como la «parte desbancada del ego». Su colega C. G. Jung le es afín y se refiere al arquetipo como «sosias oscuro».

Ya existía una tesis muy diferente desde hacía muchos años: la de los hermanos Grimm. En su *Deutsches Wörterbuch* («Diccionario alemán»), definen el término «sosias» como «alguien que se supone que aparece en dos lugares diferentes al mismo tiempo». Esto invita a pensar de manera espontánea en los sueños y en los sueños clarividentes. Una vez más, volvemos a la esfera del intramundo. Después de todo, los hermanos Grimm no asumen que son dobles, sino que una persona logra anular el tiempo y el espacio, y puede desarrollar varias vidas en paralelo. Este enfoque explicativo también apoya las leyes de acción del intramundo. Así, llegamos a varias interpretaciones posibles, todas las cuales tienen una cosa en común: nuestra existencia terrenal no es tan lineal como parece. Nos atraviesan las energías creativas del intramundo y podemos reinventarnos en cualquier momento, incluso como un sosias.

Múltiples personalidades

De forma imaginaria, todo el mundo tiene la oportunidad de sumergirse y adoptar diferentes personalidades. Un buen actor domina la transformación a la perfección. Pero no es necesario ser un actor para conocer el poder de un rol imaginario. Si nos comprometemos a pronunciar un discurso perfecto frente a un auditorio, sólo lo conseguiremos si nuestra idea del yo encaja, es decir, si nuestra personalidad asume el papel adecuado. Entonces no jugamos, sino que sacamos a la luz a una persona que tenemos dentro de nosotros desde hace mucho tiempo, porque podríamos ser ella. No es nada más que el mar de todas las posibilidades que el intramundo nos ofrece cada día.

El estadounidense Michael Talbot ha estudiado en detalle el fenómeno de las múltiples personalidades. En su libro *El universo holográfico* trata al físico David Bohm y relaciona sus hallazgos con la investigación del neurofisiólogo Karl Pribram; ambos habían desarrollado con independencia modelos holográficos de nuestro universo. Talbot explica los fenómenos paranormales con estos modelos. Menciona ejemplos muy interesantes de lo que todavía se considera un síntoma de la enfermedad con el término «personalidad dividida» (Talbot, 1992).

Veamos uno de sus ejemplos. Según la personalidad secundaria de un paciente, éste tenía una fuerte alergia al zumo de naranja. Después de beber, el hombre tuvo una erupción cutánea muy severa. Pero tan pronto como adoptaba su personalidad secundaria, dejaba de sufrir alergias y la erupción desaparecía de inmediato. De ahora en adelante, podría tomar cualquier cantidad de zumo de naranja sin padecer reacciones alérgicas. Una demostración maravillosa del hecho de que la mente controla la materia, en este caso con efectos en las células de la piel.

Otro caso consistía en un paciente que tenía una picada de avispa en el área del ojo. Un lado de la cara se hinchó y el paciente se quejaba del intenso dolor. Cuando el mismo paciente cambió de personalidad, la picada y el dolor desapareció y la cara se deshinchó. Sin embargo, al volver a la anterior personalidad, volvían el dolor y la hinchazón.

Más sutiles quizás, pero también conocemos experiencias muy contradictorias en cuanto a los efectos del alcohol. Un estado de embriaguez puede convertirse en sobriedad instantánea si la situación exige de repente una personalidad clara. Si estás bailando y cantando con todas tus fuerzas, pero empieza a arder algo, la borrachera desaparece y apagas el fuego para salvar al resto de invitados. La cuestión de si el alcohol nos pone alegres y nos despreocupa, o si nos hace sentir melancólicos no depende del tipo y de la cantidad de alcohol, sino de nuestra salud mental en aquel momento. Los estados de ánimo y las ideas no sólo cambian la personalidad completa, sino también los procesos fisiológicos.

En 1947, el médico suizo Hans Naegli-Osjord examinó a un hombre que padeció un ataque de un florete que lo atravesó mientras meditaba. La investigación se llevó a cabo en el hospital cantonal de Zúrich, en presencia del jefe del departamento de cirugía y de muchos otros médicos, estudiantes y periodistas. El nombre del paciente era Mirin Dajo, un holandés cuyo nombre real era Arnolg Gerrit Johanes Henskes. Las radiografías mostraron que el florete había lesionado órganos vitales, incluido el corazón, así que la vida del paciente estaba en juego. El incidente había ocurrido hacía unos veinte minutos, y ahora tenía que extraerse del cuerpo. Parecía increíble: no se pudo detectar ningún rastro de sangrado interno ni externo.[12]

Fue un acontecimiento que se extendió tan rápido como la pólvora por toda la ciudad de Zúrich. ¿Cómo podía ser que el hombre no hubiera salido más accidentado? Dajo disfrutó de su popularidad y más tarde se volvió a maltratar: esta vez se perforó el tórax y los brazos con cinco lanzas. Para que todos los especta-

---

12. www.philipcoppens.com/mirindajo.html

dores pudieran ver que no había truco, dejó que el agua fluyera a través de las lanzas. Debería haber sido un espectáculo espantoso, pero, sorprendentemente, la salud y la vitalidad del hombre no fueron dañadas, incluso en una actuación tan drástica como ésta. En Basilea repitió el espectáculo ante los ojos de varios científicos que querían asegurarse de la autenticidad de sus armas. Trágicamente, Dajo perdió su asombrosa capacidad y murió en 1948 tratando de tragarse una espada.

En la India, así como en otras culturas, es común ver en las fiestas religiosas prácticas que recuerdan este abuso de las capacidades corporales. *Scientific American*, una revista seria sobre ciencia, publicó en febrero de 1967 un informe detallado al respecto. Más tarde, en televisión, también se pudieron ver escenas de estas grotescas ceremonias. Antes, en el Instituto de Psicología de la Universidad de Friburgo, se había examinado el fenómeno de perforación de los faquires indios para estudiar cómo controlaban su dolor. Una vez más, las lesiones no tuvieron graves consecuencias.

En realidad, tales casos deberían estimular el interés de la ciencia en investigarlos, pero en apariencia nadie se atreve a abordar de un modo oficial los problemas y las contradicciones que plantean estos casos excepcionales. Lo único que está claro es que ponen boca abajo todas las convicciones de la medicina. Sólo de mala gana admitimos que podría existir un trastorno de personalidad múltiple. Pero Dajo, al igual que los faquires y otros hombres con dolor, tienen la capacidad de inmiscuirse en otro estado mental que puede soportar la dura experiencia y luego regresar al cuerpo ileso.

Estos indicios, ampliamente ignorados en el mundo científico, fueron tomados muy en serio por grupos de trabajo independientes, y buscaron con ahínco el mecanismo de acción común que apuntalaba efectos, en ocasiones, espectaculares. Siempre en todos ellos queda claro que la causa se encuentra en el nivel del subcuántico y el área cuántica. El físico Paul Davies informa sobre experimentos repetidos en numerosos grupos de investigación con resultados idénticos, por lo que la dirección de los espines de las partículas elementales puede verse influenciada por la consciencia. La interpretación de Davies de que la mente controla la materia confirma lo que los filósofos cuánticos han convertido en el modelo de partida para los flujos de energía entre ambos mundos (Davies, 1990).

Mucho de lo que la psicología describe como aberrante o anormal, es decir, los trastornos, podría interpretarse de otra manera muy distinta. ¿Por qué los esquizofrénicos tienen dos o más personalidades en un cuerpo? ¿Por qué las personas con síndrome de Tourette de repente hablan con voces diferentes, con un vocabulario por completo distinto y, con frecuencia, usan expresiones obscenas que nunca antes habían mostrado? ¿Por qué las personas que supuestamente estaban obsesionadas con el diablo de repente hablan en lenguas arcaicas, como el latín, el griego y el arameo? La reacción es siempre la misma: se buscan defectos genéticos, traumas y daño cerebral. Pero tales diagnósticos no pueden explicar dónde está el conocimiento que las personas poseen inesperadamente, del todo diferente a su biografía anterior. ¿Quién les da las palabras, quién crea las personalidades que se encuentran junto a su personalidad principal?

Todavía tratamos de explicar lo desconocido a través de lo conocido. Y eso se reduce a las leyes tradicionales de la naturaleza y a las tesis vagas. Prácticamente se ignora el nivel mental de los fenómenos descritos. Es obvio que un fenómeno como la personalidad múltiple sería del todo imposible si no se pudiera establecer comunicación con un campo de información espiritual. De una manera especial, aún no especificada, tales personas se comunican con la información del intramundo y con bastante probabilidad con los perfiles de personalidad almacenados allí. Es por eso que su comportamiento es cambiante. Avanzan hacia delante y hacia atrás entre diferentes identidades, que son coherentes y completas en sí mismas y sólo desconciertan porque están habitadas en un solo cuerpo. O, como Mirin Dajo, pueden llegar a crear dos cuerpos como una personalidad y cambiar entre ellos según se quiera.

Éste es un gran desafío para la ciencia, que aún no ha reconocido por completo. El físico Hans-Peter Dürr, director del Instituto Max Planck en Múnich hasta 1997, afirma que algunos científicos naturales se parecían a los pescadores, cuyas redes sólo capturaban peces de más de cinco centímetros. Concluían que todas las criaturas del mar debían tener al menos seis centímetros de largo, en lugar de preguntarse si quizá era su red que era demasiado gruesa (Semana 22, 9, 1994).

Segunda parte

Expedición al intramundo

«Hay dos tipos de engaño:
El primero es creer en algo que no es verdad.
Y el otro es no creer en lo que sí es verdad».

Søren Kierkegaard, filósofo, 1813-1855

Capítulo 1

Energías creadas

Fenómenos enigmáticos desde la perspectiva del intramundo

¿Cómo se pueden clasificar los fenómenos que se han descrito? ¿Cómo se explican de manera concluyente? ¿Seguirá siendo un misterio, o sólo necesitamos un nuevo modelo de universo? Estamos acostumbrados a verlo todo desde una óptica cotidiana, sin darnos cuenta de que esta perspectiva nos limita muchísimo. Vamos girando en círculos porque aprendemos desde dentro de las limitaciones de nuestro mundo cotidiano y a base de repetir los hábitos que hemos adoptado, porque pensamos que es lo mejor y más sabio. Cualquier cosa que no concuerde con esta «estrecha vía de conocimiento» se descarta y califica como tontería. Siguiendo el modelo del intramundo, la organización del universo, que produjo a los humanos y a la naturaleza, constaría de tres categorías:

1. un origen muy inteligente a nivel espiritual,
2. tres autoinstancias como unidades de almacenamiento de ideas y de información,
3. la instancia del ego con la experiencia extracorporal material.

Las tres categorías están activas de forma creativa con los principios inteligentes de la física y de la filosofía cuánticas y utilizan los mismos instrumentos y modos:

- Consciencia
- Voluntad y motivación
- Pensamientos
- Sensaciones

El cuerpo de la materia, como vehículo para las experiencias del ego, ya ha pasado por una creación y una transformación espiritual de energía e información en la construcción espaciotemporal del mundo cotidiano. Toda la naturaleza tiene la misma génesis: las ideas del almacén de información se conciben en el espacio y el tiempo. El ego es una creación de las autoinstancias y está dotado de una cantidad limitada de instrumentos mentales, consciencia, voluntad y motivación, pensamientos, recuerdos y sensaciones. El objetivo de esta construcción es reunir nuevas experiencias con la ayuda de la herramienta «materia-cuerpo» y, por tanto, nueva información que nunca sería posible con las autoinstancias puramente mentales del intramundo. Así, el cuerpo experiencial del ego emerge como un campo de juego de la mente.

Lo especial del ego es que puede trabajar y desarrollar su individualidad. Todas las experiencias del ego informan a las autoinstancias y se almacenan allí, en el intramundo. Para mejorar la organización del flujo de datos, se introducen sentimientos y sensaciones para la evaluación integradora de un evento. Y para aliviar la consciencia mientras se transmite información, el modo de transmisión no se ejecuta de manera consciente, sino en una fase que llamamos subconsciencia.

La capacidad de dar sentido y significado a la experiencia está muy relacionada con los sentimientos y las sensaciones. Éste es el interruptor real, que puede cambiar las fuerzas a masas de materia a partir de pura energía informativa. La consciencia y la voluntad pueden hacer que la finalidad, la asignación inconsciente de sentido y el significado puedan abrir el camino hacia la finalidad y conectar con la meta. De este modo, el ego tiene la oportunidad de controlar su cuerpo material y, al mismo tiempo, mantener todas las funciones básicas.

Para que el ego recopile experiencias ordenadas e información nueva, se debe establecer una barrera entre el ego del espacio-tiempo y las autoinstancias externas al espacio-tiempo. El ego debe alejarse del enorme almacén de información del intramundo para que su capacidad limitada pueda continuar siendo libre con la nueva información. Sin esta división, existirían graves problemas en la orientación dentro del espacio y el tiempo, es decir, dentro de la materia construida y la orientación dentro del mundo puro de las ideas. El ego ya no podría distinguir entre el mundo material de las fuerzas y su copia exacta en el mundo de las ideas, donde siempre hay sólo la información posible de las fuerzas, no los poderes fácticos.

En este sentido, establecer cierta distancia entre la consciencia y el inconmensurable almacenamiento de ideas del intramundo es una medida de precaución, comparable al olvido programado de los sueños. El cerebro fue diseñado para suprimir funcionalmente una conexión directa con el intramundo en la vida cotidiana. Al igual que hay una barrera hematoencefálica dentro del cerebro que mantiene un alejamiento entre las sustancias tóxicas y las redes de información sensible del sistema nervioso central, ciertas partes del cerebro en el neocórtex son una barrera funcional para el flujo ilimitado de información desde el intramundo hacia la persona.

La inteligencia inteligente lo ha configurado así para que esta parada de información se cancele durante un breve período de tiempo en la noche, período en el que el ego deja de actualizarse con la nueva información de la vida cotidiana. A través de la apertura del muro divisorio entre el mundo cotidiano y el intramundo, se activan varias funciones vitales y mentales. Si la barrera se elimina por completo al neutralizar el neocórtex, entonces la información fluirá directamente y sin inhibiciones desde el almacén de información del intramundo hacia la persona.

Si ahora observamos los fenómenos que hemos mencionado antes como los sinestésicos, el síndrome de savant, la telequinesia o la telepatía, podemos interpretarlos de una manera por completo nueva: son una evidencia inequívoca de la apertura de las barreras funcionales fijas del cerebro. Por esta razón, hasta ahora sólo hemos tenido una visión inadecuada de los fenómenos que nos fascinaban y que parecían tan inexplicables. En otras palabras, no entendimos los mecanismos de apertura. La gente que puede ver, soñar con lucidez o comunicarse telepáticamente está abierta a la información del intramundo de una manera muy especial, mientras que otras personas la reprimen. Entonces, si queremos participar en la creación de energías e información del intramundo, también es importante que reduzcamos nuestras propias barreras poco a poco. La segunda parte de este libro invita a un mayor conocimiento y comprensión. En la tercera parte, se presentan algunos consejos prácticos sobre cómo deshacernos del corsé de los patrones aprendidos y ser receptivos a los flujos de información del intramundo.

Prejuicios de la ciencia

Aunque la física cuántica ha provocado un cambio de paradigma en la ciencia y la filosofía, las consecuencias aún son controvertidas. Si bien los físicos como Heisenberg, Bohr y Schrödinger han podido probar, más allá de cualquier duda, cómo la mente altera la materia en el experimento, las ciencias tradicionales parece que no quieren darle más vueltas al tema. J. B. S. Haldane, el gran biólogo y genetista de la primera mitad del siglo pasado, es una de las gloriosas excepciones. Escribió: «¿Dónde está el límite en el que se detiene la materia muerta y comienza la vida orgánica? ¿Existen muertos o vivos que se opongan?».[1]

Cuando alguien intente transferir el principio de la teoría cuántica al mundo de los vivos puede saciarse hasta cansarse. ¿Cómo puede un impulso mental causar efectos físicos en la materia? ¿Cómo es posible que las leyes de la naturaleza, como la gravedad, queden abolidas? Las respuestas que encontramos más a menudo para estos interrogantes son: mentir obstinadamente o mirar hacia otro lado ignorándolo.

Pero los escépticos están equivocados. Sus viejos dogmas se repiten una y otra vez: hay un mundo cotidiano objetivo, independiente de la percepción del hombre; todos los procesos de la naturaleza deben describirse con razones causales simples; el espacio y el tiempo son hechos irrefutables, absolutamente existentes. Estos conceptos sobrenaturales ocultan por completo el hecho de que nuestro universo sea de naturaleza espiritualmente informativa. Es por eso que la mayoría de los científicos sólo se preocupan por las secuencias funcionales individuales, pero no preguntan sobre el significado subyacente. Según ellos, todo lo espiritual se toma como irracional e irrealista y, por tanto, no es digno de un debate científico.

La ignorancia es muy atrevida. Después de todo, los propios científicos también se enfrentan a diario con una consciencia que controla el pensamiento, el sentimiento, el deseo, la voluntad y el impulso de actuar. Como otras personas, atribuyen ciertas cualidades a sus experiencias de pensamiento y construyen sus acciones en ellas. Lo admito: de acuerdo con los criterios de las ciencias cuantificadoras, el ego y la consciencia no son demostrables. Sin embargo, son el punto de partida de todo lo existente. El pensamiento no es más fácil de medir que las ideas, pero sí que lo son los frutos del pensamiento. Sin embargo, sabemos que hay muchos tipos de pensamientos que se pueden observar y experimentar. Pero los sentimientos tampoco son medibles, sólo sus efectos. Sin embargo, nadie diría que no existen los sentimientos.

La física clásica se basa en percepciones sensoriales, refinadas por instrumentos de medición. Sin embargo, como hemos visto con el ejemplo de la luz, el tipo de medición se basa en una interpretación: la luz a veces se interpreta como una corriente de partículas, y otras veces, como una onda. Pero es ambas cosas y puede que más aún. ¿Qué pasa si la luz tiene otras propiedades que aún no son mensurables? Ésta es la razón por la cual los físicos cuánticos son muy cuidadosos con

---

1. HALDANE, J. B. S.: «The Origin of Man». *Nature*, n.º *176*, S. 169, 1955.

la noción de realidad objetiva. Gracias a innumerables experimentos, sabemos que una realidad objetiva no puede ser descrita, porque los eventos y los objetos sólo aparecen en la forma en que la consciencia los cuestiona. O, dicho de una manera más evidente, la consciencia produce eventos y objetos. Por tanto, los filósofos cuánticos no temen transferir su modelo holístico de ambigüedad al mundo de la vida. Y llegan a la conclusión siguiente: vivimos en un universo participativo y por eso estamos involucrados en el desarrollo de las cosas en el espacio y el tiempo.

Las relaciones entre las cosas juegan un papel vital en la vida. Ésta es la única forma de explicar los millones y millones de reacciones que ocurren en la mente y el cuerpo del hombre en un solo segundo. Juntos, crean funciones interconectadas, armónicas. Y esta interacción sólo es posible a través de un intercambio permanente de información, desde el microrrango más pequeño hasta el macrorrango más grande. Todo está perfectamente coordinado. Cada reacción «conoce» la existencia de la otra.

Por tanto, debemos despedirnos de los dogmas de los objetos aislados y la objetividad independiente. La realidad sigue el principio subjetivo de una consciencia creativa que emana de la mente y el alma. Esto también relativiza los viejos conceptos de orden, como la causalidad. El hecho de que una cosa siempre siga a la otra sólo describe una pequeña parte de la realidad. En verdad, todos los procesos de la naturaleza están interconectados. Niels Bohr, por tanto, afirma: «Podemos interpretar la causalidad como una forma de percibir cómo organizamos nuestras impresiones sensoriales» (Bohr, 1961).

Lo que llamamos percepción, sin embargo, no es una impresión sensorial pura, sino siempre un proceso mental y espiritual. O como dijo C. G. Jung: «Toda la ciencia es la función del alma, y todo el conocimiento está enraizado en ella. Es el mayor milagro cósmico y la condición *sine qua non* del mundo de los objetos» (Jung, 1995). El mundo material es parte de nuestra percepción consciente. Por tanto, la consciencia y la mente deben penetrar en el mundo material de nuestro cuerpo para poder cambiar la materia. Tendemos a encontrar lo que buscamos. Por tanto, no nos damos cuenta de lo que no buscamos. Para describirlo con un ejemplo cotidiano: aquel que va al bosque para recolectar arándanos ve principalmente arándanos y por lo general no tiene en cuenta la belleza de los árboles, helechos o musgos. Sólo podemos descubrir aquello en lo que focalicemos nuestra atención.

Incluso en física hay innumerables ejemplos de esta ignorancia cognitiva. Por ejemplo, en la década de 1950, las órbitas de las partículas atómicas cargadas comenzaron a presentarse por medio de la llamada fotografía de cámara de niebla. El objetivo era investigar el movimiento de las partículas alfa, las partículas beta y los electrones secundarios de la radiación gamma. En las fotos vimos formas extrañas de las cuales se decía que eran «rasguños» del polvo en la lente de la cámara. Sólo más tarde descubrieron que se trataba de rastros de partículas elementales. Por no saberlo, o por no quererlo saber, se llegó a una mala interpretación.

Si visualizamos estos ejemplos, nos podemos hacer una idea de la naturaleza provisional de nuestra percepción. Sin embargo, no estamos condenados a reconocer el mundo sólo en partes pequeñas. Más bien, podemos ampliar de manera activa nuestra capacidad de conocimiento. Porque la consciencia, la mente y el cerebro se influyen mutuamente. A medida que nuestros patrones de pensamiento cambian, también lo hace nuestra estructura cerebral. Si la estructura material del cerebro cambia, nuestro pensamiento, e incluso nuestra personalidad, también lo hace. Por tanto, tenemos un enorme margen de maniobra para aumentar de un modo arbitrario nuestro conocimiento del mundo creando conscientemente nuevas relaciones. No existe un mundo externo objetivo como lo percibimos, sino sólo una interacción dinámica entre la consciencia y el mundo material.

Es una relación de creación recíproca. El mundo y el universo nos crean, y nosotros creamos el mundo y el universo, como observó el físico cuántico John Wheeler. Él resume nuestras cualidades creadoras de manera muy amplia, incluso para las partículas cuánticas, pero también observa que, a la inversa, nosotros mismos somos criaturas de los procesos cuánticos:

«Al reconocer que la consciencia es el agente que hace que exista una partícula subatómica, como un electrón, no deberíamos llegar a la conclusión prematura de que somos las únicas agencias en este proceso creativo. Creamos partículas subatómicas y todo el universo, pero también a la inversa, ellas nos crean a nosotros. Uno crea al otro como parte de una cosmología autorreguladora».[2]

El poder del pensamiento

Cuando comenzamos a profundizar en el intramundo, descubrimos un mundo inmaterial de ideas, percepciones y sensaciones. Se conectan en red para formar una entidad muy compleja. Como en un juego de ordenador del todo detallado,

2. Wheeler, J. A.; Misner, C. y Thorne, K. S.: *Gravitation*. Freeman, San Francisco, 1973.

las imágenes, las fantasías, los pensamientos y los manuales están íntimamente entrelazados, con todas las cualidades perceptivas que va desarrollando un jugador inteligente. Se tienen en cuenta todos los detalles, así que la realidad y la virtualidad son casi indistinguibles.

Es asombroso que se hable expresamente de sentimientos. ¿No son un fenómeno fugaz? ¿Una secuencia de estímulos en situaciones específicas? Sólo si se vuelve a considerar, salta a la vista que nuestros pensamientos no son cristales de hielo, sino que siempre están acompañados por una sensación. Cuanto más fuerte es el sentimiento que se conecta con un pensamiento, más llama la atención en los patrones informativos del intramundo. El factor emocional es esencial para ponerse en contacto con el conocimiento universal, porque la información en circulación, como nuestros pensamientos, siempre está vinculada a sentimientos fuertes y auténticos.

Cuando vemos la luz del mundo, comenzamos a evaluar las situaciones de forma emocional, a través de nuestros sentimientos innatos. El hambre y el frío conducen a sentimientos negativos en el bebé, y los expresa con un fuerte llanto. Por otro lado, la cercanía y el calor desencadenan sentimientos positivos. Estas sensaciones se acoplan al diencéfalo y al sistema límbico. Allí se decide si consideramos una situación como placentera o amenazadora. Se podría decir que es un sistema arcaico que continúa igual, con independencia de las impresiones culturales. Ya sea que nazca un niño en la India, Sudamérica o Escandinavia, las reacciones de placer y disgusto son idénticas.

En cambio, los sentimientos y sus relaciones con determinados eventos aprendidos es otro tema. Por ejemplo, estamos condicionados a disfrutar de los signos de estatus. No puede haber dudas sobre sentimientos «reales», sino tan sólo sobre emociones generadas de manera artificial. Una persona que crea realmente que le encanta su coche deportivo, muestra una alienación de sentimientos auténticos. Por tanto, tenemos que ser muy conscientes de las señales del sistema límbico. Con la intervención del neocórtex sólo experimentamos sustitutivos, seudosentimientos puros que no desempeñan ningún papel en el intramundo.

Algunos pensamientos almacenados en el intramundo son mucho más intensos si son fortalecidos por personas con ideas afines. Al igual que con el efecto bola de nieve, un pensamiento flotante cobra impulso a través de otras ideas similares y se vuelve más poderoso hasta llegar a desarrollar, a veces, una violencia tipo avalancha.

Si pertenecemos al grupo de aquellos que se concentran en el pensamiento en cuestión, después de pasar por todas las estaciones y recoger la «contaminación» que van dejando los efectos de esta reflexión, el pensamiento volverá a nosotros como productor. Éste es el momento en que sentimos la retroalimentación. Consideramos que la confirmación positiva ha sido un éxito y afirmamos: «Ha sucedido como yo quería».

Todas nuestras ideas y anhelos toman este camino. El hecho de que nos traigan el éxito o nos hagan fracasar lo decide no sólo la intensidad emocional, sino también la modulación del resto de seres humanos. Aquí nos acercamos a uno de los más grandes misterios de nuestra existencia: la anticipación espiritual de eventos futuros. Muchas veces he hablado del potencial creativo de las personas. Aquí se ve desde una óptica muy específica: un pensamiento rodeado de sentimientos de los cuales estamos completamente convencidos y que es fortalecido por otras personas se convertirá con rapidez en una realidad material. Sin embargo, que la acción deseada se lleve a cabo como queremos depende en gran medida de la intensidad de la sensación. Si es suficientemente fuerte, la realidad se configurará en consecuencia, ya sea para bien o para mal.

Tenemos una herramienta muy inteligente al alcance de la mano. La combinación de la fuerza de pensamiento y de sensación actúa como una palanca que eleva a un nivel superior el poder generado a nivel espiritual. No pasará mucho tiempo antes de que esta fuerza se manifieste en un evento: qué queremos que se haga realidad. La fuerza causa un estado posterior que es distinguible del estado anterior, y esta diferencia se denomina evento. Esto se traduce en la experiencia de la persona. Todos los seres humanos creamos y extraemos nuestra experiencia a través del enfoque deliberado de una fuerza espiritual omnipresente. La clave de enfoque es el sentimiento profundo; en el caso más común y simple, la motivación y la «consideración de la veracidad».

La motivación es la voluntad de sensaciones del inconsciente. Las ganas de sentir da como resultado la capacidad de generar patrones de información en el intramundo. Estos patrones de información generados en el intramundo configuran, a su vez, las funciones y construcciones del mundo de la materia en la vida cotidiana, la presuposición de las vivencias y, derivada de ellas, la experiencia. La experiencia obtenida se almacena en el intramundo, y también está disponible para otros seres. Si resulta que hay muchas personas con las mismas sensaciones, entonces la capacidad de procreación dentro del intramundo aumenta en gran medida con sus correspondientes efectos en el mundo cotidiano. El intramundo y el mundo cotidiano material son siempre dependientes unos de otros.

¿Así de fácil? ¿Por qué tan pocas personas logran usar la variabilidad de las fuerzas? Aparte del hecho de que casi nadie lo sabe. Tenemos que despertarlas. Y, por eso, es necesario un entrenamiento especial. Un primer paso es aceptar de un modo consciente la existencia del intramundo en los sueños lúcidos. Sólo si estamos convencidos de que poseemos un poder espiritual penetrante podremos cambiar algo. Por lo general esto crea una fuerte motivación.

El papel de la motivación

La motivación es la sensación de voluntad del inconsciente. Si se alcanza una intensidad suficiente, en el intramundo se generan patrones de información muy efectivos, que, a su vez, afectan directamente al diseño del mundo material. La motivación es siempre experiencial. Por otro lado, si nos apoyamos en la experiencia convencional (lo que se nos ha enseñado), perdemos la motivación que conocemos con el nombre de «curiosidad». Eso nos lleva a lograr poco o nada, y falta una retroalimentación que llegue en forma de un evento deseado. En el intramundo sólo se almacena la experiencia abierta, consciente e independiente, que también queda a disposición de otros seres. Los pensamientos solos únicamente provocan fuerzas muy débiles, no son más que fantasmas fugaces. Sólo la conexión de la sensación con la voluntad activa las energías del intramundo y libera fuerzas que evocan cambios visibles en el mundo cotidiano.

Entonces, el primer paso para cambiar nuestra realidad experimentable se basa en nuestra voluntad y el fuerte deseo emocional. La reacción en cadena subsiguiente está predeterminada sin que podamos detenerla. El efecto dominó se aplica al proceso creativo, el cual continúa de manera automática después de activarse y se convierte en nuestro destino. De esta manera, a la larga, sólo podremos influir en nuestro destino a través de nuestra fuerte voluntad y nuestros férreos pensamientos. Poseemos un tremendo poder dentro de nosotros, que hemos ido consolidando desde nuestra creación.

Si reconocemos las leyes de este poder, las podremos usar a voluntad, amarlas y temerlas. De hecho, cambiar el mundo para bien o para mal está en nuestras manos. La ética es una energía que todo lo penetra y es moralmente neutra. No conoce ni el bien ni el mal, pero se da cuenta sin distinciones de lo que se representa a sí mismo como un pensamiento fuerte y sentimental en el intramundo. En principio, las energías agentes siempre refuerzan el bien y el mal, o la alegría y el dolor. Sólo nosotros decidimos si traemos al mundo la alegría o el sufrimiento.

Al hacerlo, nos beneficiamos de una energía que fluye a través de todo y en igual medida. Desde el átomo más pequeño hasta la infinidad del cosmos, esta energía se filtra en todo lo que existe. La encontramos en todas las piedras, plantas, animales y seres humanos. Sin embargo, a diferencia de las piedras o las plantas, los humanos pueden concentrarse y amplificar la energía universal, al igual que un vidrio puede concentrar los rayos del sol de una forma extrema. En los seres humanos, la sensación de vida asume la función de un foco de lente. Los pensamientos se convierten en el portador de la energía agrupada, la voluntad establece la meta y activa el proceso de realización. Mientras esta cadena de eventos se desarrolle sin obstáculos, se maneja un campo de energía que deja rastros visibles en todas partes, hasta el área cuántica de los átomos.

No sólo se realiza con deseos y esperanzas. El que tenga la confianza de que puede cumplir un vago anhelo ya no conseguirá nada, puesto que sólo la voluntad seria e incondicional es la que genera las fuerzas del cambio. Querer se convierte en la acción; este sentimiento es el que revela las posibilidades energéticas del intramundo. El único requisito previo que es necesario para influir en la realidad es planificar con el pensamiento para poder anticipar un determinado evento y conquistarlo con la fuerza de los sentimientos.

Por tanto, la persona es responsable de sus actos ya desde la etapa en que decide un plan o una acción determinados motivados por un deseo. En el intramundo no hay diferencia entre pensamiento y acción. Tanto las intenciones buenas como las malas crean realidades. Si todos los humanos fueran conscientes de ello, serían mucho más cuidadosos. La venganza, por ejemplo, puede causar daño a otra persona sin ser amenazada; es decir, está en riesgo desde el momento en que otra persona le desea el mal. Sin embargo, la persona que lo desea se hace daño a sí misma retroactivamente.

Las personas preconscientes controladas por intereses materiales siguen la ilusión del libre albedrío. Se creen que son independientes, pero la verdad es que gran parte de su forma de pensar y de sentir está hechizada por el mundo material. Son incapaces de reconocer que su voluntad es un producto del interés externo y de los impulsos instintivos. En este caso, sus actividades mentales siguen estando, en gran medida, en el ámbito de la materia, junto con el espacio y el tiempo. Entonces, la voluntad en realidad no es tan libre.

Memes

Las construcciones intelectuales pueden cambiar la realidad con mucha rapidez. Esta afirmación corresponde a una experiencia que todos vivimos en nuestra vida cotidiana. Miremos a nuestro alrededor: la comunicación es la esencia del mundo, desde el intercambio de información entre los electrones hasta la sociedad de los medios de comunicación, donde la información, las opiniones y las emociones están en constante circulación. En poco tiempo se transmiten, se multiplican y se solidifican en el contenido de consciencia. El biólogo evolutivo Richard Dawkins acuñó en 1976 el término memes. Los define como «ideas, convicciones y creencias».

Dawkins tomó prestada la palabra «meme» del griego, que proviene de *mimesis*, es decir, una imitación. En última instancia, se trata de experiencias adquiridas que cristalizan en creencias. En consecuencia, la memética se ocupa de la transferencia de información, mediante la cual varios memes pueden conectarse. Dawkins los denominaba «complejo de memes coadaptativos».

Los memes pueden ser muy poderosos. La mayoría de las personas están tan apegadas a las creencias heredadas que se aferran a ellas como si fueran realidad. Los pensamientos se convierten en portadores de información relacionados con la energía. Tienen una vida propia como «elementos», complejos de información que ven el mundo de manera subjetiva y les dan sentido y significado, incluso si existe la posibilidad de que se equivoquen. Los memes dejan una importante huella en la evolución espiritual y cultural. Es por eso que Richard Dawkins los compara con los genes: al igual que el ADN almacena propiedades biológicamente hereditarias, los memes almacenan creencias y convicciones que, a su vez, crean nuevas realidades (Dawkins, 2006).

Los memes pueden fascinar a muchas personas y obligarlas a pensar de la misma manera. Son la causa de tendencias, modas y opiniones públicas. Pero también pueden provocar cambios de tendencia, positiva y negativamente. Por un lado, los memes son un factor de cohesión en la sociedad, actúan como una matriz cultural común; pero, por otro lado, también pueden ser factores que desemboquen en conflictos y guerras.

La naturaleza de la propagación de los memes evoca la idea de virus, con todas las analogías posibles: contagio, tiempo de incubación, inicio de enfermedad infecciosa, etc. En la era digital, por ejemplo, nos familiarizamos con los virus informáticos, con complejos de información programados que tienen un efecto destructivo. Pero incluso los rumores y teorías de conspiración que circulan por Internet, que se replican rápidamente en Facebook, Twitter y en determinadas páginas web, son memes informáticos típicos. En realidad pueden convertirse en virus espirituales para los humanos. También en la era analógica hubo infecciones masivas, que se pueden describir como epidemias mentales. Un ejemplo son las ideologías del Tercer Reich. Desarrolladas por Hitler y publicadas por primera vez en su libro *Mein Kampf*, estos memes fueron reproducidos e infectaron a millones de personas.

Las posibilidades de comunicación global no aparecieron por casualidad. Parecen estar en línea con la necesidad de que las personas se guíen por los memes circulantes, los transmitan y los modifiquen hasta convertirse en pandemias. La cuestión es que las personas infectadas los transforman de tal manera que hacen referencia a estos memes como si fueran «hechos». Resulta casi imposible destruir los memes en nuestra época. Persisten y siguen apareciendo, incluso si se ha demostrado objetivamente su inexactitud. Algunos grandes memes incluyen teorías de conspiración como que la CIA creó el sida o que el agua potable contiene tranquilizantes.

Nos guste o no, los memes influyen en nuestros pensamientos y producen cambios en las percepciones. Sin embargo, los pensamientos y las percepciones pueden servir para reformarlos. Basta con echar un vistazo a nuestra realidad para darnos cuenta de la escala: las distracciones de los medios de comunicación, el control de los intereses políticos e industriales y el creciente control digital a través de la monitorización de los datos son sólo unos ejemplos de la expresión de los memes como dogmas de fundamentalistas religiosos fanáticos. Por cierto, este fenómeno solía llamarse lavado de cerebro. Un ejemplo escalofriante de esto son las sectas cuyos memes pueden llevar a cientos de personas al suicidio colectivo, como lo han hecho en Estados Unidos y Japón. Los desertores deben ser desprogramados formalmente para poder deshacerse de la influencia.

Es preocupante que estemos tan infectados por los memes y no nos demos cuenta. Casi nadie es consciente de asumir tales convicciones. ¿Cómo es eso? Lo que permitimos que ocurra de forma inconsciente no puede ser identificado ni combatido de manera consciente. Por tanto, es difícil resistirse a ello. Mientras consideremos que la opinión de la masa es más relevante que nuestro propio conocimiento, los memes nos desbordarán.

El graduado de Havard Richard Brodie, un conocedor experto de los memes, escribe en su libro *Virus de la mente* que el conocimiento propio es el mejor medio de infección contra los memes. Hay que añadir que se trata de una mente atenta, consciente de sus pensamientos y sentimientos para no ser fácilmente manipulado por los memes. Una razón más para exponer con más detalle la consciencia humana y universal (Brodie, 2011).

El libre albedrío

El libre albedrío va mucho más allá de lo puramente terrenal. Le da forma al alma y la va modelando con las huellas de los eventos que se producen de forma consciente. Por tanto, el libre albedrío tiene un poder creativo mucho mayor que la voluntad, que establece una meta dentro del mundo material.

Admito que el poder del libre albedrío que genera y cambia la realidad posee algo absolutamente mágico en sí mismo. Nos sorprende un fenómeno que pertenece a los grandes mitos de la humanidad: poder influir y cambiar el mundo de acuerdo con nuestras ideas. Pero sólo usamos las leyes energéticas de la naturaleza porque las conocemos. Entonces sentimos la tremenda energía que nos mueve y que hace que nos centremos y nos dirijamos de un modo determinado.

Al tomar el camino de la voluntad y establecer una dirección, ya no podemos deshacer los poderes activados, como en el *Aprendiz de brujo* de Goethe, en el que se dice: «No abandonaré los fantasmas a los que llamé». Tenemos que soportar que nuestra voluntad se convierta en realidad, incluso si resulta negativa. Si queremos algo bueno, surge la bondad; si queremos algo malo, suceden cosas malas: eso es lo que dictan las leyes energéticas. Lo único que puede detener el poder de nuestros pensamientos es nuestra indecisión. Si nuestra voluntad sigue siendo demasiado débil, se verá ensombrecida por la voluntad de los demás, a menudo en nuestro detrimento. La pasividad puede ser peligrosa para nosotros. Si nuestra voluntad de cambiar la realidad de acuerdo con nuestras especificaciones no está suficientemente desarrollada, nos arrollarán los eventos ajenos.

Estos mecanismos de acción pueden ser fatales si se encuentran en las manos equivocadas. Por tanto, apelo a la responsabilidad ética de cada lector. Incidentalmente, quien quiera el mal se perjudica a sí mismo a largo plazo, porque lo que creamos siempre permanece vinculado a nosotros como autor, incluso si lo hemos destinado a otros. Lo que queremos hacer a los demás, tarde o temprano, vuelve a nosotros en forma de bumerán. Y, a menudo, amplificado.

Asimismo, estamos conectados con todo y no podemos evitarlo. Eso es lo que más llama la atención en referencia a las energías creativas. En psicología, el fenómeno se conoce como retroalimentación. El psicólogo estadounidense Kenneth Ring también advierte: «Todos los actos, pensamientos, sentimientos y emociones que dirijos a otra persona, tanto si la conoces como si no, los experimentarás tú en el futuro».[3]

Debemos tomarnos en serio esta advertencia. A través de innumerables bucles de retroalimentación energética, nuestra propia mala intención es capaz de hacernos daño. Luego, envenena nuestros pensamientos y transforma nuestro destino de manera negativa. No es casual que la Biblia diga: «Cada uno siembra

3. Ring, K. y Elsässer-Valarino, E.: *Im Angesicht des Lichts*, Ariston-Verlag, Kreuzlingen / Múnich, 1999. (Trad. cast.: «A la vista de la luz»).

lo que cosecha». Esto es prácticamente del todo cierto. El presente, pero también el futuro, se va formando con toda la información de nuestras intenciones. Lo que llamamos inspiración o intuición proviene del intramundo, por lo que todo lo que almacenamos en él puede influir en las generaciones posteriores. Las personas del futuro también se beneficiarán de nuestras intenciones positivas o sufrirán nuestras ideas negativas.

Las posibilidades de diseño son inmensas. A veces creamos algo por completo nuevo; otras, transformamos lo existente. Todo depende de cómo convertimos nuestra fase mental y espiritual en una herramienta de transferencia de información. Como hemos visto, estos procesos no son interrumpidos por la disolución del cuerpo material.

Las estructuras de información del intramundo, como nosotros, los humanos, sólo son de naturaleza espiritual. Por tanto, espíritu, alma y los contenidos del intramundo existen eternamente. Debemos seguir repitiéndonos: incluso si nuestra existencia terrenal está unida al cuerpo, éste sigue siendo una herramienta temporal, al igual que la mente racional, que naturalmente puede desarrollarse sólo dentro de los estrechos límites de las condiciones terrenales, y para eso están vinculados al cerebro. Los numerosos esfuerzos de planificación que hacemos para tener una carrera profesional, ganar dinero o disfrutar no tienen relevancia en el intramundo.

Como seres espirituales, somos inmortales. La vida terrenal en el cuerpo no es más que una estación por la que pasamos para hacer experiencias concretas, emprender el camino del conocimiento y desarrollar nuestro libre albedrío. El renacimiento es una expresión visible de la vida eterna del alma, los altibajos de morir y llegar a ser lo que nos hace crecer. Cada nueva encarnación contiene la oportunidad de dejar huellas en el intramundo a través de fuertes impresiones y sensaciones. Incluso es posible que recurramos a nuestras experiencias individuales durante las siguientes vidas terrenales. Es por eso por lo que la experiencia es extremadamente importante. Nos permite pasar por una gran transformación psíquica y espiritual que se intensifica con cada renacimiento.

CAPÍTULO 2

LA MUERTE, EL ENIGMA FINAL

En la primera parte de este libro nos centramos en fenómenos que parecían desconcertantes e inexplicables. La mayoría de los enigmas pueden resolverse si sabemos que los humanos no sólo vivimos en el mundo cotidiano en principio real, sino que también estamos conectados espiritual y emocionalmente con el intramundo. Por tanto, no estamos sujetos a las leyes mecánicas de la naturaleza, pero podemos operar con mucha más libertad con la ayuda de las energías y la información proporcionada por el intramundo. Eso explica el fenómeno de los sabios y sus talentos extraordinarios, así como la telequinesia o los sueños lúcidos.

Pero también ha quedado claro que nuestro acceso al intramundo a menudo está obstruido. Sólo las experiencias límite nos abren las puertas a lo maravilloso, lo fantástico del intramundo. Como hemos mencionado, Platón dijo que las experiencias límite más informativas son el sueño y la muerte; sólo entonces nos serían revelados los secretos de la vida. Ya hemos lidiado con los sueños, por lo que ahora pasamos a las experiencias límite, las más poderosas y, para muchos, alarmantes: la muerte. Por desgracia, no hay escuela que nos enseñe la ciencia de la verdadera vida y la muerte, aunque nos haría mucha falta, porque tenemos ideas falsas sobre la vida, la muerte y el hecho de morir. Todo lo que conocemos consiste en narraciones, fantasías y patrones de interpretación predeterminados.

Es una paradoja: la muerte nos dice más sobre la vida. En concreto, la muerte revela con claridad inequívoca que somos criaturas del intramundo, inmortales y eternas, como las energías que se desarrollan dentro de él y la información universal omnisciente almacenada allí.

Un tabú cultural

Se dice de la muerte que es el fin de todo. Por tanto, la ansiedad por separación asociada con la muerte es uno de los problemas más graves de nuestra sociedad. Es un miedo que lo envenena todo. La verdad es que el tiempo que pasamos aquí, en la Tierra, es precioso. Deberíamos reunir tantas experiencias positivas como fuera posible, porque éstas juegan un papel crucial no sólo en nuestras vidas, sino también después de la muerte. Principalmente, asociamos con la muerte sólo la materia moribunda, no la fase espiritual asociada con la materia.

Lo que en realidad está pasando, eso es lo que indican las experiencias cercanas a la muerte. Ya en la epopeya de *Gilgamesh*, se transmitió una escena cercana a la muerte, y también se incluyeron descripciones detalladas en el *Libro tibetano de los muertos*. Los antiguos sacerdotes egipcios también estaban familiarizados con la muerte. Brindaban un homenaje a la muerte como su último viaje en muchos ritos complejos, y sus conocimientos están recogidos en el *Libro egipcio de los muertos*. Para estos sacerdotes, la muerte fue el más alto de todos los misterios, una «salida a la luz», porque el espíritu de los muertos vivió con comprensión y se encontró con su Creador.

En los libros tibetanos de la muerte se recogen ideas similares. El *Bardo Thödol*, escrito en el siglo VIII, contiene todas las etapas de la muerte, como se han conocido hoy a través de experiencias cercanas a la muerte. Al mismo tiempo, hay informes detallados del tiempo después de la muerte, como el número de días que se deben aguardar y seguir con empatía hasta que el hombre muerto haya afrontado la nueva situación. En esta representación, el ego se encuentra con su yo, o, como diría el yo, el ego vuelve a su yo en el intramundo, por lo que se une con su subconsciente. Son hallazgos que se han ido transmitiendo durante milenios. Se encuentran en todas las culturas y tenían sus contrapartes en formas mágicas: ya fueran sacerdotes, gurús, ángeles o chamanes; todos eran guías y guardianes de las almas que fueron liberadas en la muerte. Incluso la salida del yo del cuerpo está presente en todas las culturas antiguas. Los egipcios llamaron al segundo cuerpo *Ka*; los kabbalistas, *Nepesh*. Paracelso habló del «cuerpo sideral», como también hay un «cuerpo astral», y Newton caracterizó el fenómeno como *Spiritus subtilissimus* («espíritu sutil»). En el décimo libro de la serie de diálogos *La República*, Platón escribe sobre un soldado herido de muerte que no es capaz de recobrar sus facultades hasta llegar a la hoguera. Lo que luego menciona es también muy similar a las experiencias cercanas a la muerte que se han documentado durante varias décadas.

En la mayoría de los textos anteriores, la muerte aparece como un despertar en la gloriosa luz de la mañana, después de un profundo sueño lleno de pesadillas. Los taoístas chinos dicen: «La muerte es el regreso de nuestro ser más íntimo», expone Dao Master Lie-Tse. Y el maestro taoísta Chuang-Tse agrega: «La vida es un préstamo. La tomamos prestada al nacer». Las conferencias de Kant sobre metafísica contienen una idea relacionada que trata sobre el nacimiento. Opina que éste no es el inicio de la vida del alma, sino sólo el comienzo de la persona. En consecuencia, la muerte es sólo el fin de la persona, no el de la vida del alma, «porque el cuerpo sólo es la forma del alma» (Kant, 1821). Kant compartió esta declaración con Swedenborg, que nos guio para que conociéramos a los ángeles. Swedenborg sentenció sobre la muerte: «Si el hombre está separado de su cuerpo, lo que sucede con la muerte todavía vive como un ser humano [...] debo agregar que todo ser humano, mientras viva en el cuerpo, espiritualmente, sin saberlo, sigue en compañía de los espíritus» (Wulfing von Rohr, 1996).

La vida eterna del alma es una de las creencias básicas del cristianismo. Toda la teología cristiana se basa en la idea de que este mundo es sólo un valle de lágrimas, el alma sólo está con Dios en el más allá. El papa Juan Pablo II escribió: «Hay condiciones muy especiales después de la muerte natural. Es una fase de transición en la que el cuerpo se disuelve y comienza la vida de un elemento espiritual. Este elemento está dotado de su propia consciencia y voluntad, de tal manera que el hombre existe a pesar de que ya no posee un cuerpo» (Holzbauer, 1999).

En la vida terrenal, cuerpo y alma se corresponden. Pero el cuerpo material no es más que una cáscara con una vida útil limitada. Muere al cumplir su tarea, o si está desgastado o destruido. Entonces, el hombre regresa al intramundo de los patrones de información y, por tanto, al hogar de la mente y el alma. El momento de transición se llama muerte. Como sabemos por las experiencias cercanas a la muerte, en la mayoría de los casos está acompañado por experiencias y sentimientos sorprendentemente positivos. Al principio, esto parecía del todo inexplicable: ¿por qué el miedo y el pánico no han determinado la muerte?

Esta simple pregunta ya atisba un fuerte nihilismo. No se reconoce que el alma, como expresión de la vida espiritual, sea eterna e indestructible. ¿A qué debería temer la persona moribunda? A menudo, las personas resucitadas incluso describen un sentimiento de tremendo alivio y liberación. La tragedia, que por lo general significa la muerte para los familiares, no correspondía en absoluto a sus experiencias. Del todo alejada de la existencia terrenal, su alma experimentó un regreso al intramundo como una liberación de la materia.

En nuestra cultura, tales historias parecen extrañas, por no decir increíbles. El miedo a la muerte se ha convertido en una idea fija. Toda una industria médica prospera con el miedo al fin, considerado por la mayoría de las personas como la nada, oscura y fría. La extensión de la vida, a menudo con tormento físico, es la máxima prioridad. Con «ayuda» del aparato médico se puede retrasar la muerte de forma artificial. Algo tan natural como la muerte... La separación de la existencia tosca y la transición a la única esencia sutil, el alma en el intramundo. Ahí vivirá a partir de ahora, estará presente como espíritu puro y alma pura, como patrón de información pura.

El *memento mori* romano («recuerda que tienes que morir») no es una fórmula para crear ansiedad. La llamada nos recuerda que, como individuos, sólo estamos de invitados en esta tierra, y que debemos reflexionar sobre nuestro ser terrenal con respecto a la muerte. ¿Vivimos de forma consciente? ¿Hemos agotado todo nuestro potencial? ¿Hemos completado los procesos de aprendizaje mental? ¿O estamos abandonando la Tierra como ignorantes? Entonces, ¿hemos fracasado en nuestra tarea de proporcionar información positiva al intramundo?

La muerte como renacimiento

Con el tiempo, los patrones de información intelectual que se han ido generando durante toda la vida en la Tierra se unen a la gran memoria del intramundo, que se va enriqueciendo gradualmente y se vuelve más compleja. Sin embargo, los patrones de información específicos de cada personalidad individual y el núcleo de cada entidad individual se mantienen para siempre. Es como las promesas religiosas de la vida eterna: el lugar donde empiezan todas las grandes religiones. Los fieles devotos no deben tener miedo de morir. Hay muchos mártires que murieron de manera consciente, sabiendo que en la otra vida tendrían una existencia más libre, donde todo el dolor, todos los temores y todas las restricciones desaparecen. «Muerte, ¿dónde está tu victoria? Muerte, ¿dónde está tu aguijón?», se menciona en la Biblia, en el libro I Corintios 15:55.

El cuerpo material es simplemente un recipiente temporal para la mente y el alma. ¿Pero cuál es este recipiente que hemos tenido a nuestra disposición durante décadas? ¿Cuál es la naturaleza de su materia? Nuestro cuerpo está hecho de polvo de estrellas, que se depositó hace millones de años en la Tierra. Estos átomos de polvo de estrellas vuelven al polvo tras la muerte y la descomposición de la materia corporal. Pero no el espíritu y el alma: éstos son los que nos constituyen como seres humanos, eternos y en todas partes, en cada átomo, en cada espacio, en cada molécula. Esto no sólo afecta a las células de nuestro cuerpo. El espíritu y el alma impregnan toda la materia y lo que no lo es, en la Tierra, sobre la Tierra, en la atmósfera terrestre y en todo el cosmos.

En la muerte, la mente y el alma se liberan de su dependencia material al espacio y al tiempo. En el pasado, este proceso se imaginaba gráficamente como la ascensión del alma al cielo. Es verdad que es muy gráfico, pero podía también malentenderse por un espíritu y alma que flotan lejanos de la Tierra, en un más allá celestial. Lo opuesto a este mundo y al más allá está obsoleto, teniendo en cuenta que la mente y el alma están presentes en todos los puntos del universo.

La mente y el alma no abandonan el cuerpo, sino al revés: es el cuerpo el que abandona la mente y el alma. La liberación de la mente y el alma en la muerte se asemeja más a un sueño lúcido en el que la voluntad nos lleva a nuevos puertos. Incluso el sueño nocturno es una visita voladora al mundo después de la muerte, el intramundo, como bien sabía Platón.

En el sueño, el espíritu y el alma ya aparecen como si estuvieran separados del cuerpo. La voluntad espiritual, que el cerebro orienta hacia el mundo cotidiano, sigue teniendo la misma voluntad después de la muerte, pero sin las funciones cerebrales materialmente vinculadas. Luego se enfoca en exclusiva en su mundo natal real, el intramundo. El filósofo Paul Brunton ve la orientación espiritual del hombre como la base para un enfoque sin temor hacia la muerte: «Esta actitud carece de creencia; eventualmente moriré por completo. Al creerte inmortal, más tarde alcanzas la inmortalidad» (Brunton, 1949).

La muerte también es, por tanto, una forma de nacimiento, sólo que no nacemos en el mundo cotidiano terrenal, sino que volvemos al intramundo, que es puramente mental y espiritual. Las masas no pueden trasladarse a este mundo ni tampoco existe el dolor que ellas pueden causar. Todo lo terrenal se queda atrás: espacialidad, tiempo, gravedad, pero también las preocupaciones terrenales, las dificultades y los miedos, los cuales están relacionados de manera directa con la mente. Incluso lo que piensa la mente fría y «calculadora» del cerebro material se queda atrás. El renacimiento como espíritu libre en el intramundo permite una independencia absoluta. Ahora la mente y el alma pueden hacer todo lo que resultaba imposible en el mundo de la materia. Como en un sueño, la mente y el alma pueden volar, saltar en el tiempo y caminar a través de paredes que, aunque parecen reales en un sueño, son sólo ideas e imaginación.

Nuestro pensamiento moderno y materialista ha hecho que nos olvidemos de nosotros mismos y hemos sido capaces de barrer tales certezas. Cualquiera que piense que su alma es tan sólo el producto de la actividad cerebral no podrá evitar temer la muerte. En ese sentido, saber que tenemos un alma inmortal no es sólo interesante desde un punto de vista filosófico, sino que también nos quita el miedo a la muerte. En resumen, podemos prepararnos para la transición en la consciencia de nuestra esencia eterna.

Experiencias cercanas a la muerte

Es curioso que aunque la muerte es una experiencia humana elemental, sólo en las últimas décadas se ha desarrollado una investigación científicamente sólida, la tanatología. El nombre deriva de la mitología griega, donde *Thanatos* **era** el dios de los muertos. Esta rama de la ciencia sólo fue posible después de que los médicos hubieran resucitado con más frecuencia a personas clínicamente muertas. En 1999, el sociólogo religioso Hubert Knoblauch publicó un informe de investigación sobre experiencias cercanas a la muerte, y descubrió que más o menos 3,3 millones de alemanes, por ejemplo, habían sufrido tales experiencias en sólo un año, un número sorprendente (Knoblauch, 1999).

La médica Elisabeth Kübler-Ross es una pionera en este campo. Entre otros, su libro *Sobre la muerte y los moribundos* contiene documentos conmovedores donde destacan los últimos pensamientos y testimonios de experiencias extraordinarias de pacientes que habían vuelto a vivir después de una muerte cardíaca. El libro *Vida después de la vida,* del médico y psiquiatra estadounidense Raymond A. Moody, también logró una gran fama. En él se recogían 150 casos de pacientes clínicamente muertos y resucitados. Así como el estudio *Recuerdos de la muerte: investigaciones médicas,* publicado por el médico estadounidense Michael Sabom, en 1983.

¿Qué sucede exactamente cuando las personas están al borde de la muerte? Cuando el electrocardiograma muestra una línea recta (asistolia), o fibrilación ventricular con arritmia extrema, significa que el sistema circulatorio se ha detenido. Las descargas eléctricas pueden reactivar el corazón, reanimando así al paciente después de unos minutos. Lo que es un éxito para los médicos, sorprendentemente, decepciona a los pacientes a menudo y llegan a molestarse por haberlos devuelto a la vida. Hablan de experiencias que, según el criterio médico, no pueden existir en absoluto: paisajes estupendos, colores maravillosos, música hermosa, una luz bastante cálida y relajante, y seres amorosos que los cuidan.

Algunos incluso vuelven a encontrarse con el difunto, y se convierte en una experiencia muy emocional, con sentimientos muy agradables. Mientras tanto, la comprensión de la consciencia parece ser bastante clara; aunque a través del paro cardíaco el cerebro ya no recibe suficiente sangre y la falta de oxígeno debería provocar fallos funcionales. Es más difícil para los pacientes encontrar una explicación de por qué pueden ver y escuchar todo, aunque son del todo conscientes de que están muertos. La mayoría de los entrevistados confiesa que no encontraba las palabras adecuadas para describir sus experiencias. Además de una paz profunda, serenidad y tranquilidad inmensas, surgieron sentimientos maravillosos para los cuales en apariencia no existe ningún equivalente en la vida cotidiana. Son indescriptibles e inefables. Incluso los momentos más bonitos de la vida no pueden resistirse a experiencias como ésta.

Gerhard Roth, profesor de Fisiología conductual y neurobiología, director del Instituto de Investigación del Cerebro de la Universidad de Bremen, fue atropellado por un tren a la edad de 29 años cuando cruzaba con su automóvil un paso a nivel sin vigilancia. El accidente lo lastimó gravemente, y de inmediato quedó «inconsciente». Hay unos cuantos minutos que no pudo reconstruir a posteriori. Roth describe los recuerdos de estos momentos de la siguiente manera: «Caminé a través de un túnel que presentaba una luz brillante al final. [...] Y luego apareció esta extrema euforia. Es irónico que quizás el momento más feliz de mi vida fuera cuando me sentía peor físicamente» (Roth, 2003).

Cuando oímos las experiencias cercanas a la muerte se repite una serie de vivencias básicas. Todos los pacientes sienten que mueren. No sienten dolor, sólo paz y tranquilidad. Como en una película de cámara rápida, los recuerdos desfilan por sus mentes. También son características las experiencias extracorpóreas y los túneles como la frontera de este mundo y el futuro. Además, en los relatos se repiten los encuentros con seres difuntos o iluminados, así como con manifestaciones de luz intensa. El regreso a la vida terrenal se acepta a regañadientes, después de lo cual todos los pacientes coincidieron en que sufrieron un cambio de personalidad.

Otras características específicas de la experiencia cercana a la muerte, que pueden variar mucho de una persona a otra, son los sentimientos de angustia física grave, el dolor y la falta de aliento, que desaparecen de manera repentina poco después. Muchos creen que están muertos porque inesperadamente sienten una gran paz dentro de sí. Aunque están en un estado de percepción diferente, los moribundos aún se dan cuenta del dolor de sus familiares y lamentan no poder decirles lo felices que están.

Incluso en el momento en que el médico declara su muerte, los moribundos no sufren ningún cambio emocional, pero unos sonidos extraños (zumbidos, silbidos y chiflidos) les llaman la atención. Ahora todo cambia. Hay una sensación de separación del yo del cuerpo. Y aun así, los fallecidos perciben la sala del hospital con todos sus detalles, desde una perspectiva diferente. A menudo, el paciente observa su cuerpo desde arriba y cómo se retuerce o se sacude por convulsiones.

Percepción intangible

Es sorprendente que casi todas las personas reanimadas afirmen que podían escuchar cada palabra de los médicos y de los enfermeros. A posteriori, les resulta fácil describir las pantallas del equipo de emergencia o la línea recta en el monitor del electrocardiograma, incluido el pitido continuo que caracteriza un paro cardíaco. Sólo entonces el enfoque de la consciencia se dirige a sí mismo; debe ser un estado extraño, con cierta sensación corporal, pero sin sustancia sólida. Las paredes ya no son barreras, el espacio y el tiempo son irrelevantes. El moribundo ahora se siente libre. Ya ha terminado la mirada restrospectiva de la vida y empiezan las experiencias dentro de un túnel, seguidas por la percepción de una luz extremadamente intensa que no deslumbra. Aparecen familiares y amigos fallecidos, incluso se ha dicho que se ven mascotas que fueron muy queridas en el pasado.

La culminación será una descripción de los seres de luz que irradian bondad y calor. La retrospectiva visual ahora está encontrando su contraparte principal en un balance de vida sustancial, pero sin temor a una jurisdicción más alta. Sólo se vuelven conscientes aquellas cosas que se han hecho a otros, con sentimientos transitorios de profundo pesar. La seguridad, la comprensión, la ligereza, todo se convierte en un bienestar sin precedentes nunca experimentado con anterioridad. A menudo, se habla de cierto límite del intramundo trascendental. Parece que si se supera ya no haya vuelta atrás. Sin embargo, a veces, se envía al moribundo suavemente de vuelta a la Tierra para cumplir un deseo; y en otras ocasiones regresa de forma voluntaria. Al escuchar estas cosas, sigue asombrando que en I Corintios 15 se pueda leer esto sobre el principio de la muerte:

> 44 «Se siembra cuerpo animal, resucitará cuerpo espiritual. Hay cuerpo animal, y hay cuerpo espiritual».
>
> 45 «Así también está escrito: fue hecho el primer hombre Adán alma viviente; el postrer Adán, espíritu vivificante».
>
> 47 «El primer hombre es de la tierra, terrenal; el segundo hombre, que es el Señor, es del cielo».
>
> 49 «Y así como hemos traído la imagen de lo terrenal, traeremos también la imagen de lo celestial».
>
> 51 «He aquí, os digo un misterio: no todos dormiremos; pero todos seremos transformados».

52 «en un momento, en un abrir y cerrar de ojos, a la final trompeta; porque se tocará la trompeta, y los muertos serán resucitados incorruptibles, y nosotros seremos transformados».[1]

Esta transformación trae consigo algunas paradojas. Resultan de la confusa simultaneidad de la existencia física y no física: la persona moribunda percibe todo con claridad, pero ya no puede comunicarse como de costumbre, porque la materia se aleja de ella sin saberlo.

Un relato típico de esta experiencia muestra que el hombre moribundo se vio a sí mismo en la cama y a sus familiares que lo rodeaban llorando. Los oyó hablar y notó la tristeza que sentían ante su supuesta muerte. Por eso quiso decirles que todavía estaba vivo, pero nadie lo escuchó. Lo intentó de nuevo, pero los familiares siguieron llorando. El miedo iba creciendo dentro de él, porque escuchó su propia voz claramente y también sintió su cuerpo. Gritó fuerte una vez más y siguieron sin oírle. Su familia se quedó mirando el cuerpo silencioso, muy triste. El fallecido consideraba su cuerpo como algo extraño que ya no le pertenecía, sin dolor. Una última vez pronunció el nombre de su esposa, que estaba inmóvil, cerca de su cama. Ni una palabra; no hubo ninguna reacción que mostrara que había notado algo. Desesperado, se acercó a ella y quiso sacudirle el hombro, pero tampoco tuvo éxito.

A veces las personas moribundas fluctúan entre los estados materiales y no materiales. De esta manera, pueden regresar temporalmente al mundo cotidiano e incluso formular oraciones comprensibles. «Me voy al paraíso», suspiró el místico Jacob Böhme cuando murió. El inventor Thomas Edison aún encontró el poder para poner su experiencia entre mundos en la oración:

«Es muy agradable aquí en el otro lado». También son las últimas palabras del pintor francés Camille Corot: «¿Ves lo bonito que es esto? Nunca he visto paisajes tan espléndidos [...] espero sinceramente que se pueda pintar aquí en el cielo».[2] Al comparar las experiencias cercanas a la muerte, nos damos cuenta de que, como en el caso de Corot, a menudo son paisajes ideales. Hay hermosos lechos de flores, praderas florecientes, pequeños arroyos y colores brillantes a la luz del sol. Como si un pintor «celestial» hubiera embellecido el escenario, aparecieran cielos azules irreales, bosques, pájaros, animales de pastoreo: un paraíso idílico, sobrenatural y hermoso.

---

1. La Biblia. (NIV). Antiguo y Nuevo Testamento. Vida (2019).
2. www.quotty.de/zitate/thema/himmel?page=8

Entre la vida y la muerte

Lo que más nos fascina a los vivos es la percepción de los pacientes clínicamente muertos. A veces incluso miran por la ventana y reconocen detalles fuera. Una vez, un hombre moribundo observaba un accidente de tráfico en la calle mientras flotaba hacia el techo del quirófano durante su cirugía cardíaca. Más tarde, ayudó a localizar al conductor fugitivo porque se acordaba de la matrícula del vehículo. Cuando despertó de la anestesia, la policía recibió toda la información relevante de su boca, y el conductor pudo ser interrogado gracias a él (Jakoby, 2007).

El actor francés Daniel Gelin llegó al hospital Danola en Tel Aviv debido a un infarto. Recuerda haber estado en la unidad de cuidados intensivos y, horrorizado, se dio cuenta por el monitor de grabación de que su corazón había muerto. El arquitecto suizo Stefan von Jankovich flotó sobre la escena del accidente, vio y escuchó todo exactamente como lo leyó en el informe policial. Entre otras cosas, observó cómo el médico del accidente le abrió la boca con una espátula y le practicó la respiración artificial.

Jankovich también escuchó su propia sentencia de muerte. El médico se encogió de hombros y dijo con resignación: «No hay nada que hacer...». El arquitecto observó todo con interés, pero sin entrar en pánico, incluso estaba en un estado de ánimo feliz y tranquilo. El cantante Charles Aznavour resultó gravemente herido en un accidente de tráfico. Cuando se dio cuenta de que estaba perdiendo la consciencia, dijo que pasó a una consciencia diferente, con un fuerte sentido de bienestar y un calor agradable.

Uno de los médicos dedicados a la muerte es Paul Becker, jefe de la Clínica Médica del Hospital St. Vincenz en Limburg an der Lahn. Paul subraya con todas estas personas no sólo tienen experiencias al borde de la muerte para las cuales están en principio predestinadas psicológicamente y que tampoco presentan ninguna actitud especial o religiosa. Destaca que las experiencias son similares, con independencia de su origen social, edad o inteligencia. Becker revisó de manera sistemática las afirmaciones sobre las experiencias cercanas a la muerte. Descartó que las personas moribundas hubieran oído alguna vez las historias de otros pacientes reanimados. También descubrió que podían reproducir los procedimientos médicos con precisión después de la reanimación. Era como si el paciente lo viera todo a través de un monitor.[3]

---

3. *DER SPIEGEL* 26/1977, «Ganz ruhig, in einem himmlischen Zustand. Erlebnisse und Erfahrungen im Grenzbereich des Todes». Disponible en: www.spiegel.de/spiegel/

El neurólogo estadounidense Bruce Greyson realizó varios experimentos científicos sobre las percepciones de los pacientes de experiencias cercanas a la muerte (Greyson, 1997; Cook, 1998). Recurrió a artificios: Greyson «escondió» su ordenador portátil tan cerca del techo durante una operación que sus pacientes en el quirófano sólo podían verlo si flotaban hasta el techo. Además, proyectó imágenes en la pantalla cuyo orden era controlado por un generador aleatorio. El objetivo del experimento era averiguar si el paciente podía moverse en la habitación. Los resultados fueron tan extravagantes que recuerdan a la prueba similar que hemos mencionado antes sobre Charles Tart en el caso de la experiencia extracorpórea.[4]

Y debes estar preguntándote: ¿cómo puede una persona inconsciente ver y escuchar escenas reales, y por qué sucede esto desde una perspectiva tan distinta? Lange aseguró que, tan pronto como la actividad y, por tanto, la función del bombeo de corazón cesa, el paciente queda inconsciente debido a la falta de oxígeno en el tejido cerebral (anoxia). Si esta condición persiste, las células del cerebro se dañan de manera irreparable tras cinco o diez minutos. En ese momento también se extingue la actividad eléctrica del cerebro y la persona se declara muerta.

Sin embargo, como acabamos de saber, la muerte cerebral aún puede producir sensaciones reales, sin actividad sensorial y sin actividad cerebral. Entonces, ¿cómo es eso posible? El cuerpo que vive en la vida cotidiana es un «cuerpo lleno de experiencias». También puede estar inmovilizado durante la vida, por ejemplo, mientras duerme, después de haberse agotado, después de un traumatismo grave, durante la meditación, cuando está en completo silencio. En estos casos y en la muerte, el yo entra en primer plano, esa identidad que existe con independencia del cuerpo material en el intramundo. El yo se ve a sí mismo y al cuerpo de la experiencia como un complejo de unidad, pero desde el exterior. Se mantiene en pie, flotando sobre el cuerpo. El ego puede tener un dolor agudo en el cuerpo de la experiencia, pero el yo no lo siente.

Las leyes del intramundo determinan que la consciencia cotidiana también es un evento universal y se desarrolla aún más cuando se separa de la materia. En cambio, la inconsciencia finaliza de otra manera muy diferente en la vida cotidia-

---

print/d-40830619.html. Consulta: [20.06.1977]. (Trad. cast.: «Tranquilamente hacia un estado celestial. Experiencias y vivencias en la frontera con la muerte»).

4. Holden, Janice Minor; Greyson, Bruce y James, Debbie (ed.): *The handbook of near-death experiences: Thirty years of investigation* (pág. 1-16). Santa Barbara, CA, US: Praeger/ ABC-CLIO, xv, 2009, pág. 316.

na. Se desencadena por la deficiencia de oxígeno, el cerebro cambia al modo de sueño (en la muerte cerebral se elimina por completo). En el mundo cotidiano, el uso virtual del cerebro del yo está enredado con el uso actual del cerebro del ego. Si la cáscara del cuerpo material muere, sólo el yo está activo y utiliza los mecanismos que el ego ha aprendido y almacenado como información pura. Cada proceso, cada evento es siempre y exclusivamente un complejo informativo. Justo este complejo, vivido y experimentado por el ego, se refleja en la personalidad y se almacena, y toda esta información puede ser recuperada de un modo arbitrario por el ego a través de la voluntad. Sin embargo, no se quiere volver a experimentar el dolor, así que, una vez que se organiza la materia «sólida» que causa el dolor, se deja atrás. Así llegamos a las paradojas descritas.[5]

Johann Christoph Hampe también indica en su libro *Morir es algo muy distinto* que mientras moría sentía lo mismo y pensaba como solía hacerlo cuando tenía cuerpo, pero podía caminar a través de paredes y puertas enormes sin sentir ningún tipo de resistencia.

Ésta es la explicación de la experiencia del psiquiatra Georg Ritchie, que trabaja en Arlington House Hospital en Charlottesville, Virginia. En su libro *Regreso de mañana*, nos enteramos de que, cuando era soldado, tuvo una fuerte neumonía y el médico que lo atendió y los ayudantes lo declararon muerto después de más de diez minutos sin respirar ni escuchar los latidos de su corazón. El propio Ritchie no lo vio de esa manera. Saltó de la cama y buscó su uniforme porque quería subirse a un tren para poder completar su entrenamiento médico en el ejército. Vio un cuerpo sin vida en la cama, pero no lo reconoció como suyo. Sólo se dio cuenta de que este cuerpo llevaba su anillo de amistad en la mano.[6]

Mientras se dirigía hacia el tren, Ritchie advirtió de que había perdido su fuerza corporal. De repente fue consciente de que era su propio cuerpo, acostado en la cama del hospital, y regresó de inmediato. Cuando finalmente se detuvo frente a su cuerpo de nuevo, supo, de manera consciente, que su ego se había dividido. «Eso es la muerte –decía– tal como nos la imaginamos los humanos». A punto de prepararlo para la morgue, fue reanimado con una descarga de adrenalina en su corazón, y entonces dio señales de vida.

---

5. Hampe, J. C.: *Sterben ist doch ganz anders - Erfahrungen mit dem eigenen Tod.* Kreuz-Verlag; 5. Auflage (1 de enero de 1976). (Trad. cast.: «Morir es algo muy distinto. Experiencias con la muerte propia»).

6. Ritchie, G. y Sherill, E. (2000): *Regreso del futuro.* Buenos Aires, Antroposófica.

División de la realidad

Estos estados cercanos a la muerte se han estudiado de manera científica. Los psicólogos Ruud van Wees y Vincent Meijers escribieron su tesis doctoral sobre experiencias cercanas a la muerte en 1988 y luego realizaron un estudio prospectivo en los Países Bajos con el cardiólogo Pim van Lommel en 2001 (van Lommel *et al.*, 2001). Hay que destacar que 62 de los 344 pacientes resucitados que habían estado clínicamente muertos informaron de que tuvieron experiencias conscientes intensas minutos después del paro cardíaco. Van Lommel cree que ni la deficiencia de oxígeno ni los fármacos fuertes son la causa de las experiencias cercanas a la muerte. Las creencias religiosas, el logro educativo o el miedo especial a la muerte no importaban.

En 2003, el neurólogo y psiquiatra Bruce Greyson demostró en un estudio prospectivo de 116 supervivientes de un paro cardíaco que las experiencias cercanas a la muerte ocurren con independencia de los factores sociológicos o psicológicos (Greyson, 2003).

La imagen que obtienen los presentes, que observan a la persona moribunda, es muy diferente. Para los observadores externos, los moribundos parece que sufran una tremenda agonía. Los escuchan gritar y ven cómo se yerguen sus cuerpos. Sin duda, la materia de nuestro cuerpo con sus reflejos y sus circuitos de control se defiende contra la muerte. Los espasmos musculares y la hiperactividad de las fibras nerviosas (debido al agotamiento severo de las células) dan como resultado síntomas horribles. Pero eso no tiene nada que ver con las percepciones conscientes de la persona interesada. Casi todos los informes muestran un estado de consciencia completamente diferente entre los moribundos y el de una persona atormentada o triste.

El escritor y poeta Saint-Éxupéry se estrelló varias veces con su avión. Sobrevivió en dos ocasiones, una en el desierto y la otra en el mar. Y comentó al respecto: «La muerte es fácil. Siento que toda esta tormenta de fotos me lleva consigo como si de un sueño tranquilo se tratase. Ya sentí esta paz cuando estaba medio ahogado».[7] Otros también describen la muerte cercana por ahogamiento como una sensación maravillosa de emoción, y les molestó bastante el rescate, que restablece de manera abrupta el regreso al mundo mucho más desagradable de la vida cotidiana. Un soldado estadounidense gravemente herido se enfrentó a una decisión macabra. Bajo la impresión de sus experiencias positivas cercanas a la

---

7. Biermann, K.: *Antoine de Saint-Exupéry*. Reinbek bei Hamburg, Rowohlt-Taschenbuch-Verl., Original-Ausgabe, 2012.

muerte, quería evitar que los cirujanos en el quirófano le salvaran la vida. Aseguró que estaba muy feliz y quería mantener esa condición. Intentó agarrar al doctor por el brazo, pero lo alcanzó a través de él. Otro soldado moribundo abandonó el quirófano y regresó al campo de batalla. Vio cómo la gente se enrollaba en ponchos y quería evitarlo, pero no tuvo éxito. De repente, regresó al quirófano y se dio cuenta de que sus pensamientos lo podían catapultar a diferentes lugares en fracciones de segundo.

Lo mismo sucedió con otras personas que acababan de morir: emergían de dondequiera que se creía que estuvieran. Más tarde, después de recuperarse, regresaban a los diferentes lugares y lo hallaban todo exactamente como se ve en la muerte. También resultan interesantes las experiencias moribundas que se califican igual de desagradables que en la vida cotidiana: la lavandería del hospital se percibía como un lugar ruidoso, y el observador se preguntaba por qué las puertas no estaban acolchonadas para la paz y tranquilidad de los enfermos.

Un soldado se veía capaz incluso de detallar cómo fue herido de muerte y cubierto de quemaduras mientras yacía en el suelo. Al llegar su tropa, lo introdujeron en un saco y lo transportaron a la morgue. Recostado en una mesa, escuchó a algunos camaradas burlarse de los soldados, y luego le arrancaron los pantalones ensangrentados y le inyectaron el líquido de embalsamamiento en la vena femoral. Los soldados que habían muerto un día antes se reunieron alrededor del soldado muerto. Se entendían sin hablar, y habían decidido quedarse en el nuevo mundo porque estaban felices.

Un elemento recurrente de las experiencias cercanas a la muerte es el *flashback* de la vida. Al hacerlo, el hombre moribundo experimenta que puede recuperar toda su vida, incluidos sus pensamientos y sentimientos; sabemos que lo llaman desde el intramundo. Por tanto, también experimenta los pensamientos y sentimientos de las personas con quienes tuvo una relación. De este modo, el hombre moribundo experimenta las consecuencias de sus acciones y, a menudo, se da cuenta de que lo que uno hace a los demás regresa. Todo sucede donde se enfoca la atención.

En el umbral de la muerte, las experiencias límite cambian tanto la percepción de las personas que han sido reanimadas después de un paro cardíaco que, por lo general, siguen su vida pero de una forma por completo distinta a como vivían antes de la experiencia cercana a la muerte. Parece que les haya abierto los filtros y bajado las barreras, y eso les hace cambiar su percepción y estimación sobre las cosas. Muchas de estas personas muestran un mayor interés por la naturaleza y el medio ambiente, están comprometidas con la justicia social y dan a la vida familiar una prioridad mucho mayor. Se focaliza lo que es realmente importante, mientras que los temas cotidianos y motivados por el mundo anterior toman un segundo plano. El interés en el poder y las posesiones disminuye de manera significativa; en cambio, son susceptibles a los sentimientos intuitivos, como el amor, la compasión y las enseñanzas espirituales.

Como parte de un estudio prospectivo, Sam Parnia, de la Universidad de Southampton, siguió 63 muertes en 2001. A este científico también le desconcertó cómo un cerebro comatoso podía tener experiencias tan reales que las personas reanimadas aún podrían recordar. Todos los centros cerebrales asignados a tales funciones se cerraron, o incluso se destruyeron, debido a la falta de oxígeno. Parnia llegó a la única conclusión plausible: «Tengo la sospecha de que el cerebro no produce ni a la mente ni a la consciencia, sino que existen de forma independiente» (Parnia *et al.*, 2001). El investigador mental Daniel Dennett, de la Universidad Tufts en Medford, describió esta afirmación como una locura, mientras que el neurólogo y psiquiatra Bruce Greyson, de la Universidad de Virginia, afirma: «La idea generalmente aceptada de que nuestro cerebro produce la mente no es más evidente que la hipótesis de Parnia».

La británica Penny Sartori examinó a 39 supervivientes de un paro cardíaco, con el mismo resultado: ella también duda de que la interpretación científica y médica actual de la consciencia y la muerte sea fiel a los hechos (Sartori, 2006).

C. G. Jung, conocido por su capacidad de observación y por todo lo que había descrito con anterioridad, por lo que en la actualidad se asimila y se conoce de manera gradual, tuvo, él mismo, una experiencia agonizante. En 1944 se rompió el pie y sufrió un infarto. Después de que un médico le proporcionara primeros auxilios con oxígeno y alcanfor, sucedió algo muy extraño: de repente, Jung sintió cómo volaba hacia el espacio. Luego, estimó que debía haber estado a una altura de 15.000 km: en el fondo reconoció Ceilán (Sri Lanka) e India. Al mismo tiempo, descubrió que el globo era azul y que el azul no era sólo de los océanos, sino que el globo estaba envuelto en un azul brillante. Su relato es absolutamente asombroso, porque el hecho de que la superficie entera brille con aquel azul característico fue lo que más tarde también vieron los astronautas desde el espacio. Por eso, de aquí en adelante, se habló del planeta azul.

C. G. Jung también informa sobre un sentido de identidad expandida, una nueva forma de autoconocimiento: «Era como si todo lo que alguna vez viví e hiciera, todo lo que me ocurriera, lo tuviera ahora conmigo. También podría decir que todo eso es lo que tenía y ése era yo. Yo consistía en eso, por así decirlo. Formé parte de mi historia y sentía que era yo». Cuando finalmente recuperó la consciencia, le resultó difícil volver a la normalidad; sus experiencias habían sido demasiado fantásticas, demasiado abrumadoras de felicidad. Tardó un mes en decidir que quería volver a vivir, ya que la vida cotidiana lo decepcionó tanto que tuvo que abandonar el vacío de su experiencia cercana a la muerte: «Me resistí al doctor, porque me hizo regresar a la vida».[8]

El exmédico jefe de las Clínicas Bethel y profesor de Psiquiatría y neurología en la Universidad de Tübingen sintió algo parecido después de que lo reanimaran. Se estaba muriendo de una ornitosis y dos infartos de pulmón. Al igual que Jung, tenía unos sentimientos de felicidad maravillosos y esperaba finalmente pasar al otro lado. Debe ser como una adicción, un anhelo de muerte.

La consciencia inmortal

Los médicos explican los sentimientos fantásticos y verdaderamente sobrenaturales de morir con una deficiencia masiva de oxígeno en el cerebro. Las pruebas clínicas han demostrado que las alucinaciones ocurren cuando el nivel de dióxido de carbono en la sangre aumenta. Esto es bastante comprensible, porque si el cerebro ya no recibe suficiente sangre, la deficiencia de energía celular viene acompañada de una hipopolarización de los nervios y una autoexcitación del cerebro; además, la secreción de endorfinas se incrementa.

Sin embargo, esto no explica por qué las personas clínicamente muertas tienen experiencias perceptivas tan abrumadoras y por completo reales que se quedan fuera del cuerpo. Tampoco es posible explicar con una falta patológica de oxígeno por qué la percepción es tan clara y meticulosa que todos los detalles de los sucesos reales se pueden registrar y luego recordar. ¿Cómo se supone que debería suceder eso sin ningún tipo de actividad cerebral habitual? Nuestro modelo da la respuesta aquí: sí, porque el cerebro se apaga solo, el intramundo puede implementar los complejos de información familiares con una consciencia idéntica. Incluso las personas invidentes tienen experiencias cercanas a la muerte. También ven y escuchan la acción en tiempo real.

En 2010, en su libro *Consciencia más allá de la vida*, van Lommel explica lo que está sucediendo con un campo de información no estacionario. En el momento de la muerte, la consciencia de la persona moribunda está directamente

8. DER SPIEGEL 26/1977, «Ganz ruhig, in einem himmlischen Zustand. Erlebnisse und Erfahrungen im Grenzbereich des Todes». Disponible en: www.spiegel.de/spiegel/print/d-40830619.html. Consulta: [20.06.1977]. (Trad. cast.: «Tranquilamente hacia un estado celestial. Experiencias y vivencias en la frontera con la muerte»).

conectada a este campo. El cerebro sólo sirve como una estación de relevo para llegar a este campo de consciencia (van Lommel, 2010).

Si estos fenómenos se consideran sin prejuicios, se presenta una imagen del todo nueva del mundo de los vivos y los muertos. Se asemeja a las grandes metanarraciones de todos los tiempos y culturas: llevamos una doble vida: una limitada temporalmente en el mundo material y una ilimitada en el intramundo. La muerte sólo significa que abandonamos el mundo de la materia, dejando sólo la existencia en el intramundo, una vida maravillosa en el mundo puro del alma espiritual. Es cierto que el alma «abandona el cuerpo», pero esto se ve desde la perspectiva típica del mundo cotidiano y, por tanto, es una interpretación errónea. Tendríamos que decir justo lo contrario: «El cuerpo abandona el alma». Porque el cuerpo con sus elementos de masa se disuelve y desaparece, mientras que el alma permanece donde tiene lugar su verdadera vida: en el intramundo omnipresente.

El intramundo, el lugar donde entramos al morir, es también el producto de nuestra propia creación. Cuanto más amamos nuestros pensamientos en la vida cotidiana, más amados somos aquí. Nos encontramos en nuestros pensamientos, nuestros miedos, nuestros deseos. Es la vida que no podemos seguir con las restricciones de la materia y ahora sin ellas, es como estar en el paraíso. La vida sigue inmediatamente a la voluntad. Cualquiera que conozca el sueño lúcido sabe cómo funciona.

Esta realización es muy importante. Porque la actitud interior del hombre moribundo es la que decide cómo experimentar la transición al ser inmaterial. El alemán Knoblauch realizó un estudio estadístico en su país que demostró que sólo alrededor del 60 % de los alemanes occidentales, pero únicamente el 40 % de los alemanes orientales, experimentaron sentimientos de felicidad por los fallecidos. En cambio, el 29 % de los alemanes occidentales, es decir, el 60 % de los alemanes orientales, «se sintieron terriblemente». Knoblauch estaba convencido de que las personas, en cierta medida, experimentaron la muerte que esperaban. En la parte occidental de la república había más personas que seguían las tradiciones cristianas que en la parte oriental del país, donde se ha impulsado la desconcentración sistemática desde la década de 1950. En este sentido, parece que cierta expectativa de salvación es decisiva para el tipo de sentimientos que acompañan a la muerte.

Pero la fe también puede trabajar en una dirección del todo diferente. Kenneth Ring y Evelyn Elsässer-Valerino llegan a esta conclusión en su libro *Lessons from the Light*, que apareció en 1999. De acuerdo con su estudio, el 18 % de las experiencias cercanas a la muerte no fueron agradables, sino incluso aterradoras.

Esto sucedió sobre todo a personas religiosas que estaban bajo la influencia de ideas infernales heredadas. Obviamente, estaban bajo un hechizo de visiones tan negativas que en realidad se fijaron en el patrón de expectativa y cumplimiento. Personas con ideas suicidas, de odio y repletas de miedo sufrieron experiencias de muerte llenas de temor. Esto confirma la tesis de que el hombre experimenta su muerte tal como se imagina que será (Ring y Elsässer-Valerino, 1999).

La pionera en el estudio de las experiencias cercanas a la muerte, Elisabeth Kübler-Ross, resume su propia experiencia de la muerte: «Todos obtienen del cielo lo que se imaginan. Y para mí, por supuesto, Suiza es el cielo de las montañas y flores alpinas».[9] Hubert Knoblauch ha compilado muchos informes de experiencias de diferentes épocas y culturas. Hay un ejemplo de una mujer india cabalgando sobre una vaca en el cielo. Un neoyorquino conduce hasta el cielo en un taxi amarillo, un indígena ve wigwams esperándolo, un fanático de Mozart se encuentra con Sarastro de la *Flauta mágica*, un profesor de Anatomía ve sus órganos internos...

«Hasta el último detalle, las experiencias cercanas a la muerte también están moldeadas por la cultura», afirma Knoblauch.[10] Por tanto, vemos exactamente el mismo fenómeno que en la creación de los ángeles y otros seres. Platón ya sabía que sólo en la muerte se podía entender la incorporación de nuestra alma a la estructura universal. Es decir, sólo cuando dejamos atrás lo material y rechazamos nuestros cuerpos, nuestro pensamiento y el autoengaño de la cronología, alcanzamos un nivel de percepción más elevado y consciente. Y sólo entonces nos damos cuenta de que estamos conectados con él y con un gran todo, y existimos de forma eterna e inmortal.

Así que se puede entender por qué muchas personas no temen morir cuando están tan cerca de la muerte. Saben que su vida no termina, sino que continúa corriendo como un sueño lúcido. La percepción consciente ya no está vinculada a las leyes físicas del cuerpo material y ahora se expande. Esto provoca una gran euforia y hace que sea comprensible por qué muchos pacientes, así como C. G. Jung, sienten decepción al regresar a la vida. Por tanto, se legitiman las

9. Plüss, M.: «Zurück im Leben: Eben nach dem Tod | Die Weltwoche», n.° 23/2005. Disponible en: www.weltwoche.ch/ausgaben/2005-23/artikel-2005-23-eben-nach-dem-to.html. Consulta: [18 de julio de 2013]. (Trad. cast.: «De vuelta en la vida: justo después de la muerte | La semana mundial»).

10. Plüss, M.: «Zurück im Leben: Eben nach dem Tod | Die Weltwoche», n.° 23/2005. Disponible en: www.weltwoche.ch/ausgaben/2005-23/artikel-2005-23-eben-nach-dem-to.html. Consulta: [18 de julio de 2013]. (Trad. cast.: «De vuelta en la vida: justo después de la muerte | La semana mundial»).

dudas sobre el significado de ampliar la vida de forma artificial recurriendo a la alta tecnología en las clínicas.

Otro resultado interesante de las encuestas muestra las circunstancias de las experiencias cercanas a la muerte. No están necesariamente vinculadas al proceso de morir, porque uno de cada dos nunca se ha encontrado en una condición que amenace su vida. Hay experiencias cercanas a la muerte que implican un peligro de la integridad física, como la falta de oxígeno, el uso de drogas o la meditación extremadamente profunda. Otras causas son las experiencias impactantes, como accidentes automovilísticos, ahogamientos inminentes, estrangulaciones o ataques cardíacos que causan una falta de oxígeno en el cerebro. Es obvio que lo fundamental es la proximidad de la muerte espiritual, y no física, y estar del todo convencido de que hay que morir.

Por cierto, el doctor Sabom enfatiza que tales experiencias no pertenecen al campo de la psiquiatría. Las experiencias cercanas a la muerte no son procesos mentales anormales ni trastornos de personalidad graves ni síndromes delirantes. Por desgracia, todos los médicos no lo tienen tan claro, lo que conduce a malentendidos fatales que, en cierto sentido, patologizan a los moribundos. Esto fue lo que le ocurrió a un paciente al hablar con su médico acerca de su experiencia. Según el historial médico, estaba mentalmente perturbado, obsesionado con los delirios y presentaba una inestabilidad extrema. Muchos médicos y psiquiatras aún no pueden familiarizarse con la idea de que las personas moribundas visitan el intramundo de una forma del todo natural, con experiencias más metafísicas que las que se ven en el mundo cotidiano.

El premio Nobel C. Sherrington, por tanto, critica la ingenuidad y la ignorancia al juzgar las experiencias cercanas a la muerte. Sobre todo, le molesta que la cuestión de la relación entre la mente y el cerebro apenas juegue un papel en las investigaciones científicas. Afirma lo siguiente: «Todavía no hemos sabido dar respuesta a la cuestión de la relación de la mente con el cerebro. Ni siquiera existen los fundamentos para poder responder. Supongamos que nuestro ser consta de dos elementos, la mente y el cerebro; pero no es menos probable el hecho de que sólo conste de uno, el cerebro».[11]

El neurocirujano canadiense Wilder Penfield basa sus descubrimientos en la consciencia humana con la existencia de una mente autosuficiente, independiente de un cerebro por completo funcional. Concluye: «Después de una exploración de por vida de las conexiones entre la actividad mental y cerebral, la posibilidad

11. www.schlüsseltexte-geist-und-gehirn.de/Nahtod-Erfahrungen.html

dualista me parece la más aceptable. Aunque la actividad mental es una función del cerebro, la mente también tiene su propia energía. Esta energía difiere de los potenciales neuronales en las vías de las neuritas». Einstein desarrolla un pensamiento afín cuando afirma: «Cualquiera que trate seriamente con la ciencia llega a la convicción de que las leyes del universo manifiestan una mente muy superior a la de la persona, y ante la cual debemos sentirnos humildes con nuestros limitados poderes».[12]

El biofísico Markolf H. Niemz, que ocupa una cátedra de tecnología médica en la Universidad de Heidelberg, en su ensayo *Lucy mit c* intenta explicar los acontecimientos en su campo de conocimiento. Su hipótesis se basa en el hecho de que el alma consciente se aleja del cuerpo durante la muerte y, por tanto, se acelera a la velocidad de la luz. De manera análoga al efecto de reflector que se conoce en física, también llamado efecto de faro, explica la experiencia de la luz al final del túnel. Su hipótesis muestra por qué desaparecen el espacio y el tiempo: desde su punto de vista, hay un fotón a la velocidad de la luz en todas partes al mismo tiempo. Como las masas nunca pueden alcanzar la velocidad de la luz (tendrían que tener una masa infinitamente grande), el cuerpo material permanecerá en la Tierra. «Lo único que le queda a una persona después de dejar su cuerpo –afirma Niemz– es la energía, el amor, su personalidad y su conocimiento» (Niemz, 2006).

---

12. EINSTEIN, A.: *The Human Side*. Princeton University Press, 1979, pág. 33.

Las personas y el cosmos

¿Cómo llegaron las personas al universo?

Se trata de uno de los misterios más grandes en la historia de evolución de la Tierra, ya que la vida del primer individuo unicelular comenzó a desarrollarse cada vez más, hasta que finalmente *Homo sapiens* entró en escena. ¿Fue una coincidencia o es que las personas son el producto de una intención superior? El Génesis bíblico describe el proceso creativo como un escenario de un crecimiento eficaz: de lo deshabitado a la materia viva, del primer organismo al hombre, el cual coronó la obra de Dios en el último día de la creación.

Actualmente las explicaciones religiosas no nos satisfacen. Los biólogos evolutivos pueden detallar qué condiciones y factores condujeron al desarrollo humano. Sin embargo, la pregunta sobre si esto ocurrió de un modo accidental o si la lógica está oculta en la evolución no se ha podido responder todavía. ¿La evolución tenía una meta? ¿El hombre parte de un plan de desarrollo mayor? El físico y matemático Freeman Dyson considera que esto es más que probable: «Cuando observamos el universo y nos damos cuenta de las coincidencias que se han tenido que producir en física y astronomía para nuestro bienestar, casi parece que el universo, en cierto sentido, supiera que estábamos de camino» (Freeman, 1971).

Hay varias razones por las que Dyson defiende esta opinión. En primer lugar, recuerda que el universo no es sólo una recopilación de materia, sino también un sistema de información en función de una mente inteligente que une informativamente todo lo que existe. En todas las conexiones de la materia, la información se convierte en fuerzas. Para recabar información se necesita un observador.

Como el universo ha producido observadores como nosotros, los humanos, el cosmos debe tener propiedades que han hecho posible la construcción y la función de estos observadores. Estas propiedades incluyen sobre todo las constantes fundamentales que hacen que la materia sea estable: velocidad de la luz, gravitación, carga eléctrica elemental y las respectivas masas de partículas atómicas.

Las propiedades no existen en el nivel cuántico antes de la medición (Roebke, 2010). Durante varias décadas, hemos sabido que el universo y sus galaxias están tan estrechamente vinculados a un observador inteligente que, incluso cambios leves en las constantes fundamentales, cambian la vida en el cosmos, hasta convertirlos, incluso, en imposibles. Como todo está interrelacionado, incluso las irregularidades más pequeñas tienen un efecto. Con la constante interdependencia también cambia el poder natural asociado. Esto afecta al curso de las estrellas, incluido nuestro sol, los elementos, las reacciones químicas, los procesos biológicos y la arquitectura celular orgánica. Si, por ejemplo, la velocidad de la luz fuera significativamente mayor o menor que en el rango de 8×10^8 m/s, no se habrían formado estrellas y tampoco moléculas en la forma actual ni se habría originado la vida inteligente.

Cada vez hay más evidencias de que las condiciones para un observador inteligente y el universo observado se basan en los mismos principios. Obviamente, están conectados de manera inseparable. Como todo parece estar hecho a la medida de los humanos, la física ha introducido el término «principio antroposófico» (*antropós* griego). Y, de hecho, hay algunas pruebas que sugieren que la agencia espiritual del universo ha planeado al hombre con una precisión matemática meticulosa. El «número mágico cósmico» se incluye en esta categoría. ¿Qué se entiende por eso?

Hace tiempo que la física trata con los valores de las constantes naturales. Se suponía que tenía que haber algún tipo de fórmula universal con la que el universo fuera del todo descriptible. Por ejemplo, a principios del siglo XX, el físico Eddington hizo algunas reflexiones para encontrar correspondencias entre las constantes individuales de la naturaleza. Calculó, entre otras cosas, el número de protones y electrones en el universo observable y llegó apenas a 10^{80}: este número se hizo famoso como el número de Eddington. El físico estaba convencido de que «no se puede crear un universo con un número de partículas elementales distinto, de acuerdo con un esquema de definición mediante el cual el número de partículas se asigna a un sistema de mecánica de ondas».[1] Por tanto, no es una coincidencia que este valor sea 10^{80}.

1. EDDINGTON, A.: Conferencia «Wie viele Atome gibt es im Universum», *The Philosophy of Physical Science*. Londres, Cambridge University Press, 1939. Disponible en: www.cosmiq.de/qa/show/779542/. (Trad. cast.: «¿Cuántos átomos hay en el universo?»)

El matemático Arquímedes, que vivía en Siracusa, Grecia, ya había hecho una contribución notable al cálculo del número de partículas en el universo en el siglo III a. C. Su concepto era contar los granos de polvo que caben en un grano de semilla de amapola. Así que llegó a la suma de una serie de partículas en el universo, que, convertidas al estándar de hoy, corresponde exactamente al número 10^{80}.

La relación de la gravedad y la atracción electromagnética entre el protón cargado positivamente y el electrón cargado negativamente se calculó en un valor de 10^{40}. Corresponde a la relación entre el tamaño del universo visible y el radio del electrón, y el cuadrado de 10^{40} es de nuevo 10^{80}. ¿Es un juego de números? Para los científicos, estos hallazgos fueron reveladores. De repente, fue evidente que las referencias no se habían visto antes. Fue un incentivo para seguir investigando.

Desde hace tiempo se sabe que la naturaleza ha «incorporado» un reloj muy preciso en sus átomos: electrones y protones. Si tomamos el reloj atómico para las mediciones, entonces tenemos un valor de referencia estable, que en 10^{23}/segundos terrestres (cada segundo equivale a 10^{23} órbitas), presenta una unidad de tiempo. Con este reloj del microcosmos también podemos medir el macrocosmos. Ahora, cuando preguntamos cuántos años tiene el universo, obtenemos el valor 10^{40} en unidades de tiempo atómico. En otras palabras, han pasado 10^{40} unidades de reloj atómico desde el supuesto big bang.

Este número se repite milagrosamente en las constantes fundamentales. Teniendo en cuenta la fuerza gravitacional con la que se mide la fuerza de gravedad, obtenemos la siguiente fórmula: fuerza gravitacional = constante gravitacional 3 masa^1 3 masa^2 / distancia^2. El valor inverso de esta constante, también llamada constante gravitacional de estructura fina, es de alrededor de 10^{40}. Así que el macrocosmos de la vida terrenal se repite, al igual que el microcosmos de los átomos. Y no debemos olvidar que aquí no hacemos malabarismos con números abstractos, sino que observamos las leyes de la naturaleza, que permiten la vida humana en la Tierra.

Gracias al estudio de las cuatro fuerzas primarias se realizaron descubrimientos asombrosos. Estas fuerzas primarias dependen de leyes físicas que organizan todo nuestro mundo material y determinan sus funciones. La relación de estas fuerzas es lo más interesante. La gravedad es la menor de todas las fuerzas. La llamada fuerza débil excede la gravedad en 10^{28} veces. La siguiente fuerza más poderosa es la fuerza electromagnética, que es 10^{9} veces más poderosa que la fuerza débil. La fuerza más poderosa es la energía nuclear, que es cien veces más fuerte que la electromagnética. Pero eso significa que entre la gravedad, como la fuerza más débil, y la energía nuclear, como la más potente, hay una proporción de alrededor de 10^{40}.

Pero la serie de coincidencias todavía no ha terminado. Por ejemplo, si analizamos el átomo de hidrógeno donde un electrón gira alrededor de un protón. Ambas partículas tienen la misma carga eléctrica, una positiva y otra negativa, por lo que se atraen entre sí a causa de la llamada ley de Coulomb. Al mismo tiempo, protones y electrones tienen diferentes masas; el protón es alrededor de 2.000 veces más pesado que el electrón (la relación de la masa entre los electrones y protones es 1/1837). Las dos partículas también se atraen por la fuerza gravitacional. Si se comparan la fuerza de Coulomb y la fuerza gravitacional, la diferencia es de 10^{40}.

A estas alturas, puede que te sorprenda que haya, por así decirlo, un supernúmero cosmológico que sea efectivo en todo el universo. Pero hay otras áreas donde el número mágico universal 10^{40} es efectivo. Por tanto, las distancias también se pueden describir por intervalos de tiempo, que la luz necesita para pasar de A a B. Puede que te hayas preguntado cuánto tarda la luz en atravesar el radio del electrón y cuánto tiempo necesita para cruzar el radio del universo. Ya lo has adivinado: la proporción asciende a 10^{40}. El físico Paul Dirac, que fue galardonado con el premio Nobel junto con Schrödinger en 1933, estaba tan fascinado por el número mágico universal que en 1937 decidió investigar más a fondo este número, que controlaba el microcosmos y el macrocosmos. Dirac negó rotundamente que fuera una coincidencia. Después de observar la relación entre el tiempo atómico y la edad del universo, opinó que las constantes cambian con la edad del universo. No se puede correlacionar el tiempo atómico y la edad del universo, ya que el universo está envejeciendo, y la proporción del tiempo atómico y la edad del universo cambian una y otra vez (cosmología de Dirac).[2]

A principios de la década de 1960, el científico Robert H. Dicke, de la Universidad de Princeton, sugirió que el enigma del número cósmico 10^{40} se debía al hecho de que el hombre había aparecido como observador del universo precisamente en el momento en que este número había sido mensurable. Respondió a Dirac. El enfoque de Dicke fue cualitativamente nuevo. Hizo una conexión lógica entre el hombre, que era quien medía, y la edad del universo. Además, concluyó: si hubiera un número distinto de 10^{40}, el universo no tendría ni su forma actual ni habría personas en él.

Básicamente, Robert H. Dicke extrajo la consecuencia lógica de la experiencia de la mecánica cuántica: siempre hay una relación causal entre el observador

---

2. Treder, H. J.: «Kosmologische Koinzidenzen und Diracsche Kosmologie», *Annalen der Physik* (impact factor: 0.84). 03/2006; 496(3):208 - 217. (Trad. cast.: «Las coincidencias cósmicas y la cosmología de Dirac»).

y la naturaleza observada. O, como dice el físico cuántico Wheeler, el hombre no sólo es un observador de los fenómenos físicos, sino que siempre es un «participante». Esto está científicamente comprobado: la existencia del observador inteligente en el cosmos está involucrada en la realidad del universo a nivel causal. Para que surgieran las personas, tenían que transcurrir millones de años para que la materia adquiriera propiedades estables. Sin esta estabilidad material, el observador no existiría, pero sólo llegó a organizarse después de 10^{40} unidades de tiempo atómico.

Esto conllevó un nuevo tema: ¿qué leyes desarrolladas evolutivamente hacen que la materia se convierta en una base para la vida orgánica? No hace mucho que se puede llegar al fondo de este rompecabezas. Un factor es el principio de incertidumbre de Heisenberg. Entre otras cosas, indica por qué un electrón no puede sumergirse en el núcleo atómico: porque cuanto más se acerca a él, más rápido vuela alrededor del núcleo, así que el momento y la ubicación no se pueden medir conjuntamente. El segundo factor es el llamado principio de Pauli. Dice que no se permite que los electrones con las mismas propiedades y el mismo espín roten en las mismas órbitas alrededor del núcleo atómico. Si ahora tomamos la ley de la distancia para la atracción de cargas eléctricas, la materia puede acumularse de manera estable.

Así es como se hizo realidad la idea de mantener la materia estable. Pero la materia misma, que era adecuada para los organismos, tardó mucho tiempo en estar disponible. Sin el polvo de estrellas de varias supernovas, no podría haber vida en la Tierra. Sobre todo, se trataba de la necesidad de elementos pesados. La formación de agua necesita hidrógeno y oxígeno. El hidrógeno está presente sin problema, es un elemento muy común y es el más ligero. Sin embargo, las moléculas de oxígeno tuvieron que ser producidas. Del mismo modo, todos los elementos más pesados se crearon en las estrellas a través de una combustión termonuclear y, más tarde, se extinguieron. En la actualidad hay átomos pesados en nuestro cuerpo, ya sea calcio, hierro, potasio y muchos más, originarios de miles de explosiones de supernova. También se tardó varios miles de millones de años para que generaran cantidades suficientes de elementos pesados.

El sol también fue esencial para la aparición de la vida en nuestro planeta. Tenía que estar a una distancia exacta de la Tierra para crear las condiciones ideales y que se formara la atmósfera, el agua y conseguir una temperatura adecuada. Si las constantes fundamentales presentan pequeñas irregularidades de los valores actuales, no existirían ni la naturaleza terrenal ni las personas. Y si el sol estuviera a más o a menos de 6.000 grados centígrados, no habría humanos ni animales ni plantas.

Hoy podemos ordenar la secuencia ascendente de creaciones y construcciones de manera científicamente exacta: al principio existían las partículas elementales, luego se formaron los átomos y varias moléculas de una manera específica. La primera vida se creó con células, bacterias, orgánulos y virus, luego los organismos se volvieron más complejos, hasta llegar a los humanos. Fue la entidad viviente que desde hordas y tribus con su espíritu creativo fue formando poco a poco estructuras más complejas: sociedades, culturas, organizaciones de sistemas. Y comenzó a explorarse a sí mismo y a su entorno, desde partículas elementales hasta planetas, soles, galaxias, cúmulos de galaxias y todo el universo. Cada una de estas unidades se autorregula, con la base de la información y las energías que fluyen a través de todo y conectan de manera inextricable todas las partes del cosmos.

Para crear a las personas, es decir, a una entidad viviente que puede convertirse en el creador mismo, debían surgir innumerables condiciones y entrelazarse. Es un símbolo emblemático y un socio con los mismos derechos de la mente inteligente que todo lo crea y que se desarrolla en el universo. De muchas maneras, somos este espíritu. Por tanto, se podría decir que el universo creó al hombre para experimentarse a sí mismo, para hacer una nueva realidad y para almacenar nueva información sobre los eventos de creación. Con la creación del hombre, la evolución ha alcanzado su clímax. Sin embargo, habríamos perdido nuestro propósito si estuviéramos satisfechos con una existencia puramente material. Por tanto, el reconocimiento de estas conexiones también es una invitación a utilizar el intramundo para manifestar nuevas ideas que optimizan aún más la esencia de la vida.

El universo en expansión

De acuerdo con una antigua tradición, un monje oró una vez con las siguientes palabras: «Agradezco a Dios que oscurezca en la noche, si no me quedaría dormido con la luz». Esta frase es tan paradójica que hace reír. Y, sin embargo, hay un núcleo esclarecedor en ello. Los períodos de luz y oscuridad son muy importantes para la vida en la naturaleza. En los ritmos de luz y oscuridad, se desarrollan los llamados ritmos circadianos de los organismos, es decir, todos los procesos biocronológicos, que dependen del día y de la noche y que se repiten cada 24 horas, van siguiendo su curso. La oscuridad también es necesaria porque, a falta de luz solar, baja la temperatura en la Tierra. Si también hubiera luz durante la noche, por ejemplo, debido a la existencia de varios soles, que irradiaran constantemente toda la superficie de la Tierra, nuestro planeta se calentaría con rapidez hasta alcanzar temperaturas insoportables. Bajo estas condiciones, la vida en la Tierra no hubiera sido posible.

Por la noche, las estrellas destacan en la oscuridad del cielo y por eso podemos verlas. El cielo nocturno es lóbrego porque no hay moléculas de aire en el cosmos, que son las que se convierten en emisores de luz a través de la excitación de la luz. En la inmensidad del cosmos hay un vacío sin masa, así que no hay moléculas para absorber la luz. Sin embargo, sería lícito preguntarse por qué la totalidad de los soles y las estrellas, que emiten grandes cantidades de luz, no brillan aún más.

Echemos un vistazo rápido a las cantidades de fuentes de luz. El cosmos está formado por cúmulos de galaxias, que comprenden hasta varios miles de galaxias de la vía láctea, que a su vez están compuestas por miles de millones de estrellas. Nuestro sol es uno de los otros 200 billones de soles que, junto con el material y la energía interestelar, forman una galaxia. Los fotones de luz tienen una trayectoria libre en el gas interestelar finamente distribuido. Por tanto, sería aceptable que el cielo y sus muchas estrellas se arquearan como una cúpula brillante sobre la Tierra y la iluminaran siempre de forma ininterrumpida.

Imagínate cómo se ve el cosmos desde la Tierra. Si colocamos superficies esféricas a diferentes distancias alrededor de la Tierra, se obtiene la siguiente imagen. El número de estrellas aumenta con el cuadrado de la distancia a la Tierra. Al mismo tiempo, la intensidad de la radiación electromagnética de las estrellas disminuye con el cuadrado de la distancia a la Tierra. Si nos fijamos en una de las capas, el efecto de la intensidad de la luz es cada vez menor y se compensa con el aumento del número de fuentes de luz. Esto significa que cada capa imaginaria que colocamos alrededor de la Tierra le envía aproximadamente la misma cantidad de luz estelar, con independencia de la distancia. La intensidad de la luz de todas las estrellas se acumula en un número infinito de fuentes, y como las estrellas, los planetas y las galaxias se irradian entre sí y de ninguna manera se hacen sombra entre ellos; tendrían que ser realmente resplandecientes en la Tierra durante el día y la noche. Como todos sabemos, ése no es el caso, y surge la siguiente pregunta: ¿qué energía impide que las inmensas cantidades de luz lleguen a la Tierra?

En 1720, el problema llamó la atención del inglés Edmond Halley, en nombre del cual el cometa se denominó Halley. Unos 100 años después, el astrónomo alemán Heinrich Olbers lidió con el fenómeno de la sombra que brillaba, que desde entonces se conoce como la paradoja de Olbers. Una razón por la cual la oscuridad extraña se fugaba. Muchas estrellas que vemos en el cielo nocturno ya han desaparecido. Cuanto más nos alejamos de la Tierra, más estrellas moribundas encontramos. Sin embargo, sólo eso no fue suficiente para disolver la paradoja de Olbers.

Hoy sabemos que el cielo nocturno está oscuro, sobre todo porque el universo se está expandiendo a gran velocidad. Las estrellas se separan como partículas de materia en una explosión. Como resultado de este movimiento, las estrellas (vistas desde la perspectiva de la Tierra) emiten sólo una luz débil y roja. El corrimiento al rojo[3] puede explicarse por el efecto doble que nos resulta familiar a través del sonido. Recuerda a la modificación de frecuencia de una sirena de bomberos. A medida que se acerca al camión de bomberos, la frecuencia y el sonido aumentan, pero cuando pasa y se va, la frecuencia disminuye y el sonido se profundiza. Si la materia se moviera hacia nosotros, la luz tendería a una mayor frecuencia, es decir, sería azulada y más brillante.

La oscuridad del cielo también se debe a la expansión del universo. Pero ¿por qué se está expandiendo el universo? ¿Qué energías son las responsables de generar tales fuerzas gigantes?

El misterio de la «energía oscura» y la «materia oscura»

Desde su descubrimiento, la energía oscura ha fascinado a científicos y a las personas en general por igual. Parecía increíble cuando los astrofísicos descubrieron hace unas décadas que el 96 % del universo está formado por materia y energía desconocida e invisible. Un poco más del 73 % de nuestro universo consiste en una energía que no tiene nada que ver con las partículas de la llamada teoría física estándar, una sustancia sin propiedades de las partículas conocidas.

En realidad hay que imaginarlo, puesto que nadie puede ver esta energía, nadie la siente, nadie sabe qué es; pero es omnipresente y lo impregna todo, incluyéndonos a nosotros.

Igual de misteriosa que la energía oscura es la materia oscura. Consiste en más o menos el 23 % de la energía de la masa (de $E = mc^2$) de nuestro universo. Penetra en todo, incluido nuestro cuerpo.

El mundo que nos importa, es decir, el que se puede medir, es sólo un ridículo 4 % de la energía de la masa total que se ha calculado hoy. La mayor parte todavía se puede encontrar en el gas caliente (estado del plasma) del cosmos. El material que es visible para nosotros y, por tanto, que nos es tan familiar como las

3. Corrimiento al rojo: En física y astronomía, el corrimiento al rojo, acercamiento hacia el rojo o desplazamiento hacia el rojo (en inglés: *redshift*), ocurre cuando la radiación electromagnética, normalmente la luz visible, que se emite o refleja desde un objeto es desplazada hacia el rojo al final del espectro electromagnético. *(N. de la T.)*

montañas, los bosques, las flores, las ciudades, las personas, los animales, incluidas las estrellas brillantes en el cielo, etc., sólo representa el 0,5 %. Sólo el 1 % de esta materia luminosa lo constituyen los átomos, que son los bloques de construcción de nuestro organismo.

Hasta parece una humillación. El hombre, que creía estar destinado a ser el centro del cosmos, ahora se ve tan sólo como un fenómeno marginal insignificante en el sistema energético del universo. Pero queremos dejar algo claro: con la energía oscura y la materia oscura dominando a los humanos, se nos presentan dos energías que coinciden con los antiguos relatos de la energía universal que lo impregna todo.

¿Fueron la energía oscura y la materia oscura el detonante de la expansión igualmente enigmática del universo? En 1928, el astrónomo inglés Edwin Hubble descubrió que las galaxias se alejan las unas de las otras. Recientemente, se ha constatado que este movimiento está aumentando, también en cuanto a velocidad. En 2012, Hubble recibió el premio Nobel de Física por el descubrimiento de la expansión acelerada del universo.

Durante mucho tiempo se había asumido lo contrario. Según las leyes mecánicas conocidas, parecía probable que la expansión del cosmos se ralentizara desde el big bang, ya que no se suministraba energía desde el exterior. Se sospechaba que la fuerza gravitatoria de la materia ralentizaría aún más el impulso que generó la explosión originariamente. Y así fue al principio. Pero durante unos cinco o seis mil millones de años, la expansión se ha acelerado. Los astrofísicos descubrieron los quásares, «objetos casi estelares», que desarrollaron una increíble velocidad de escape al 90 % de la velocidad de la luz.

Pero éstas eran sólo observaciones, y seguían desconcertando, ya que la causa parecía incierta. Algunos investigadores establecieron la llamada «hipótesis cosmológica». Deseaban que la divergencia cada vez más rápida se debiera a la misma expansión del universo, una explicación insatisfactoria que da vueltas en círculo. Otras tesis se basaron en los agujeros negros infames, los cuales irradian tanta energía que implican la aceleración observada. Sólo con la energía oscura se empezó a debatir una idea novedosa. Gracias a este fenómeno, hoy se observa la verdadera causa de la expansión progresivamente más rápida del universo.

El término de energía oscura fue acuñado en 1998 por Michael S. Turner. «Creo que puedo decir que éste es el mayor secreto de la ciencia», afirmó Turner.[4] Esta energía recibió su nombre porque no puede reaccionar con la luz. Sin

4. www.wikipedia.org/wiki/MichaelTurner

embargo, la «oscuridad» no sólo está fuera del rango de lo visible, sino también fuera de todo el espectro electromagnético. Obviamente, la energía oscura es algo que nuestros cinco sentidos no pueden percibir y nuestros medidores no pueden detectar. Sólo hay una indicación de la existencia de energía oscura: la medida de la expansión del universo. Sin embargo, esto es suficiente para que casi todos los físicos estén de acuerdo en que existe esta forma de energía.

El modelo explicativo más común, como fuente de energía oscura, determina la energía del vacío[5] efectiva y ampliamente disponible, un campo de inmensa información energética. Posee propiedades especiales que se han descrito con más detalle en la teoría cuántica de campos: como fluctuaciones, que surgen una y otra vez durante un breve período de tiempo y vuelven a hundirse inmediatamente de nuevo. En cambio, hay otras pruebas que demuestran que se trata de una energía constante, por lo que por último se explicaron dos tipos de energía oscura: constante y variable. Así que esta energía es idéntica al «mar de todas las posibilidades». Visto eso, llego a la conclusión de que el aumento medible en la expansión es una consecuencia del crecimiento energético cada vez mayor de la información que se encuentra dentro del campo vacío.

La energía oscura, por tanto, parece ser el efecto de un campo escalar, llamado quintaesencia cambiante. Las fluctuaciones de dicho campo se propagan casi a la velocidad de la luz: 299.792 kilómetros por segundo en el vacío. Las partículas elementales de este campo escalar serían muy ligeras, más o menos de 1.082 partes de la masa de un electrón. Sin embargo, la energía total del vacío todavía es 120 magnitudes mayores que la energía oscura, lo que sugiere que, además de la energía oscura, debe haber otras durmiendo en el vacío.

Pero ¿qué ocurre con las fuerzas gravitacionales que funcionan en todo el cosmos? ¿Por qué no impiden la expansión del universo? El astrónomo suizo Fritz Zwicky investigó el movimiento de las galaxias en 1933 y descubrió que las galaxias individuales se movían demasiado rápido para mantenerse organizadas en un grupo. Había una falta de fuerzas gravitacionales de la masa total aparente del montón. Por tanto, Zwicky asumió que había materia adicional, no observada, que debía ser 400 veces la materia visible. En aquel momento su hipótesis no se impuso en el mundo científico. No fue hasta la década de 1970 cuando se constató que las galaxias rotaban demasiado rápido. Esta vez sí que se tomó en serio el enfoque explicativo de Zwicky. Era preciso involucrar elementos que

---

5. Energía del vacío: La energía del vacío es una clase de energía del punto cero existente en el espacio incluso en ausencia de todo tipo de materia. *(N. de la T.)*

no fueran sólo los protones, los quarks y los electrones. De lo contrario, la enorme fuerza centrífuga del movimiento provocaría la disolución de tales galaxias; literalmente se desintegrarían.

Otra pista de materia desconocida fue la sorprendente densidad de materia alrededor del sol. La densidad es casi el doble de alta que la de las masas de estrellas y el gas visible. Había muchas opciones descartadas. O bien, había más masa en las galaxias de lo que se podía observar, con el correspondiente efecto gravitatorio. O puede que la teoría de la masa y la gravitación en el espacio no fuera correcta y tuviera defectos. Aparentemente, tenía que haber alguna masa que ejerciera un efecto gravitatorio, pero sin emitir radiación electromagnética ni luz. En la actualidad se ha demostrado que la materia oscura tiene un efecto gravitatorio mensurable. Fue posible aproximarse a esta propiedad gracias al llamado efecto de lente gravitacional. Corresponde a la teoría general de la relatividad de Albert Einstein, donde las grandes masas desvían la luz. Y como la gravedad de la materia oscura desvía la luz de las galaxias, los investigadores pueden observar la distribución de la materia oscura. Tema de la materia oscura zanjado.

Los astrofísicos consideran la materia oscura como el marco del universo. El astrónomo Jörg Dietrich, del Observatorio de la Universidad de Múnich, observó una estructura similar a un hilo de materia oscura que conecta cúmulos de galaxias individuales. Los puntos en los que se condensa la materia oscura atraen la materia visible a través de su gravitación más fuerte, de modo que también se forman bolas. Así es como se crean los cúmulos de estrellas, las galaxias y las agrupaciones galácticas. De repente, el universo tenía una forma completamente nueva: se presentaba como una red gigantesca con nudos de hilos de micelio galáctico. Al ver los datos, los científicos se asombraron aún más: la estructura era sorprendentemente similar a las neuronas del cerebro. ¿El universo es un súper cerebro?

Repasemos cómo se construyen las galaxias. Un halo las rodea. Dentro del halo hay sobre todo cúmulos globulares y nubes de gas interestelar. A esto se añade la materia oscura, cuya gravedad estabiliza la galaxia para que no se desintegre. El halo de nuestra Vía Láctea tiene un diámetro de más o menos 165.000 años luz. Si no estuviera enriquecido con materia oscura, nuestro sistema solar no existiría, porque entonces no habría órbitas constantes, así que no se lograrían condiciones estables en la Tierra, y éstas dependen del Sol como única fuente de energía confiable como dosis de energía para favorecer la vida. Sin la materia oscura, este misterioso «pegamento» que mantiene todo unido, nunca habría surgido la vida en la Tierra y, aún menos, las personas.

El descubrimiento de una nueva fuerza elemental

Durante mucho tiempo, a la astrofísica no le quedó más remedio que aceptar la existencia de la materia oscura. Parecía lógico que existiera, porque las fuerzas gravitacionales dentro de las galaxias no podían explicarse de otra manera. Por otro lado, no había ninguna prueba de las propiedades energéticas de la materia oscura, lo que podía llevarlas por un camino equivocado, ya que cada materia se basa en energía informativa y debe haber una fuerza correspondiente.

Así que Dawson fue una sensación. El astrónomo William Dawson, de la Universidad de California, en la Reunión Anual de 2012 de la Sociedad Astronómica Estadounidense, presentó la tan esperada prueba mediante la llamada lente gravitacional, que desvía la luz a través de la gravedad. Su equipo logró observar una fuerza que era fundamentalmente diferente de las fuerzas físicas que se conocían. Era una nueva fuerza universal de la naturaleza, más allá de la fuerza poderosa, la fuerza débil, la fuerza electromagnética y la fuerza gravitacional. Este nuevo poder estaba ligado causalmente a la materia oscura. Entonces se preguntaron de qué tipo eran estas partículas de materia, ya que no presentaban la estructura atómica conocida. Entonces, buscaron partículas transmisoras de información para la nueva fuerza natural y universal de la naturaleza.

Cuando los físicos tienen que desviarse de modelos probados para explorar fenómenos inexplicables significa que están viviendo un momento especial. En este caso, ampliaron el «modelo estándar supersimétrico» con una nueva partícula llamada «partícula supersimétrica más ligera (LSP)», neutralino o «partículas masivas que interactúan débilmente» (WIMP, del inglés *weakly interacting massive particles*). La supuesta masa es de 100 masas de protones. Estos WIMP interactúan poco con la materia normal; de ahí el acrónimo WIMP, que significa «débil» en inglés. Sin embargo, los neutralinos pueden comunicarse con facilidad con la gravedad y la fuerza débil, por eso oímos decir que la fuerza débil también es responsable de la influencia de la materia en nuestro cuerpo a través de nuestra voluntad.

Las WIMP se distribuyen de un modo uniforme en el universo y penetran en todos los puntos, incluso dentro de nuestro organismo. Se apresuran a través de nosotros sin que nos demos cuenta, por supuesto. Katherine Freese y Christopher Savage, de las universidades de Michigan y Estocolmo, han calculado que miles de millones de WIMP pasan por nuestros cuerpos cada segundo. Alrededor de 100.000 WIMP circulan cada segundo en un espacio del tamaño de una uña. De ahí surgen interacciones ocasionales con nuestros átomos. Colisionan, y esto se puede reconocer por los destellos de luz que emiten. Los electrones se liberan y empieza a aumentar la temperatura en el punto de colisión.

Hay dos eventos posibles bajo la influencia de los WIMP. Consideremos, primero, las colisiones, que son independientes del espín, es decir, cambian de masa por la acción gravitacional. Esta acción influye sobre todo en los átomos de oxígeno, y luego, aunque mucho menos, en los átomos de carbono y calcio. Un segundo tipo de colisión modifica el espín de los átomos. En este caso, las WIMP reaccionan ante todo con los átomos de hidrógeno; a cierta distancia, estos cambios de espín se siguen en los átomos de fósforo y carbono, y, finalmente, también en los de oxígeno, potasio y sodio. Necesitamos prestar más atención a las influencias que conllevan los espines, porque también afectan a nuestra consciencia y nuestra voluntad. ¿Quizá nuestra consciencia está más unida que nunca a la materia oscura? Sólo hay una respuesta concluyente que podamos aceptar por ahora.

Cabe señalar que las partículas de materia oscura dan los impulsos energéticos humanos cuando las WIMP chocan con los átomos del cuerpo. Según el experimento *Cryogenic Rare Event Search with Superconducting Thermometers* (CRESST, «búsqueda criogénica de eventos raros con termómetros superconductores»), que tuvo lugar a 1.400 metros por debajo de los Abruzzos italianos, fue posible calcular que, cada año, chocan hasta 100.000 WIMP con nuestros cuerpos. Esto equivale a casi cinco colisiones por hora. Los físicos de la Universidad de Michigan, por otro lado, creen que las partículas chocan con mayor frecuencia con los átomos del cuerpo humano, aproximadamente una vez por minuto.

Los resultados siguen siendo muy confusos, en especial porque los investigadores no han podido detectar todavía ninguna colisión WIMP con otros métodos formales. Los investigadores concluyen que las WIMP deben tener propiedades muy inusuales, puesto que su propiedad de visibilidad va cambiando. ¿O es que la voluntad y la consciencia entran en juego aquí, como en todos los cambios de espín? Creo que es posible que nosotros, los humanos, controlemos de manera inconsciente o consciente la frecuencia de tales colisiones, dependiendo de nuestro nivel de consciencia y de las expectativas. Al menos ése es el caso con la partícula cuántica denominada anomalón, que, dependiendo de las expectativas de los investigadores experimentados, representa unas propiedades u otras.

Si las WIMP tienen un significado importante para los humanos y, sobre todo, si estas partículas pueden colisionar de manera intencionada, es casi una condición que no haya bombardeos automáticos en los átomos continuamente, como resulta que ocurre. En unos choques permanentes tremendamente ruidosos no sería posible transferir información de manera selectiva.

Por ejemplo, hay un promedio de 8.500 desintegraciones radiactivas que ocurren en el cuerpo humano por segundo (Max Planck Research 4/12, pág. 40).

Esto sorprende, porque es muchísimo. Con este mecanismo de desintegración radiactiva no se podría concebir ningún control debido a la frecuencia variable espontánea.

En este sentido, nos inunda la propiedad especial del poder universal de la materia oscura, la cual fluye a través de nosotros. Esta materia está presente en todas partes y a todas horas. Su capacidad para comunicarse con la fuerza débil está lista para que funcione nuestro comando consciente e inconsciente.

Como parte de nuestro modelo, llegamos a una conclusión sobre la energía y la materia oscuras: son universales y están presentes en las regiones subatómicas. Ambas energías tienen un efecto opuesto sobre las masas: la repelente y la atrayente. Desde el punto de vista digital, serían adecuadas como información elemental consistente en cero y uno o en más y menos, con el fin de que la programación construya materia desde las masas y las haga funcionar. Del mismo modo que el sol proporciona la energía central para formar alimentos (enérgicos e informativos), la energía oscura y la materia oscura proporcionan información espiritual e intelectual para los seres vivos.

Las misas son de origen espiritual

Aunque nada parece tan natural como lo material, la existencia de masas físicas todavía no se comprende del todo. Incluso nuestra ecuación con vórtices de energía no parece describir las masas de manera adecuada. Sólo se sabe que las partículas pesadas, como los protones y los neutrones, representan densificaciones de campos cuyo grado de compactación es significativamente mayor que el de otras partículas como los fotones o los electrones. Cuando dos protones se acercan a una distancia de 10-13 centímetros, sus campos de fuerza se entrelazan. Las partículas están firmemente unidas, por así decirlo. Dado que los campos de fuerza son una consecuencia del espín, se puede culpar a la concentración de espines por el tipo de estructura del núcleo atómico. El espín parcial se convierte en el espín total de un nucleón.

En la actualidad, se intenta descomponer el núcleo atómico mediante el bombardeo de partículas de alta energía en subunidades para obtener declaraciones sobre las partículas más pequeñas de la materia. Así surgieron los quarks, que durante mucho tiempo se creía que eran los elementos más pequeños. Las partículas más pequeñas conocidas hoy son los tohus y wohus (que llevan el nombre de la palabra hebrea *Tohu wa-bohu*, que quiere decir «desolado y vacío»). Sin embargo, observarlos conduce al dilema con el que Bohr y Heisenberg ya estaban lidiando: si se consideran las categorías de partículas y se buscan de manera experimental, se podrían pasar por alto las propiedades como un vórtice energético.

Estoy convencido de que el bombardeo del núcleo atómico siempre libera una cantidad de energía de vórtice. Cuanta más energía se utiliza, más vórtices se crean. Si el nivel de energía aumenta de forma constante, los vórtices energéticos más pequeños se dividirán, en consecuencia, con una frecuencia vibratoria de circulación muy alta. Se producirá una cadena casi infinita de partículas, ya que el vórtice total se puede expandir en casi cualquier número de vórtices secundarios. Estas llamadas partículas elementales sólo existen durante fracciones de segundos durante la medición y luego vuelven a caer en el estado de probabilidad.

Los quarks se destruyen en una escala de tiempo inferior a los 10^{-23} segundos y se vuelven a formar de nuevo. Todos los elementos básicos de la materia, tal como los conocemos en el mundo cotidiano, se apagan y se vuelven a despertar como materia 10^{-23} veces por segundo. Pero esto también significa que ni la sustancia humana ni otras construcciones naturales se conservan, sino que, mientras vivamos en la Tierra, ésta es el modelo matriz para la forma, la estructura y la forma. Una vez más queda constatado que estamos constituidos de energía e información, tal como lo prevé el intramundo.

El núcleo atómico típico se puede describir como un espín de nucleón, con aproximadamente 10^{22} revoluciones por segundo. Esto corresponde a una velocidad de 150.000 kilómetros por hora, si giráramos en el mismo plano. Los núcleos atómicos son antiguos, de hace varios miles de millones de años, y desde su nacimiento están girando dentro del caos del origen del universo. ¿Pero de dónde procede la energía para dar el espín? ¿Y cómo se mantiene el espín?

Ya sabemos que el núcleo atómico como masa es la ubicación de la influencia gravitatoria. Ya en el siglo XVIII se describió la gravitación de Isaac Newton. Pero la gravedad no se puede describir con los medios del modelo físico cuántico estándar, a pesar de los esfuerzos mayores realizados hasta la fecha. Parece que hay algo que no se ha tenido en cuenta todavía. La masa aferra a los humanos a la gravedad, pero nadie sabe qué es la gravedad. Por supuesto, la manzana cae del árbol al suelo. Cuanto más masivo es un objeto, mayor es su peso y también la fuerza que lo acelera en relación con la superficie terrestre.

Pero ahora, un cuerpo pesado de esta aceleración también proporciona mayor inercia que uno más ligero. La inercia es, en términos absolutos, asombrosamente tan grande como la fuerza de la gravedad, aunque contrapuesta. Esta coincidencia es por completo inusual e inexplicable. La ingravidez de los astronautas se debe tan sólo a la «coincidencia» de la igualdad de la gravedad y la inercia. La gravitación aparece así como una manifestación especial de inercia, aunque tiene un tamaño dinámico. Pero si la inercia y la gravitación son esencialmente lo mismo, entonces la gravitación no es una fuerza estática entre las masas, como hemos creído hasta ahora, sino que también es dinámica.

Pero la causa y el efecto, como lo requiere la física tradicional, ahora se revertirían. Entonces, la gravitación no es la «causa» de las relaciones de movimientos concretos, sino que las relaciones de movimientos son sinónimos de gravitación y también de inercia. Si observas estos efectos significa que, con la desaparición del movimiento, la gravitación y la inercia también desaparecieron. Las consecuencias de la completa inmovilidad serían devastadoras: en cada paralización perderíamos adherencia a la superficie terrestre.

Hay varias explicaciones para el fenómeno de la fuerza de la inercia. Un enfoque reciente es que la inercia es la causa de una resistencia electromagnética que surge de la distorsión del campo energético de punto cero en el vacío. Por tanto, el movimiento acelerado en el vacío crea un campo magnético y, a partir de ahí, actúa la fuerza de Lorentz. Esta fuerza en la región de elementos secundarios contrarresta la aceleración de los objetos macroscópicos. Cuanta más masa se ve afectada, más partículas desvía el campo magnético y más fuerte es la fuerza de la inercia.

Dado que hay un vacío en el núcleo atómico entre los quarks y alrededor del núcleo atómico (no obstante, la gravedad actúa sobre el núcleo atómico), la gravitación debe penetrar en el vacío y ser absorbida al cien por cien en el núcleo atómico. Si la gravedad actúa sobre las masas atómicas, las masas ligeras y pesadas deberán tener diferentes ritmos de caída. Sabemos que éste no es el caso. Esto sólo se puede entender si el movimiento natural de la gravitación fuera infinitamente grande.

¿Por qué los núcleos atómicos pueden interactuar con la gravitación? ¿Qué papel juega la gravedad en el espacio vacío? ¿Existen conexiones entre las fuerzas primarias de la gravedad y la fuerza electromagnética? ¿La gravitación juega un papel para la vida a través de la gravedad, incluyéndonos a nosotros y a la naturaleza? Aunque parezca increíble, todavía no hay respuesta en la actualidad para estas preguntas. Por tanto, es lícito hacer algunas reflexiones que sean aceptables, aunque no se puedan demostrar.

Por supuesto, la física asume que la gravitación es una energía como las otras fuerzas brutas, es decir, tiene forma de onda. Es por eso por lo que esta energía tiene que ser cuantificada. La unidad más pequeña es el gravitón. La gravedad actúa en exclusiva sobre el núcleo atómico con un volumen de 10^{-13} cm^3. En otras palabras, según la opinión clásica, como se trata de una vibración de energía, tendría que resonar con las subunidades de este volumen; de lo contrario, no sería posible ninguna interacción. Las subunidades son los quarks. No obstante, las dimensiones de este volumen son tan pequeñas que la sección transversal efectiva de la longitud de onda asociada de los «rayos gravitacionales» tendría que ser demasiado pequeña, la frecuencia de 3 veces a 10^{27} Hz, y, por tanto, la gravedad no puede generar un movimiento de resonancia significativo en forma de onda. Así, la resonancia es cuestionable, y es por eso por lo que es posible que no haya entrada ni salida de energía gravitacional dentro del núcleo atómico.

Como la gravitación en el espacio libre universal es potencialmente uniforme en todas partes y no puede estar sujeta a ningún cambio causado por la energía o la fuerza, la velocidad es infinitamente grande y, por sorpresa, también la parada. La parada es infinitamente veloz, lo que puede deberse tanto a que el factor espacio como el tiempo son infinitos, y esto, a su vez, muestra que la gravitación está libre de espacio y de tiempo.

Una gravedad infinitamente rápida se encuentra en todas partes al mismo tiempo; pero si no hay vibración, como en el caso de la gravedad, entonces es como cabalgar sobre una cresta de olas: no hay velocidad, ni espacio ni tiempo. Con estas propiedades, la gravedad no sería energía porque tampoco muestra cuantificación debido a la falta de propiedades vibratorias.

Y, de hecho, a pesar de esforzarse más en los experimentos, un gravitón no se puede aislar ni tampoco es posible detectar las ondas gravitacionales.

Así que tenemos que contentarnos con la explicación siguiente: la gravedad en potencia existe allí, en todas partes, y funciona desde todos los lados, pero no podemos rastrear su naturaleza. Desde que nacemos, todos conocemos su impacto. Sin embargo, a nivel físico y de manera aparente, la gravedad no es una cantidad analizable. Se sabe que la materia oscura y la gravitación van de la mano, lo que podría dar a la gravedad aún más importancia de la que se ha considerado antes, también con respecto a fenómenos que previamente no se han podido explicar (Warnke, 1998).

Nuestra evolución espiritual

Mientras que todo lo material está sujeto al proceso de envejecimiento, lo espiritual no envejece. Más bien permanece eternamente joven, siempre igual. Todo lo que cambia es el aumento de conocimiento a través de un suministro continuo de información. Ése es en realidad el significado fundamental de la vida. Durante el período, más o menos breve, de existencia terrenal, debemos cuidar el enriquecimiento de nuestro conocimiento trascendental. Esto se descuida sobre todo porque estamos más concentrados en nuestros impulsos y pasiones o en nuestros logros intelectuales. Así es como subestimamos nuestro destino: exploramos los altibajos de nuestro potencial mental y emocional, dominamos las crisis, desarrollamos una personalidad emocional.

Todos sabemos que esto no nos resulta fácil. Cada día, nos esperan los mismos desafíos en el trabajo y en la familia que debemos subsistir. Nuestros anhelos y aspiraciones están dirigidos a hacer frente a la vida cotidiana. Por mucho que sintamos que estamos atrapados en la repetición sin sentido de lo constante, a menudo somos incapaces de ignorar la vida cotidiana y avanzar hacia otros niveles de realidad. Hay una frase notable en el Nuevo Testamento que nos da una salida. Jesús dice: «De cierto os digo que si no os volvéis y os hacéis como niños, no entraréis en el reino de los cielos».

A primera vista, esta frase sorprende. ¿Nos tenemos que volver infantiles o ingenuos? Se refiere a cierta inocencia infantil, sin cálculos, sin manías de ego, sin la racionalidad típica de los adultos. La frase contiene el desafío: ser auténtico en tus pensamientos y también en los sentimientos. No pienses en ganancias financieras, estatus o carrera; recuerda la seguridad que ofrece el cariño de los padres. Sé curioso y ardiente, sé valiente y mantente confiado. Creer por convicción, por la plena comprensión de nuestras relaciones humanas.

Sin lugar a dudas, a menudo se abusa de la fe. Entonces nos volvemos susceptibles al fanatismo y a los dogmas no reflejados. Todos los días vemos las calamidades del fanatismo religioso, cuántas guerras y cuánta violencia generan las creencias fundamentalistas sobre las personas. Cualquiera que se rinda a tales dogmas sofoca su propia vida mental y espiritual. En el peor de los casos, destruye otras vidas. Por tanto, cuando hablo de fe, me refiero a la creencia profunda e indestructible en la esencia espiritual de la persona. Tenemos el don de ser creadores, de crear otro mundo mejor. Eso es lo que constituye nuestra capacidad, no la violencia ni el dogmatismo ni la lucha.

Cualquiera que descuide su desarrollo espiritual por falta de pensamiento o egoísmo siempre estará insatisfecho, será un esclavo de la transmisión terrenal. Estas percepciones erróneas se almacenan en el intramundo. Nada queda sin consecuencias en un universo en el que todo está interconectado. Pero tan pronto como la mente se distancie de la rutina y se dé cuenta de sí misma, comienza un paso de desarrollo fascinante. Entonces nos convertimos en parte de una inteligencia universal que ha creado todo y se manifiesta como un alma sensible de sabiduría suprema.

Capítulo 4

Razón e intuición

El pecado original del intelecto

Desde la Ilustración, el pensamiento racional ha tenido una verdadera procesión triunfal en la cultura occidental. Hasta el día de hoy, nos estamos beneficiando de habernos escapado de la era mítica, y ahora podemos usar nuestras mentes para dominar nuestras vidas. Mucho de lo que aceptamos como una pauta plausible está relacionado con la lógica matemática. Emocionalmente indiferentes, fríos y calculadores, planificamos nuestras vidas y contamos nuestros éxitos y nuestros riesgos. Como mínimo, una persona contemporánea acumula tanto orgullo como logros intelectuales aprendidos. Cuando hablamos de inteligencia, por lo general nos referimos a este tipo de racionalidad. El análisis reemplaza la intuición, el cálculo lógico desplaza la sensación intestinal. ¡Usa tu mente! Es lo que se dice comúnmente. ¿Quién diría «escucha tu espíritu», «sigue tu sentimiento», o «estate atento a ver qué dice el alma»?

Con el ideal del racionalismo, nuestra idea de conocimiento también ha cambiado. Ideas, sensaciones, visiones, todo esto parece ser sólo una disfunción, a lo sumo un juego transitorio de bromas. Al hacerlo, ignoramos que la razón es una función bastante mecánica de nuestro cerebro en comparación con la vida de la mente y el alma. Si confiamos en exclusiva en nuestra razón, sólo podremos saber lo que el cerebro pueda procesar de acuerdo con los patrones de inteligencia proporcionados y que se han orientado según el espacio y el tiempo, es decir, a meros constructos.

Con la limitación a través del espacio y el tiempo, nuestra capacidad consciente de experimentar y, por tanto, también nuestro conocimiento está severamente restringido. Las posibilidades de conocimiento del intramundo están ocultas para nosotros y, con ello, también el conocimiento sobre nuestros potenciales creadores. Ocultamos que sólo nuestra alma lleva una vida de experiencia sustancial: estamos insatisfechos y vacíos. No nos anima ninguna consciencia de eternidad ni de infinito, ni ninguna emoción de ninguna exaltación de creatividad ilimitada.

Las personas en sueños obtienen una buena idea del espacio y de la atemporalidad del intramundo. Aquí un solo segundo de la vida cotidiana puede expandirse en gran medida. El momento se convierte en un evento de larga duración. El tiempo de ensueño vuelca todas las experiencias cotidianas conocidas. Las secuencias experienciales se alinean sin conexión, los momentos se vuelven eternos, luego volvemos a transportarnos en los años a través del lapso. Las asignaciones espaciales también pierden su regularidad. Pueden ocurrir cambios bruscos de ubicación. Igual un momento nos vemos caminando por una calle de nuestra ciudad natal, como recorriendo la sabana africana para detenernos de repente en lo alto de un macizo montañoso. La mente y el alma se liberan por completo de la lógica cotidiana; sin embargo, experimentamos todos los contornos de forma nítida, acompañados por sentimientos fuertes como el desánimo o la euforia.

Cuando soñamos, nuestra alma despliega su propia vida, sin las limitaciones habituales, sin lógica, sin tiempo ni espacio, incluso sin el procesamiento tan ordenado de la mente. El sueño nos libera del manejo pragmático del mundo cotidiano. No tenemos que ser capaces de planificar u organizar nada, sino que las cosas se desarrollan de manera fantástica. Se ha derrocado a la mente controladora. Ahora nos dedicamos por completo al intramundo, con ideas y asociaciones que flotan en libertad y que anulan nuestra consciencia mental racional.

Durante el sueño, las experiencias y las sensaciones están en primer plano, una señal de que el alma se ha deslizado hacia un estado de absoluta libertad, tan libre como puede ser sólo en el intramundo inmaterial. Toda la información espiritual que existe fluye en nosotros, nos lleva a cosas nuevas y, a menudo, nos asombra con ideas sorprendentes.

Muchos profetas llegaron a sus predicciones a través de los sueños. Por ejemplo, recuerdas a José del Antiguo Testamento, quien predijo al faraón siete años de vacas flacas y siete de vacas gordas para que el rey de Egipto pudiera acumular suministros a tiempo. En otras épocas, saber interpretar los sueños era un arte importante. Los que soñaban visiones eran adorados como si fueran sagrados. Creían, de manera acertada, que los profetas estaban aliados con mundos superiores. Hoy podemos confirmar que los sueños proféticos son una señal de que alguien está en contacto intensivo con el intramundo. Por tanto, su conocimiento de los sueños supera el conocimiento limitado terrenal, que no puede predecir nada sobre el futuro. Mientras están despiertos, estas «caras», como dijimos antes, están reservadas para muy pocas personas.

El hombre preconsciente, por otro lado, permanece en las garras de la mente, que hace todo lo posible para reducir la conexión con el intramundo. La mente actúa como un bloqueo. Evita todo lo que pueda interferir con su buen funcionamiento: emociones intensas, imágenes inexplicables, visiones enigmáticas. Tales experiencias intuitivas compiten con el enfoque mental en los juicios y objetivos preconcebidos, por lo que por lo general se resuelven antes de que lleguen a la consciencia. Con el tiempo, el neocórtex acumula un área del cerebro de la mente con más y más bloqueos. Nos vinculan con el mundo cotidiano y nos impiden adentrarnos en el intramundo. Esto asegura la adaptación al entorno. Nos movemos mentalmente en el contexto cercano de la voluntad física para sobrevivir, asegurando así nuestra existencia material.

Por tanto, los bloqueos tienen cierto sentido. ¿Cómo vamos a ser capaces de soportar un día de trabajo racional si soñamos despiertos? ¿Cómo deberíamos sentir hambre y sed si estamos completamente bajo el hechizo de nuestra vida psíquica? Sin embargo, es obvio que esta mentalidad intermitente nos hace a un lado a largo plazo. Nos hemos acostumbrado a ignorar las señales del intramundo hasta que la conexión se rompe por completo. A nivel fisiológico, se lleva a cabo un proceso en el que las actividades del neocórtex se superponen a las señales del sistema límbico, donde se realizan nuestras evaluaciones emocionales.

En el cerebro medio, la glándula pineal y el sistema límbico idealmente forman el puente hacia el alma. Mientras la mente y el alma puedan desplegarse sin obstáculos, por ejemplo, cuando tenemos fuertes sensaciones, cierta parte del sistema nervioso simpático, también llamado plexo solar, entra en un estado alto de excitación porque hay sentimientos intensos: surge un sentimiento visceral. Ahora, comienza una transferencia de información del sistema nervioso simpático al sistema límbico, donde se procesan e interpretan los sentimientos. La relación entre cuerpo, mente y alma se ve intensificada por la información emocional y las células nerviosas; con la ayuda de las coherencias de los espines físicos de sus membranas, se vuelven permeables al intermundo: la materia revela su potencial espiritual. Con la ayuda del intramundo, el sistema límbico y la glándula pineal, se desarrolla una estructura informativa y una voluntad espiritual que realiza determinaciones a partir de sensaciones sin palabras.

Así que el proceso aún no ha terminado. La transferencia continúa hacia el cerebro anterior, donde la atención tiene sus centros. El cerebro anterior ahora recoge la información y la mente trata de ponerle palabras; la imagen sin palabras se convierte en un pensamiento formulado. De este modo, se produce una transformación de la información en el lenguaje, que era inicial y puramente emocional, el neocórtex entra en juego y también la mente con sus cuadrículas de orientación en el espacio y el tiempo. Desde la libertad ilimitada de la experiencia psíquica, finalmente ha surgido un pensamiento que tal vez podría estar de vuelta en su lugar habitual. Sólo el lenguaje con sus términos habituales da formato a lo desconocido, lo inaudito, y lo reduce a lo familiar.

La supremacía del neocórtex

Los pensamientos que ocurren en el lenguaje familiar vuelven a modificar la entidad formada en el intramundo. Sólo ahora la sensación deseada llevará a cabo una acción real en la materia. Reconocemos los pensamientos por las expresiones faciales y el lenguaje corporal, por su comportamiento general. Los músculos faciales se contraen. Nos reímos o nuestras comisuras se entristecen; nos emocionamos o nos enfadamos. Y hay más acciones físicas como huir cuando tenemos miedo o abrazar a un ser querido. El resultado del impresionante proceso de procesamiento se ve con claridad. Nuestra postura se afloja o se tensa, y lo mostramos por todo lo que nos mueve.

La naturaleza proporciona una interacción del sistema límbico y del neocórtex. Por lo general, trabajan de la mano, en armonía, sin que una de las dos zonas centrales tome la iniciativa. En nuestra cultura racional, la relación ha cambiado. Ahora, el neocórtex está desplazando gran parte de lo que el sistema límbico ha registrado y transmitido. Surge un desequilibrio, la mente prevalece. Este desequilibrio y falta de armonía sigue hasta hoy. ¿Cómo pudo pasar esto?

El poder superior del neocórtex es el legado de una sociedad en apariencia ilustrada, pero en verdad está obsesionada con la razón. La razón, mediada por el neocórtex, se puede decir que gobierna de forma dictatorial. Como resultado, la conexión con el intramundo se ha reducido cada vez más, y para muchas personas está incluso apagada. Sólo en nuestros sueños, cuando la mente está en gran medida reprimida, seguimos recibiendo los mensajes del intramundo, que en el estado de vigilia permanecen ocultos.

Aquí consideramos la consecuencia de un cambio social integral. Estamos obligados a pensar y actuar sólo desde el punto de vista de la mente. Ser emocional o incluso soñar despierto se considera una debilidad. ¿Quién quiere renunciar a la debilidad de ser guiado por la intuición y el sentimiento? Se le da prioridad al poder de la mente. Según la opinión unánime, la razón puede mejorar la vida en términos de progreso, seguridad y prosperidad. Y sólo con la razón es posible expandir estructuras económicas y financieramente lucrativas.

Como no hay influencia mental sin consecuencias para la materia, el neocórtex como sede de la razón y la comprensión también aumentó fisiológicamente en volumen. A lo largo de varios milenios ha crecido de manera constante. Desde entonces, se ha producido una transformación masiva del cerebro a expensas de las actividades puente para el alma. Se va reduciendo de un modo gradual, de forma que hasta hoy nos hemos convertido en un ser degenerado en lo que se refiere a la unión del alma. La verdadera naturaleza del hombre, su mente y alma, sus sentimientos e intuición, han sido subyugados sistemáticamente. Mientras tanto, podemos hacer el diagnóstico de que la mente y el alma a menudo se apagan. La helada frialdad de la razón impregna nuestra sociedad, una tendencia inhumana a la imprudencia y la brutalidad.

La disciplina de las ciencias naturales convencionales ha favorecido la victoria de la mente de manera triunfal. Ya no percibimos el mundo de manera holística, sino que lo analizamos y lo examinamos. El panorama general está fuera de la vista. Los frutos que recogimos y comimos del «árbol del conocimiento» significaron literalmente la expulsión del paraíso. Los estados paradisíacos de Platón están ahora bien lejos. El pecado original de la razón, aunque alguna vez haya sido emparejada con las mejores intenciones, nos ha lanzado a un mundo inefable. Si hay alguien que dé más espacio a los sentimientos, fracasará debido al rechazo y a la incomprensión. Se lo tachará de sentimental e infantil; no hay espacio para él en el mundo de los intelectuales. Así que de seres de pensamiento y sentimiento nos ido desarrollando hasta ser unos materialistas desequilibrados. Esto no nos hace ser más felices. Las enfermedades, la depresión y el agotamiento nos lo reprochan: estamos trastornados porque carecemos de la dimensión mental y espiritual. Nos lo podemos quitar de encima con esfuerzo; sin embargo, sufrimos por ello, y cada vez más. De manera inútil corremos tras una suerte que queremos definir de un modo erróneo y llegar a ella por los medios equivocados. La codicia, las mentiras, la represión y el robo determinan la realidad social. El concepto de ética es sólo una fórmula hueca. Nos engañamos y nos lastimamos mutuamente ignorando del todo el hecho de que nos estamos haciendo daño a nosotros mismos.

Una mirada a la realidad es suficiente para recordar el escenario negativo: la desesperación en todas partes, la falta de confianza, la falta de respeto, el desánimo. Esto no queda sin consecuencias para el intramundo, puesto que dichos patrones se reproducen y se consolidan. Y dado que ambos mundos, el mundo cotidiano de los materialistas y el intramundo de los sentimientos del alma, están íntimamente entrelazados para dar y tomar, de manera inevitable, ambos mundos acaban enfermando. Las almas del mundo sufren, las enfermedades psicosomáticas están en aumento, y, por desgracia, también se han incrementado los estados de ánimo depresivos y los pensamientos suicidas.

Todavía hay intentos de contener esta epidemia psíquica rampante con terapias y medicamentos. Vanos intentos por no nombrar la verdadera causa: que hemos perdido nuestras oportunidades de desarrollo y conocimiento, las cuales nos abrirían el camino a la felicidad. Quienquiera que pronuncie esta verdad debe esperar comentarios burlones. Pero eso no es todo: cada vez que surge una contradicción, los intelectuales imponen sus leyes, si hace falta con la violencia, a aquellos que piensan de otra manera. Seguramente, hoy Jesús y su mensaje de caridad serían perseguidos con el mismo odio que hace 2.000 años.

El filósofo Immanuel Kant, uno de los principales protagonistas de la Ilustración, planteaba tres preguntas famosas: ¿qué podemos saber?, ¿qué podemos hacer?, ¿qué podemos esperar? Incluso hay una respuesta para la cuestión del conocimiento. Todo lo delegamos a especialistas, científicos, investigadores y líderes de opinión. El conocimiento veraz no tiene ninguna coyuntura. Demasiado fantástico y demasiado mundano parece lo que aporta el conocimiento del mundo interconectado. Por tanto, la cuestión del ámbito de la acción y las esperanzas parece haberse resuelto. El corsé de las convenciones y la obsesión de maximizar el beneficio destruyen cualquier enfoque que vaya más allá de la mente ilimitada.

Sin embargo, hay algunas personas que rechazan las restricciones habituales. Ven de forma muy clara cómo se han desarrollado las circunstancias y escuchan con atención sus sentimientos. Sienten la energía espiritual, que es libre de espacio y tiempo, y los argumentos lógicos de la mente no los engañan. Sobre todo, saben que el ser humano no está limitado a la materia terrenal. Vive con mucho más poder en la esfera psicoespiritual del intramundo. Ahí radica la esencia de la vida, donde las vivencias colectivas de innumerables experiencias del alma esperan ser utilizadas por nosotros. Las personas como yo estamos convencidas de que el intramundo también nos proporciona la información necesaria para curar las enfermedades y perturbaciones de la humanidad.

Pero ¿cómo nos podemos asegurar de que la sensación de espacio y tiempo resulta útil para la vida? ¿Los sentimientos no pueden llegar a ser confusos, irracionales y amenazantes cuando se les da rienda suelta? En este punto tenemos que distinguir entre sentimientos difusos y sentimientos emocionales. Los sentimientos pueden engañarnos y desorientarnos tanto a nosotros como a la mente. A menudo son sólo un fuego de paja, alimentado por anhelos o impulsos enmascarados. Luego nos dejamos inundar de emociones que se apoderan de nosotros.

Los auténticos sentimientos emocionales son otra cosa. Tienen menos que ver con los ataques emocionales que con la intuición. Todo lo que presentimos, lo que entendemos intuitivamente, sin necesidad de la razón, merece llamarse sentimiento. Siempre es espiritual, no es instintivo.

Los verdaderos sentimientos son el puente hacia el alma. Tienen su propia inteligencia y su propio juicio. Entonces, a veces sucede que todos los motivos para un nuevo trabajo o un nuevo apartamento hablan y todavía sentimos una timidez inexplicable para aceptar el trabajo o alquilar el apartamento. En tales momentos, permitimos el instinto visceral, un signo ineludible de que nos estamos dejando aconsejar por la información del intramundo.

Otra cuestión son las fantasías terrenales, a las que llamamos libremente fantasías. El nombre es del todo correcto, porque las fantasías surgen de una mezcla de mente y sentimiento, que es en especial común entre las personas sin experiencia. Tales fantasías son una farsa, porque no se originan en realidad en el intramundo. Estrictamente hablando, son acciones pictóricas producidas por el neocórtex de planificación. No tienen nada que ver con los sentimientos del alma.

El alma en un principio tiene imágenes que pasan por los pensamientos y controlan el sentimiento del cuerpo. Las fantasías, por otro lado, toman el camino opuesto: los primeros pensamientos se forman y luego construyen imágenes. Los pensamientos están, por tanto, por delante de las imágenes, y así las supuestas fantasías no son más que ideas aprendidas, capturadas en imágenes. La diferencia entre las ideas y los sentimientos mentales sólo se notará si se es consciente de este mecanismo. Si se confunden con los mensajes del alma, las imágenes y las acciones construidas intencionadamente por el neocórtex se pueden manipular para cualquier propósito.

Eso es justo lo que sucede en la actualidad en la política y en los negocios. Las creaciones intelectuales se venden como visiones, a veces como garantía de éxito para obtener ganancias financieras, a veces como instrucciones, igual que en los videojuegos. Lo primero y más importante es el principio de que el éxito sólo puede lograrse a través de una brutalidad despiadada. Se puede llamar liberalismo económico o Final Fantasy, pero los métodos siguen siendo los mismos. Las supuestas fantasías son proyecciones de la mente, aunque pasan desapercibidas por las masas. Hay un círculo vicioso de influencias sugestivas que va siguiendo su curso. Todo parece reducirse a eliminar a cualquier competidor y asegurar su propia ventaja con una mentalidad de abrirse paso a codazos ejemplar.

Otra trampa emocional son esos impulsos que, guiados por la mente, sólo tienen como objetivo la satisfacción del ego. La ambición ardiente, el afán de protagonismo y la consciencia de estado prometen buenos sentimientos. Y, sin embargo, al final sólo se esperan decepciones. Los impulsos y el egocentrismo son signos de una profunda frustración. Carecen del poder creativo espiritual. Sólo viven de patrones y esquemas, sin existir ningún tipo de energía creativa. No obstante, esto sólo se percibe como una sensación de incomodidad. La mayoría de las personas ya no sienten las sensaciones auténticas y llenas de vida del alma y confunden los sentimientos o deseos de la mente con la voz interior pura que nos habla a través de las sensaciones verdaderas.

En el curso de la civilización, la mente ha ido invadiendo las emociones. No sólo los pensamientos, sino también las emociones han sufrido un formateo. Ya de pequeños, aprendemos a unir sentimientos con situaciones específicas con la ayuda de la mente. Éste no es un proceso de aprendizaje deliberado, sino que ocurre de un modo inconsciente a través de la imitación. Los padres, hermanos mayores, maestros, etc., muestran cómo evaluar esos eventos individuales. Un vehículo nuevo nos contenta, pero un prado floreciente en primavera, no. Estamos tristes por un contratiempo profesional, pero no por el agotamiento de las facultades mentales. Así es como se transmite, y así es como tomamos el control. Si los sentimientos emocionales de los modelos sociales se han perdido, ya no se pueden transmitir. Queda la voz interior de sentimientos puros que permanece inaudible, ahogada por el ruido de los sentimientos condicionados. Este proceso de aprendizaje fatal está muy avanzado en la actualidad. La mente, que ahora domina los sentimientos, ha suplantado los poderes mentales libres que sólo pueden surgir a través de sensaciones especiales. Muchas personas, por tanto, son incapaces de sentir y reconocer los sentimientos emocionales. Incluso los sueños han cambiado. Los requisitos de la razón están tan internalizados que el neocórtex llega a tomar algún control durante el sueño. Cada vez es más inusual tener sueños visionarios. En su lugar, predomina un conglomerado confuso de pensamientos razonados, experiencias cotidianas y contactos con el intramundo originales. Sin la intervención antagónica del neocórtex, los sueños serían más claros y significativos, y podríamos recibirlos como una fuente de mensajes importantes y prestarles más atención. El mundo de los sueños ya no es esclarecedor ni profético, y cuando lo es, los mensajes se descartan como disparatados.

Sentimientos y sensaciones

¿Cómo podemos escapar a los mecanismos del mundo racional? ¿Qué nos salva de la arrogancia de la pura racionalidad? Echemos otro vistazo al estado ideal. La voz interior de las sensaciones debe dictar a la mente qué hacer, no al revés. Porque sólo la sensación psíquica puede producir funciones y formas automáticamente a través de las energías espirituales. Sólo así se crea algo nuevo, todo lo demás debe seguir siendo imitación. Es por eso por lo que las prácticas de inmersión meditativa son tan importantes.

Tan pronto como nos separamos de los contextos cotidianos, focalizando nuestra atención sólo en una palabra o una imagen, la mente ya no tiene nada que hacer. Queda sin poder. Ahora nos vaciamos de pensamientos de planificación y nos unimos con el intramundo. Entonces nos llega lo que nos convierte en seres verdaderamente creativos: el «mar de todas las posibilidades». No se ve afectado por ningún control de la mente. Nada es imposible, este eslogan de una marca de automóviles japonesa es la nueva pauta.

Si tenemos alguna práctica con el contacto directo del intramundo, podemos pasar a la fase activa. Hablando en sentido figurado, sacamos del mar todas las posibilidades, una idea que apela a nuestra sensibilidad. De esta manera, lo que sentimos se convierte en un patrón de información en el intramundo. Se refleja de nuevo en nosotros, se solidifica en el pensamiento y, por tanto, podemos centrarnos en otros pensamientos y metas. Su realización ya no es nuestra tarea, sino que la asume el intramundo. Nuestros pensamientos, que son provocados por sensaciones, allanan los caminos con múltiples refuerzos para permitir finalmente que los poderes reales trabajen en la materia a través del espíritu libre.

Por medio de la introspección intensiva, podemos aprender a distinguir las sensaciones emocionales de aquellos sentimientos que sólo se activan con estímulos simples. Tales sentimientos son estereotipados por ciertas situaciones y una correspondiente reacción química cerebral. Se estimula la secreción de hormonas y neurotransmisores, que generan ansiedad o placer. Estos sentimientos, que se ajustan químicamente como resultado de una conexión molecular con un receptor, están vinculados a la estructura del cuerpo y, por tanto, al espacio y al tiempo. Surgen a través de ciertos acontecimientos.

Por ejemplo, la percepción de un peligro concreto se transmite a la mente, lo que conduce a varias acciones sucesivas. Pero la razón, al igual que el cerebro material, está ligada al espacio y al tiempo, su rendimiento depende tan sólo de las condiciones de la situación. Nuestras reacciones se basan en la información que recopilamos del evento. En el ejemplo del peligro, reparamos que un automóvil se acerca a gran velocidad. El beneficio de la pronta liberación de adrenalina a través de los sentimientos de ansiedad con reflejo de huida se contempla en el rápido salto que damos hacia un lado. Estas reacciones son tan practicadas por la evolución que se ejecutan de manera inconsciente como reflejo. Cualquier retraso puede causar la muerte.

Además de tales reacciones emocionales útiles, hay varios mundos emocionales apropiados concebidos por la sociedad. Por ejemplo, para ver cómo funciona el mecanismo, podemos caminar por una zona peatonal con decoraciones festivas típicas de la Navidad. Todos los árboles y luces de Navidad tienen el único propósito de desencadenar emociones sentimentales y una mayor disposición para comprar. Nuestra sociedad de consumo se está especializando en ponernos bajo un fuego emocional constante. Películas y anuncios, acompañados de música sugerente, apuntan a nuestra reacción emocional. Todo es publicidad según el principio de seducción secreta. En todas partes aguardan generadores de emociones artificiales, fabricados para elevar nuestro espíritu y convertirnos en unos consumidores obedientes.

Por tanto, cada vez es más difícil que nos resistamos a este sentimiento material y que escuchemos la voz del sentimiento emocional. Así es como se pierde la valiosa información del intramundo. Sin embargo, este desarrollo no es irreversible. También existen eventos muy diferentes a los ejemplos descritos, es decir, eventos causados por una sensación. El orden es del todo diferente: al principio está la sensación, luego se produce el evento. Eso es discutible. Los neurólogos se han estado preguntando durante mucho tiempo si la liberación de neurotransmisores es la causa de los sentimientos o si, por el contrario, los sentimientos conducen a la liberación de neurotransmisores. Vuelve a reeditarse la vieja pregunta de qué es primero, la gallina o el huevo. Ahora queda claro que éstos son procesos muy diferentes con consecuencias completamente dispares.

Si la causa de la transferencia de información es una sensación vivida, estamos en un nivel más allá del espacio y el tiempo, y creamos entidades virtuales dentro del intramundo. Los prototipos de tales sensaciones son amor, anhelo y curiosidad, pero también deseo. Por encima de todo, la motivación se entroniza como la reina de las sensaciones. Las estructuras informativas pueden experimentarse mental y espiritualmente en este nivel y continuarse como en el sueño. Es importante que estemos unidos al mismo tiempo con el espíritu libre y no con la mente estrecha de las limitaciones materiales del espacio y el tiempo. Los sentimientos vinculados a las actividades nerviosas y los estímulos químicos del cerebro permanecen atrapados en el espacio-tiempo material. Aquí también se crean imágenes, pero están ligadas al intelecto y pueden engañarnos, por ejemplo, en lo que llamamos fantasías. Las fuerzas resultantes son fundamentalmente diferentes. En la sensación, funciona el poder de la mente; en el sentimiento (como resultado de los estímulos), sucumbimos a las ilusiones.

Del yo al ego

Un conocido *best seller* de divulgación científica lleva el título ¿Quién soy *yo y... cuántos?* La pregunta un poco paradójica es más que una bonita mordaza. Aunque creemos que tenemos una personalidad propia, si la contemplamos de cerca, el individuo es mucho más complejo. Los llamados poderes internos desempeñan un papel importante. En la parte superior de la lista está la instancia del ego, ya que todas las acciones y hechos del hombre inicialmente giran en torno a él. Pero incluso si queremos definir qué es el ego, nos encontramos con dificultades. ¿Es el espíritu? ¿Es el alma? ¿Las funciones corporales están incluidas?

El yo usa la voluntad innata para imponerse. Realiza experiencias en armonía con el neocórtex, que establece objetivos para iniciar la concentración mental y formular la voluntad. En este sentido, el ego no es natural. Refleja esa parte de la personalidad que ha surgido a través de la experiencia, el aprendizaje y las vivencias. Lo que llamamos no es una individualidad única, sino una entidad que está formada por sucesivas influencias externas. Al mismo tiempo, debemos reconocer que la experiencia, el aprendizaje y las vivencias son actividades puramente mentales y del todo distintas de comer, beber y dormir. Por tanto, se podría resumir diciendo que la mente construye la personalidad en interacción con el mundo cotidiano para crear una instancia de ordenamiento que sirva de orientación.

Los requisitos previos para el desarrollo del yo son los sentimientos y la voluntad innatos. En el curso del desarrollo, la voluntad tiene cada vez más ventajas. El yo se vuelve más independiente, a menudo más satisfecho de sí mismo, hasta que se expresa como ego. Pero hasta llegar ahí, hay un largo camino. Porque al principio, un bebé ni siquiera se considera a sí mismo un ser independiente. Sólo a la edad de unos dos años, un niño tiene tanta consciencia de sí mismo que se reconoce en el espejo. En un principio no hay un límite consciente entre él y el mundo exterior. Poco a poco, a través del contacto con sus padres, el niño se hace una idea de sí mismo como un ser que actúa de manera independiente. A la edad de dos años, a más tardar, aprende cómo se llama y cómo se le ve desde fuera (su aspecto). Esto le da al ego una identidad consistente y, a partir de ese momento, actúa como un observador: nos miramos y evaluamos qué nos sucede.

En esta etapa, la mente comienza a activarse: filtra la información del entorno. Los sentimientos congénitos, como la ira o la alegría, se adaptan a la interpretación de cada situación, dependiendo de cómo reaccionan los padres u otras personas de referencia. A través de la mente, que constituye la razón, todas las experiencias sensoriales se forman y se almacenan en imágenes y palabras. Aquí es donde comienza la terminología: el niño aprende a poner nombres, y un plato con cuatro patas pasa a llamarse mesa, y un animal de plumas es un pájaro. En última instancia, aprende las abstracciones del mundo del pensamiento. No tiene que almacenar una imagen de una tabla concreta para reconocer una tabla, porque el término ahora existe virtualmente. Poco a poco se forma un sistema de pensamiento completo, con las evaluaciones y normas que dicta el contexto.

Paradójicamente, el yo crece en la medida en que se vuelve extraño. Cuanto más vieja es una persona, con más vehemencia representa la convicción de que existe completamente fuera de sí misma. Pero el ego es una ilusión pura. Nuestra verdadera naturaleza es el yo; ésta es nuestra propia identidad, única e inconfundible como una huella digital. El yo como núcleo de la mente y del alma no depende de una existencia física ni tampoco es permeable a las influencias del mundo cotidiano. Puro e inviolable, está por encima de la existencia terrenal, es el hogar del intramundo. Por otro lado, el ego debe seguir siendo una construcción, por mucho que pensemos que constituye nuestra esencia. Dos preguntas nos llevan a las contradicciones sintomáticas: ¿quién quiere que mi yo haga algo? Y, si mi yo es lo pensante, pero no los pensamientos, ¿quién es el autor de mis pensamientos entonces?

Dado que la verdadera naturaleza de la persona es espiritual y está conectada con lo espiritual del universo, podemos decir que el espíritu que todo lo abarca crea las condiciones para que un yo se establezca con el pensamiento pensante. Sólo que no se queda con él porque poco a poco el ego avanza hasta el primer plano. Superpone al yo, entrena sus propias competencias mentales y entra en una fuerte competencia con el yo, de manera tan sostenible que el yo puede finalmente quedar del todo oculto. Un ego excesivamente fortalecido es, por tanto, una identidad falsa. Se adapta a los patrones del mundo ilusorio cotidiano, así que se une por completo al ser material en lugar de permanecer receptivo a las ideas del intramundo. En consecuencia, una persona «inmadura» que deja que su ego lleve las riendas. Está satisfecho cuando adulan su ego y ofendido cuando se siente atacado. Como se ha olvidado de sí mismo, el principio del espíritu libre dependerá de manera permanente del ego y sus caprichos.

Se reconoce al ego humano por la falta de capacidad para la autorreflexión crítica. Es un luchador solitario, poco cooperativo y con la intención de ganar sin tener a nadie en consideración. Si falla en una tarea, culpa a los demás. Como es comprensible, ésta no es la receta para el éxito. Un ególatra básicamente se hace daño a sí mismo, ya que tiene un alto potencial de agresión, y sólo desea eliminar a todos los competidores. Se hunde en pensamientos de envidia, enojo y desconfianza, que, de la manera retroactiva más negativa, se le devuelve póstumamente. A menudo, las enfermedades físicas y mentales son el resultado. Al desvincularse del mundo, se pierde la capacidad de desarrollar nuevas percepciones y visiones positivas. Así que carece de energía creativa para conseguir sus grandes metas. Al final, ocurre a menudo, suele topar con una depresión profunda.

Anular este proceso es muy difícil. El ego es una trampa difícil. Cuando le ordenamos que desaparezca, lo fortalecemos con nuestra atención. Si lo negamos con mucho esfuerzo, construimos un muro protector, detrás del cual el ego trabaja aún de manera más activa. Cualquier tipo de lucha contra el ego es del todo ineficaz. Sin embargo, es mucho más importante que el acceso a la verdadera identidad esté enterrado: el yo simple y, más elevado, el ser superior del intramundo. Esta identidad permanece sin reconocerse porque el yo está en sus procesos de aprendizaje dirigidos desde fuera y el ego creado por sí mismo está encarrilado.

Es necesario esforzarse para poner al yo y al ego en su lugar. No es imposible. A veces son las crisis o los golpes del destino lo que lleva a replanteárselo. De repente, el hombre ególatra se da cuenta de que no es la medida de todas las cosas. Tiene que aceptar que el yo y el ego no son instancias inconmensurables. Un primer paso en la transformación suave es darse cuenta de que el ego deriva su poder sólo a través del yo. Inmediatamente surge una distancia saludable. La persona ya no se identifica con el ego, sino que se da cuenta de que es una entidad artificial. En el mejor de los casos, están virtualmente inmóviles uno al lado del otro, y desde cierta distancia se observa cuál será el siguiente paso que dará el ego, hasta que por último se desilusiona y se neutraliza. Ahora viene el segundo paso: comprender que la vida anterior fue una ilusión funesta, que no es tan simple de entender.

Después de hacer eso, dejaremos de confundir nuestra identidad con el ego. Éste pierde con rapidez su último poder, porque ya no lo alimentamos. El ataque, la lucha, la ira y la culpa se evaporan. Lo que queda es el ego, que ahora puede reorientarse. Es muy probable que los viejos sentimientos del ego todavía estén en llamas. Pero hay una gran diferencia entre decir «Estoy enfadado», o darse cuenta con cierta distancia, «tengo una sensación de enojo». En la primera variante, toda la personalidad está involucrada. En la segunda, uno recupera la soberanía sobre sí mismo. La ira se considera un fenómeno externo, y ya no un rasgo. En otras palabras, la persona se convierte en observadora. Desde esta posición, es más fácil buscar soluciones constructivas a un problema en lugar de volver a caer en los viejos patrones del ego.

El yo y el ego están ligados a nuestra existencia terrenal. Muy por encima está uno mismo. Éste está dividido en tres áreas que pueden describirse como autoinstancias: el yo simple, el yo superior y el yo verdadero. Mediadas por la consciencia, las autoinstancias crean el ego. Pero pueden hacer aún más: con la herramienta de la consciencia, las instancias propias permiten que surjan ideas o pensamientos ya almacenados, que se solidifican en ideas y, con el apoyo de la voluntad, por último pueden crear algo a propósito.

Como la esencia del intramundo, el yo no es una entidad científicamente comprensible, como tampoco se puede medir la personalidad. Sin embargo, los efectos los vemos con claridad. Cuando alguien se mueve, cuando piensa o habla, se experimenta a sí mismo como alguien controlado por sí mismo y por el yo. Sólo por medio de nuestra capacidad de pensar nos conocemos y nos reconocemos a nosotros mismos. En un contexto más amplio, se puede resumir diciendo que el yo y la consciencia sostienen el mundo, igual que un soñador mantiene un sueño.

Entonces, ¿el yo de qué se trata? ¿Y cuál es el propósito de la distinción entre el yo simple, el yo superior y el yo verdadero?

Todo lo que impulsa el ego en el mundo cotidiano se experimenta y se almacena en el intramundo del yo simple. En este sentido, surge una reacción universal a nuestra experiencia individual. Sin embargo, esta reflexión de todos los acontecimientos en el intramundo es incorpórea, ya que en el intramundo no hay materia. En contraste con el mundo cotidiano, el intramundo es un vacío, es decir, un espacio libre de masas. Por tanto, todos los eventos mundiales cotidianos del intramundo se almacenan como complejos de información pura, igual que alimentamos un ordenador con complejos de información. El ego del mundo cotidiano ya es un complejo de información, una idea de autoinstancia en el intramundo. Incluye la personalidad terrenal actual y corresponde al yo simple.

Además, el yo superior existe. Contiene la suma de experiencias que el ego ha recogido de varias encarnaciones anteriores. Las experiencias como unidades mentales nunca se pierden. Todo lo que un ego ha experimentado a través de eones se almacena en el yo superior del intramundo. Debido a la influencia implacable del yo verdadero que tiene por encima, el yo superior puede clasificar las malas experiencias en su personalidad, las cuales no tienen potencial reproductor ni de crecimiento. Por tanto, el yo superior tiene mucha más información para el bien que el yo simple. El yo superior no conserva ninguna adicción, arrogancia, vanidad ni sentimientos destructivos o esfuerzos egoístas. Es armonioso y autosuficiente de manera pacífica. Es por eso que la conexión con el yo superior significa una purificación, clarificación y consolación del yo inmediatas. La consecuencia es una profunda serenidad y honestidad sin dañar al prójimo, un reconocimiento espontáneo de lo que es necesario en la vida cotidiana y una atención cariñosa a los semejantes, a los animales y las plantas, que deberían ser evidentes en una sociedad próspera, pero fueron derramadas a raíz de la vida del ego. Por tanto, el yo superior contiene mucho más conocimiento y sabiduría que el yo simple de la vida real. El yo superior es, pues, la esencia misma del individuo. En contraste con el yo, que está formado por la vida terrenal real, el pensamiento y el desarrollo del yo superior que se extienden infinitamente más lejos, enriquecidos con innumerables pensamientos e ideas de existencias anteriores.

La culminación de las autoinstancias es, después de todo, el yo verdadero, también llamado el «yo sublime» en algunas tradiciones espirituales. Ésta es la fuente primaria de nuestro ser, el núcleo universal de nuestra existencia humana. El yo verdadero ya no está vinculado a un solo ser humano con muchas vidas, sino que contiene toda la información del ser humano, con todas las cualidades que se crearon en el hombre prehistórico y todas las etapas de desarrollo posteriores. Como el desarrollo excluye la autodestrucción, estas cualidades son exclusivamente buenas, hermosas y sanadoras. Por otro lado, las malas cualidades que podrían ser destructivas quedan desatendidas.

Por tanto, el yo es el medio de las vivencias y de las experiencias en el mundo material cotidiano; el yo simple almacena la experiencia del ego a través de los flujos de información, y en el yo superior, se combinan las experiencias del ego actual y anterior. El yo verdadero agrupa el yo simple y superior y es al mismo tiempo una instancia de orientación para los niveles inferiores. Por tanto, el yo verdadero es la esencia fundamental del intramundo; vive una existencia puramente espiritual, pero puede formar materia virtual en función de las imaginaciones, la voluntad y los pensamientos.

Si ahora resumimos el yo simple, el superior y el verdadero, también reconocemos las perspectivas de desarrollo del individuo: el yo simple refleja las actividades libres del yo; el yo verdadero nos muestra nuestra verdadera personalidad y la responsabilidad que se le atribuye; el yo superior nos recuerda que, como seres humanos, estamos en un contexto universal y somos cocreadores del mundo. El yo verdadero representa nuestro potencial divino,por todo lo que se puede despertar en nosotros tan pronto como partimos en busca de la fuente de nuestro ser. De forma comparable, C. G. Jung escribió sobre el hombre y la consciencia: «La consciencia se produce con el propósito de que se reconozca a partir de un nivel superior de su linaje (Deum)». Por tanto, la persona debe prestar más atención a esta fuente para proporcionar «una óptima psique total de la vida y de las oportunidades de desarrollo».[1]

Todas las cualidades innatas provienen del intramundo, el reino de las autoinstancias: consciencia y voluntad, todos los sentimientos básicos, así como la capacidad de pensar y aprender para poder realizar experiencias individuales. Si bien el mundo cotidiano requiere la diversidad del intramundo, a la inversa, el intramundo requiere las posibilidades de experiencia en el mundo cotidiano: un toma y daca mutuo. Un mundo no podría existir sin el otro, ambos están entrelazados. El intramundo y las autoinstancias están presentes en cada pequeño punto de nuestro cuerpo, incluso donde no hay masas, núcleos ni electrones. Casi el cien por cien de todo el volumen de la materia pertenece al intramundo, incluyendo nuestro volumen espacial y físico, es decir, el espacio sin ningún tipo de masa, la fase de vacío en nosotros, sede del yo simple, del yo superior y del yo verdadero con la consciencia, la voluntad y el alma. Esta fase espiritual, rica en información, fluye suavemente hacia el espacio que nos rodea, a la atmósfera, al universo. Cada materia está impregnada a nivel espiritual.

Pero ¿por qué hablo de instancias propias? El término señala que siempre hay un observador a través de las diferentes formas del yo, como lo llamó la formación de la realidad cuántica y filosóficamente. Si el yo percibe cosas, hay una instancia que percibe cómo el ego distingue las cosas. En general, apenas somos conscientes de la posición de este observador. En las meditaciones nos podemos apropiar de las percepciones. Así que la instrucción para una meditación observadora es ésta: acuéstate y sigue tus pensamientos. Ya sabes: aquí yace mi cuerpo y mi yo. Mientras piensas esto, obviamente hay una instancia más observando todo esto, incluyendo tus pensamientos. Y eres capaz de percibirlo.

Cualquiera que intente este ejercicio tiene una vívida impresión de que la posición del observador no está fuera de nosotros, sino en el ser, del cual podemos tomar conciencia en una meditación. En pocas palabras: a través de las percepciones conscientes, trascendemos el yo irreflexivo y sentimos nuestro yo observador. Hay otro ejercicio simple que tiene un efecto similar. Concéntrate en una flor mientras caminas. Ahora percibes la flor. Al mismo tiempo, también puedes percibirte como un sujeto centrado en una flor. Lo especial de este proceso es que se puede percibir el objeto «flor», el sujeto «yo» y el sujeto más relevante «yo mismo» como algo independiente del resto. Las diferentes instancias se conocen.

---

1. Jung, C. G.: *Band 14/1+2: Mysterium Coniunctionis*. Gesammelte Werke, Walterverlag, 1963.

Al igual que los pensamientos, ideas y sensaciones, hay innumerables relaciones sujeto-objeto que también se almacenan en el intramundo.

En estos ejercicios, nos damos cuenta de que nuestro ego no es idéntico al yo observador. Y, por último, llegamos a la pregunta: ¿quién le da realmente a la conciencia de vigilia la tarea de hacer algo específico? ¿El yo? ¿El ego? ¿O acaso no procede el encargo de la esfera del intramundo? Eso es lo que nos sugiere la nueva investigación sobre el cerebro. Los experimentos han demostrado que nuestros cerebros generan impulsos para una acción antes incluso de que nuestra consciencia tenga nociones de tal acción. Y no hay duda en nuestro modelo de que el yo superior interviene como una entidad conocedora y experimentada. Es emocionante aprender más sobre el intramundo desde este punto de vista. Por ejemplo, podemos preguntarnos: ¿qué genera el yo simple y qué es el yo superior? ¿Qué fue creado por el espíritu universal como toda la naturaleza? ¿Qué han generado otras entidades inteligentes de las entidades del intramundo creadas por los pensamientos y sensaciones de los humanos?

Lo cierto es que hay dos niveles en el intramundo; primero, un nivel que responde a nuestros pensamientos y sentimientos y que, por tanto, podemos usar para nuestros propósitos; segundo, un nivel que actúa de manera independiente. Esto deja claro que existe el mundo externo creado, independiente de nosotros, y al mismo tiempo el mundo creado, que depende de nosotros. Aquí se plantea otra pregunta: ¿quién o qué funciona de manera independiente, sin basarse en nuestros pensamientos e ideas?

En el *Rig Veda* indio, esta energía independiente se denomina *tapas*, que es equivalente a la experiencia y recuperación de la consciencia pura: «Sólo había oscuridad envuelta de oscuridad. Todo era como un mar indiferenciado. Este vacío unificado fue cubierto por un vacío creado por el poder de *tapas*» (Rishi Paramatma, *Rig-Veda* 10, II. 1, 2-4). Y en otros lugares se dice: «De *tapas* surgió la verdad y la veracidad» (Rishi Aghamarsana, *Rig-Veda* 10, XII. 39, 1-2).

Con la consciencia, despertada por *tapas*, comienza el proceso de creación. De la virtualidad, del mar de todas las posibilidades, emergen realidades, un mar de movimientos energéticos e informativos, un ir y venir, la muerte y la transformación. Estos opuestos son indispensables. Sin calor no podría imaginarse la idea de frío; sin la oscuridad, no habría luz. Los contrastes se crean para facilitar las percepciones. El intramundo y el mundo cotidiano son, por tanto, también antípodas: iguales-ricos en contrastes, ilimitados-limitados, invisibles-visibles, inmateriales-materiales, incluso en partículas y antipartículas. Todas las partículas tienen antipartículas, excepto una. Curiosamente, el fotón es una excepción: él mismo es el antifotón. De nuevo, se debe señalar que los fotones son los portadores de información para la aparición de las formas en el mundo material que nos resulta familiar. Pero ¿a qué mundo pertenecen las antipartículas? ¿Qué tareas informales tienen? Nadie lo sabe, pero la supersimetría sugiere que pueden tener algo que ver con el mundo internacional a través de la energía y la materia oscuras.

Cuando las partículas y las antipartículas del mismo tipo se encuentran, se irradian con la emisión de fotones de luz, por ejemplo. ¿Sabemos la causa del fenómeno de la luz al final del túnel en las experiencias cercanas a la muerte? ¿Vamos de una muerte del mundo cotidiano con partículas «normales» hacia el intramundo con «partículas antinormales»? Cuando se pasa un umbral de separación, ambos tipos de partículas se tocan directamente y arden con una luz brillante.

Todo en el intramundo obedece a la voluntad y al deseo. El ego individual del ser humano genera una parte de la información del yo superior del intramundo a través del yo simple. Pero no debemos olvidar que las autoinstancias del intramundo han creado el yo en primer lugar. Es una idea original de estos casos, un complejo de información, un patrón.

Una vez que las personas entran en contacto con su yo superior y su yo verdadero, se desligan de la camisa de fuerza que los une a la vida material y terrenal. Cuando la vida no tiene egos, se libera. Al instante, el complejo de información que representa un asunto particular obedece al pensamiento. A través de las ideas, inspiradas por la voluntad, los patrones de información se convierten en figuras reales.

¿Por qué esto no tiene éxito en el mundo cotidiano? Una vez más, observamos procesos de aprendizaje que llevan a restricciones en la infancia. Nadie nos enseña cómo controlar la materia del cuerpo con nuestra voluntad, sino que incorporamos en la mente el mecanismo relevante que dicta al alma qué hacer. Aprendemos a adaptar nuestros cuerpos a la materia del mundo que nos rodea. Una idea de cómo podemos actuar abiertamente sin materia ni forma ni gravedad nos brinda sueños, experiencias cercanas a la muerte o incluso sentimientos como el amor. Sin embargo, no reconocemos estos fenómenos como opciones y continuamos limitándonos. Por encima de todo, restringimos nuestra percepción, por eso es tan importante lidiar con el yo superior y el yo verdadero para construir un mundo mejor. El filósofo Paul Brunton señala: «Reconocer la falsa creencia sobre nuestra existencia real es la condición previa para obtener un mundo más sano» (Brunton, 1988).

En el yo verdadero, encontramos la consciencia, capaz de percibir de forma pura, sin trabas materiales. La percepción pura, como la consciencia pura, es el objetivo de todas las prácticas meditativas. En los yogas sutras de Pantanjali encontramos algunas ideas que van exactamente en esa dirección. Los yoguis indios asumen que tienen acceso a la percepción pura. Según la tradición, tienen habilidades sobrenaturales, los *siddhis* (perfecciones). Dominan el arte de la levitación, pueden cambiar la materia y reconocen los objetos que están ocultos o muy lejos. Pueden volverse invisibles, correr sobre el agua o carbones encendidos, y son capaces de predecir el futuro. La omnisciencia y la omnipotencia parecen ser otras capacidades de estos yoguis tan duchos (Taimni, 1961). Al buscar las razones, éstas residen en la capacidad de percepción pura. Un yogui tiene una experiencia ilimitada, mucho más allá de lo que pueden lograr los cinco sentidos y la mente. Por tanto, un yogui percibe más que otros, ve más, siente más. Vive completamente en los flujos de información del intramundo, los invade y subyuga la materia. Mucho más consecuente que otras personas, realiza sus elecciones conscientes del mar de todas las posibilidades y decide hacer unas cosas en concreto. Para él, el intramundo es un libro abierto en el que puede leer y crear lo que quiera porque puede seleccionar los patrones de información y los programas deseados.

Los verdaderos yoguis indios tradicionales son un excelente ejemplo de lo que es posible cuando nos comprometemos conscientemente con las leyes y las energías del intramundo. Su sabiduría y claridad anticiparon muchas cosas, que sólo se convirtieron en filosofías cuantificadas para el conocimiento seguro de los tiempos modernos: la existencia espiritual del hombre, la naturaleza espiritual y modificable de la materia, la interconexión de cualquier forma de energía. No en vano, el físico Erwin Schrödinger, pionero en la combinación de física cuántica y filosofía, afirmó: «A nuestra forma de pensar actual le haría falta una pequeña transfusión de sangre del pensamiento oriental».[2] Eso fue en 1956. Poco ha sucedido desde entonces. Hoy en día, podemos reunir conocimiento filosófico espiritual y cuántico y descubrir qué posibilidades de diseño se nos ofrece a cada uno de nosotros.

Impulsos arquetípicos

Una de las ideas más importantes que transmite el intramundo es la totalidad del universo. Esta idea, sin embargo, contradice el hábito preponderante de fragmentar la realidad cuando la vemos. Aprendemos un enfoque analizador y de disección, de acuerdo con el modelo de las disciplinas científicas tradicionales. En primer lugar, se observan los fenómenos individuales y luego su interacción.

---

2. SCHRÖDINGER, E.: «Expanding Universe». *Turner Lectures in Cambridge.* Cambridge University Press, 1956.

El físico David Bohm exigió lo siguiente: «Debemos actuar con la física a la inversa. En lugar de comenzar con partículas y luego mostrar cómo funcionan juntas, debemos comenzar con el conjunto» (Bohm, 1986).

Un ejemplo simple nos lleva a esta realización: la luz. En el estado de posibilidad es al mismo tiempo una onda y un flujo de partículas. Sólo cuando los instrumentos de medición entran en juego, se toma una decisión: ¿estamos midiendo partículas o una onda? Por supuesto, se entresaca un aspecto de la integridad de forma arbitraria. Cómo definimos la luz depende tan sólo del tipo de medida. Una visión global no regala una medida, porque ¿cómo vamos a observar las propiedades sistémicas si desmontamos el sistema? Tampoco es posible que una persona que nunca ha visto un automóvil tenga una idea de cómo es el automóvil con las partes desmontadas. Sólo el vehículo por completo ensamblado, con la totalidad de sus partes individuales y sus funciones, puede proporcionar información.

El mundo como una red compleja de relaciones y eventos sólo puede entenderse como una red integrada. El físico cuántico Henry P. Stapp, por tanto, ya no trata con la materia, sino con las relaciones: «Una partícula elemental no es una unidad independiente existente que no puede analizarse más a fondo. En última instancia, es un conjunto de relaciones que existe con otras cosas» (Stapp, 1993). La frase del sabio budista Nagarjuna es muy similar: «Las cosas deben su personalidad y su naturaleza a las relaciones recíprocas, y ellas, por si solas, no son nada».

Lo emocionante y nuevo para la ciencia ya lo habían reconocido mucho tiempo antes fundadores religiosos, maestros espirituales y numerosos filósofos. No sólo Erwin Schrödinger, sino también otros científicos se sorprendieron al descubrir que sus resultados eran muy similares al conocimiento adquirido de manera intuitiva y contemplativa: los bloques de construcción no son importantes, sino el principio organizativo fundamental. El físico J. S. Bell presentó un teorema según el cual todas las partes individuales están conectadas de manera holística y no por casualidad. Este modelo podría ser confirmado experimentalmente. Debido a la similitud entre la física moderna y las enseñanzas holísticas trascendentes, desapareció y se disolvió la contradicción entre la ciencia y la espiritualidad.

En todas estas consideraciones es importante suponer que existe una consciencia general superior. Es una expresión de una mente universal que conoce todas las relaciones energéticas entre las cosas. El conocimiento de la mente universal también incluye las condiciones bajo las cuales se activan ciertos procesos, que, a su vez, conforman el panorama general. Sólo se desarrolla una forma cuando se necesita y todas las formas tienen un significado en la interacción del conjunto.

¿Dónde está el ser humano en este sistema global? Si continúa con su hábito de diseccionar lo que percibe y de experimentarse a sí mismo como un ego aislado, puede lograr bien poco. Sólo repite los patrones de acción del intelecto de medición y catalogación, y vive en una «falsa ilusión» que, por cierto, es valorada por los budistas como un estado mental perturbado (*avidya*). El hombre sólo realiza todo su potencial cuando es consciente de su pertenencia al todo, con toda la información y los flujos de energía. Se distingue de otros organismos en que puede reconocer y utilizar los procesos de energía e información que conducen a la fuerza y a la forma. Lo decisivo aquí es su consciencia y su voluntad de establecer una meta para las energías informativas. Así que selecciona un evento deseado del mar de todas las posibilidades y proyecta su realización.

Ya he mencionado que para la creación de la realidad son esenciales los sentimientos emocionales auténticos. También son criterios importantes al elegir una opción del mar de todas las posibilidades, porque por lo general, cuando prestamos atención a nuestros sentimientos emocionales, nos llevan a valores infalibles. Las emociones, literalmente «movimientos hacia el exterior» (de acuerdo con el verbo latino *emovere*), son testigos de energías de sentimientos fuertes y desencadenan procesos energéticos adicionales que, en relación con la voluntad y el pensamiento, eventualmente se convierten en realidad. A veces se expresan en estados de ánimo, como un signo de que la consciencia y el subconsciente entran en resonancia con la información que llega a nuestra alma.

Por cierto, siempre es sorprendente (aunque es muy natural) cómo los sentimientos profundos pueden cambiar nuestro cuerpo. La esperanza y la confianza, por ejemplo, provocan reacciones inmediatas en el organismo humano, incluidas las fuerzas autocurativas. Activa la información primitiva. Aunque el cuerpo sólo es un caparazón fugaz para la mente y el alma, también pertenece a los procesos holísticos en los que estamos involucrados. Mucho más interesante es localizar el alma en el sistema general. Si volvemos a la categoría del inconsciente, C. G Jung explicó que el alma no sólo posee una herencia individual, sino también colectiva: el «inconsciente colectivo». Es la herencia psíquica de toda la evolución humana (de hecho, ya hemos hablado de la distinción entre el yo superior y el yo verdadero). De esta manera, Jung explica por qué en nuestra alma los arquetipos de la experiencia se transforman y se condensan en forma de símbolos. En los cuentos de hadas, mitos y leyendas, estas experiencias entran en la luz de la conciencia de vigilia, donde nos acogen como figuras míticas, las cuales representan ciertos contenidos de pensamiento y experiencias: el diablo como seductor, el enano como ayudante protector, la Madre Nieve como símbolo de la muerte.

Al igual que en el yo simple el yo superior y el yo verdadero del intramundo están asociados entre sí, nuestra alma también tiene capas comparables. En el nivel inferior se encuentra nuestro inconsciente personal. Allí almacenamos las experiencias del ego, con el yo simple como autoridad. En el siguiente nivel, se manifiestan las experiencias y evaluaciones de nuestras vidas anteriores, con el yo superior como autoridad.

Se vuelve mucho más complejo cuando consideramos el inconsciente integral, con la autoridad del yo verdadero. El inconsciente integral reúne todas las experiencias humanas desde tiempos inmemoriales. En esta zona del inconsciente, por ejemplo, hay experiencias sobre el hombre como comunidad. Incluso si estamos convencidos de ser solteros, la experiencia de vivir conjuntamente (ya sea en familia, o en una horda, una tribu o un pueblo) se halla en nosotros. También se han incorporado características culturales como la religión, la arquitectura y la cultura cotidiana. En el inconsciente integral, durante el curso de la historia humana, se desarrolló un lenguaje mudo, codificado en cualidades emocionales. Por tanto, cada uno de nosotros tiene los mismos sentimientos que ritualizó hace miles de años para evaluar ciertas situaciones. Es por eso por lo que aún hoy experimentamos sentimientos que en un principio fueron las experiencias y evaluaciones de nuestros antepasados. Tales sentimientos son considerados innatos. Probablemente sea mejor imitar las reflexiones de las viejas experiencias en el intramundo…

El inconsciente personal sirve como espejo y campo de almacenamiento. Aquí radica el origen creativo de la psique, establecido en el yo simple, en el yo superior y en el yo verdadero del intramundo. Como resultado de la diferenciación cada vez mayor, la consciencia actúa como un interruptor y una carpeta para la información. En este sentido, la consciencia es un órgano regulador de acciones que es indispensable para la creación de la realidad, como lo demuestran los resultados filosófico-cuánticos.

El intramundo como fuente de memoria

Cada una de nuestras acciones, pensamientos y sentimientos nos moldea a nosotros y al universo: programamos el universo prácticamente a través de cada pensamiento, cada emoción y cada idea almacenada en el mundo. Como ya se ha descrito, el mundo es como un vacío porque es inmaterial, es decir, no tiene masa. Este vacío contiene todo tipo de información que, al fin y al cabo, es la base de todo lo que se manifiesta, de todas las estructuras, colores y formas. Dado que el mundo penetra en la consciencia y viceversa, podemos concluir que nuestra consciencia también es un modo para las propiedades del vacío. Esto es lo que el físico L. Domash señaló por primera vez en 1973. El vacío se ha investigado bastante bien en física. El grupo de John Archibald Wheeler en la Universidad de Princeton calculó una densidad energética de vacío de 10^{108}J/cm^3 (Platton *et al.*, 1975), considerando las leyes cuánticas hasta la longitud de Planck de 10^{-33} cm.

La densidad de información del vacío aumenta de manera constante, porque todo se almacena sin límite, un vacío universal es infinitamente receptivo. Por tanto, se va llenando con información a la espera de que la mente inteligente la procese y la ordene. No hacemos nada más cuando nos abrimos a los patrones de información del intramundo. Reconocer el orden de la naturaleza significa encontrar el código que traduce el lenguaje de signos de la naturaleza en nuestro lenguaje de pensamiento. Nuestros sentimientos emocionales sirven como herramienta de descodificación. Con ellos descodificamos los mensajes del intramundo.

El vacío de la consciencia y el intramundo tiene un aspecto fascinante; en él, circulan las partículas virtuales que se salen fuera de las capacidades de vacío. Estas fluctuaciones determinan las probabilidades de todos los cambios en la naturaleza. Las fluctuaciones de vacío en todas las estructuras, formas y presentaciones son el motor de la creatividad de la creación. Pero ¿cómo eliges? El shivaísmo indio de Cachemira desarrolló la idea de *Dharana*. En el Raja Yoga se describen las técnicas para alcanzar la concentración absoluta de la mente hasta llegar al punto de conseguir unir los rayos de luz y concentrarlos. A través del *Dharana*, la focalización energética de la consciencia crea una difusión de información de las numerosas posibilidades que existen en el vacío. Esto dará pie al *Siddhi* (traducido literalmente del sánscrito como la «creación» o la «realización»), como si se activara un determinado programa de ordenador por medio de un botón.

El profesor Seth Lloyd, del famoso MIT (Massachusetts Institute of Technology, Cambridge), describe el universo como una gigantesca computadora cuántica, cuyas partes más pequeñas son los bits. En este sentido, la ciencia anterior no había entendido correctamente el universo.[3] No es una acumulación aleatoria de partículas, sino que el universo es una calculadora cósmica en su majestuosa totalidad, y ésta se alimenta con datos sin cesar. El resultado de estos cálculos es lo

3. www.bild-der-wissenschaft.de/bdw/bdwlive/heftarchiv/index2.php
Simposio 6-7 de noviembre de 2006 en el Museo Alemán de Tecnología: *Ist das Universum ein Computer?* FH Potsdam. Disponible en: http://iw.fh-potsdam.de/fileadmin/FB5/Dokumente/News/DTMB_Computer_Raum_Plakat.pdf. Consulta: [2006]. (Trad. cast.: «¿Es el universo un ordenador?»).

que llamamos realidad. Cada evento agrega nueva información al conjunto, y ésta es la fuerza impulsora tras la evolución.

Entonces podemos decir que el universo se está volviendo cada vez más complejo y rico en información. A medida que el estado de vacío fluctúa, la consciencia pura también lo hace, concentrándose en ideas individuales y asegurando la vitalidad de la creación, con gran variedad de formas. Aquí está la fuente de los impulsos y también están escritas las leyes naturales que nos vinculan. Pero, sobre todo, es donde están las posibilidades de actuar para cambiar todo lo que es imaginable. Jay Alfred, el creador de la teoría del plasma oscuro, varía esta visión al describir la materia oscura como plasma vivo: «Al universo le interesa crear formas de vida para que se puedan ver, escuchar, probar, tocar y oler, y para tomar consciencia de uno mismo».[4]

El principio que todo lo enlaza se llama interacción. Incluso a años luz de distancia entre sí, los objetos pueden enredarse e iniciar relaciones recíprocas. De esta manera, el proceso de memoria también se vuelve a iluminar. Ya he explicado que los recuerdos se recuperan del intramundo, no del cerebro. Sólo entonces es posible tener acceso a los recuerdos de otras personas. Si esto sucede en el presente, sin establecer ninguna relación con el pasado, sintonizamos con el fenómeno de la transmisión del pensamiento: telepatía pura. Una tercera posibilidad es que recordemos los recuerdos de nuestros propios eventos pasados, o incluso los eventos de otras personas en el pasado.

Los psicólogos y biólogos han estado durante mucho tiempo siguiendo la pista de estos eventos extraordinarios. Como C. G. Jung, hablan del inconsciente colectivo como una memoria del mundo o, como Rupert Sheldrake, de campos morfogenéticos. Todo esto se enmarca en el contexto de la evolución, que se refiere al desarrollo cualitativo. Sheldrake, por ejemplo, señala que las generaciones posteriores tienen una tasa de error más baja en los procesos de aprendizaje y que la velocidad de aprendizaje, en general, aumenta. William McDougall, profesor de psicología en Harvard, lo descubrió experimentando con ratones en un laberinto acuático. Investigadores como F. A. E. Crew, de la Universidad de Edimburgo, y W. Agar, de la Universidad de Melbourne, también estudiaron los procesos de aprendizaje y llegaron a las mismas conclusiones. Algunos de estos experimentos abarcaron un período de 25 años y una prueba de resistencia científica para las experiencias empíricas.

---

4. Alfred J., *Earth's Brain, Akashic Records and Paranormal Imprints*. Disponible en: http://ezinearticles.com/?Earths-Brain,-Akashic-Records-and-Paranormal-Imprints&id=571853. Consulta: [2007].

Ventana al intramundo

Al igual que los sueños, los sueños lúcidos y las experiencias cercanas a la muerte, la hipnosis también es una fuente valiosa para observar relaciones informales con el intramundo. Lo que se experimenta en la hipnosis sólo se puede recordar en otro estado de hipnosis, ya que no hay puentes de pensamiento entre el estado de hipnosis y el estado de consciencia despierto. El cerebro como un censor no permite realizar ningún tipo de intercambio con el intramundo mientras se está despierto. Por eso nos cuesta recordar los sueños. Acabamos de experimentar un sueño intenso, pero poco después de despertar todo se evapora. Asimismo, gracias a los hallazgos sobre la hipnosis, se puede concluir que lo que se experimenta en los sueños sólo se puede recordar en situaciones de sueño. Los sueños a menudo se repiten, y una y otra vez representan las mismas historias en los sueños. Los sueños se acuerdan de los sueños.

En ambos estados, tanto en el sueño como en la hipnosis, nos encontramos en el intramundo. Allí, el inconsciente es el dominante, no hay control consciente. El inconsciente almacena las señales de estímulo-respuesta que dependen de los instintos innatos, así como todas las experiencias, los procesos de aprendizaje y las condiciones. Lo especial de esto es que, durante un sueño, como también ocurre con la hipnosis, la mente está, de alguna manera, como en piloto automático. Se elimina el filtro de censura del neocórtex. Por tanto, las esencias activas de las creaciones anteriores se pueden encontrar aquí, como los ángeles y los demonios.

El método más simple para recordar los sueños es el sueño lúcido, también conocido como el sueño clarividente. Al hacerlo, los sueños se someten al libre albedrío. Si prospera, la conciencia de vigilia se puede utilizar en el sueño para dirigir los eventos que ocurren mientras dormimos a partir de sus propias concepciones. Cualquiera que lo haya experimentado conoce la emoción: en el mundo de la materia se pueden hacer cosas que parecen del todo imposibles por las limitaciones existentes. No hay obstáculos entre el deseo y la realización, porque en el intramundo no hay limitaciones materiales, sólo ideas para formas materiales, pura virtualidad. El espacio y el tiempo también retroceden, porque éstos sólo ocurren con las fuerzas dentro de la materia. Sin embargo, no hay fuerzas en el intramundo, porque la materia no existe, sino sólo toda la información relacionada con ella. Las distancias se superan sin esfuerzo; el pasado, el presente y el futuro se funden en el presente, tal como deseamos que sea.

Los investigadores de sueños han descubierto hechos sorprendentes. El psicólogo estadounidense Stephen LaBerge, del Sleep Research Center de la Universidad de Stanford, es actualmente el experto con más experiencia en este campo. Por primera vez, pudo demostrar que somos capaces de despertar la consciencia mientras dormimos y mientras soñamos. Antes, se había asumido que era necesario reducir el nivel de consciencia diurna para dormir. LaBerge reconoció que la consciencia y el sueño pertenecen a categorías separadas, un descubrimiento extremadamente importante. Porque sólo esta separación permite la conciencia de las experiencias en el intramundo (LaBerge, 1986: LaBerge y Reingold, H., 1990).

Cuanto más te adentras en esta área de investigación, más sorprendentes son los resultados. Por ejemplo, el fenómeno de la telepatía de los sueños: sueños que tienen dos personas distintas al mismo tiempo. Después de despertarse, los sujetos compartieron exactamente las mismas experiencias de sueño sin haberse conocido antes ni haber acordado nada (Ullman *et al.*, 1973). Probablemente te estés preguntando qué ventajas podría tener para nosotros el sueño lúcido. En términos generales, es la práctica de una nueva percepción sin filtro lo que nos pone en contacto directo con el intramundo, no sólo con sus ideas, sino también con sus creadores potenciales. Esta diferencia es seria.

Por supuesto, todos somos capaces de imaginar algo de forma intensa. Pero permanece en un mundo imaginario. Por ejemplo, nos podemos imaginar que conocemos a una persona muy agradable y damos un paseo por un lugar hermoso. La bonita experiencia de esta idea puede parecernos multifacética internamente, pero en realidad sabemos que el todo es sólo una imaginación deliberada y no es la experiencia real. Por eso, en cualquier momento, podemos finalizar de manera deliberada nuestras ideas imaginadas.

Por otro lado, si te sumerges en el intramundo, como sucede en un sueño, no sabes que tu experiencia no es una experiencia real, sino al contrario, lo sientes todo con el énfasis de la experiencia real. Los sentimientos fuertes se rompen, y el cuerpo reacciona: con tensión o relajación, bienestar o sudores. El que haya temblado alguna vez mientras estaba teniendo una pesadilla sabe de lo que estoy hablando. Eso ocurre sin tener en cuenta tu voluntad.

En el sueño lúcido, claramente sabes que estás en el intramundo. Y como lo sabes, puedes usar tu voluntad para conducir el evento en cualquier dirección. Lo que entonces ocurre es como un desarrollo lógico del evento. Se crean escenas muy emocionantes, que contemplamos pasmados. En contraste con la imaginación pura, la experiencia es mucho más intensa, y suceden cosas que nunca podrían pasar en la imaginación, que siempre se basa en la limitación del mundo cotidiano. Cruzas muros, vuelas o apareces en lugares seleccionados al azar. Como estás experimentando todo esto en la vida real porque tu cerebro usa los estímulos apropiados, las sinapsis cambian su estructura: los patrones neuronales reaccionan directamente frente al nuevo evento.

En el caso de hacerse la pregunta crítica de si las experiencias en el intramundo son visitas reales o simplemente experiencias visionarias interesantes, la respuesta a la experiencia intensa no juega ningún papel. El hombre reacciona con todos los sentidos y sentimientos, como en la realidad. Y dado que los cambios en la estructura del cerebro ocurren con cada nuevo sueño lúcido, los sueños lúcidos a largo plazo tienen consecuencias materiales tangibles, que deben describirse como una mayor sensibilización al contenido del intramundo.

Capítulo 5

Los fundamentos de la filosofía cuántica

Las leyes espirituales

Al combinar ciencia y conocimiento espiritual, tarde o temprano nos encontramos con la «ley de la gravedad». Se puede hallar en las antiguas enseñanzas de la alquimia, pero también en Martinus y Abdrushin.

De forma espontánea, la gravedad se asocia con la gravitación. De hecho, la gravedad es sinónimo del efecto gravitatorio y la atracción de la masa. Habíamos hablado antes sobre los misterios sin resolver de la gravedad. Lo que sí que está claro es que la gravitación es más fuerte allá donde muchas masas están densamente empaquetadas, como en el núcleo atómico y los electrones. Sin embargo, la gravitación también tiene un efecto sobre los fotones de luz sin masa, generando efectos donde, en lugar de masas, sólo existen partículas informativas de mensajería. La transferencia de información dirigida es, según nuestra definición, un proceso mental. Por tanto, la ley de la gravedad se aplica no sólo al mundo de la materia, sino también al mundo intelectual. Esta ley, dicen los hombres sabios, es responsable de casi todo lo que tiene que ver con las habilidades creativas. Por tanto, también es la fuente más importante de impulsos humanos para los procesos de desarrollo de la mente (Abdrushin, 1931).

Curiosamente, Martinus asocia la energía de la gravedad con la energía de los sentimientos, que causa la comunicación con el intramundo. Escribe: «La conexión de la energía del sentimiento con la energía de la gravedad también se basa en lo que conocemos como la fuerza gravitatoria o fuerza de atracción de la Tierra» (Todt, 2008).

Como ya hemos dicho, hay una energía que parece cumplir esa misma relación: es la «materia oscura» definida físicamente. Se impregna en todos los seres, incluidos nosotros, los humanos, y se comunica tanto con la fuerza de la gravedad como con la fuerza débil, la cual tiene relaciones cercanas con la energía sensorial en nuestro modelo. Aquí vemos la conexión con complejos de información que llevan a la capacidad de crear.

Otra ley básica es la «ley de igualdad», que puede explicarse bastante bien con el proverbio «Dios los cría y ellos se juntan». Esta ley incluye la afirmación de que sólo podemos ser activos si nos movemos en un ambiente energético que se corresponde con nuestras propias energías. Para hacer una simple comparación, un motor de gasolina no funciona con vapor de agua, y una cocina eléctrica no podría funcionar con diésel. Por tanto, siempre es importante absorber y procesar las energías, cosa que la resonancia hace de manera óptima. Los órganos sensoriales materiales son los únicos adecuados para poder percibir el mundo cotidiano. Sólo oímos, vemos y sentimos lo que produce la materia. El oído absorbe los sonidos, los olores nos llegan a través de moléculas que se acoplan a los receptores en nuestra nariz. Los fotones como información de la energía electromagnética son absorbidos por nuestros electrones.

En el mundo espiritual y de materia sutil, sólo podemos reaccionar frente a la información energética pura sin portadores materiales. Podemos escuchar, ver y sentir sin transmisores ni receptores de material, por ejemplo, como cuando recordamos, porque el contenido de información puramente intelectual de las funciones ya existe. Al igual que un televisor o un ordenador, que procesa información desde el exterior en módulos de recepción y la traduce en sonido e imagen, nosotros, los humanos, podemos construir formas y estructuras virtualmente en el intramundo y, viceversa, en el mundo cotidiano.

Directamente vinculado a esto está la «ley de atracción». Como en la ley de igualdad, se trata de que lo semejante se atraiga entre sí. Un ejemplo es la profecía que se cumple por sí misma. Tan pronto como nos sentimos sensibles a un evento inminente, aumenta la probabilidad de que llegue. Los efectos de placebo y nocebo son ejemplos bien documentados. Si le temes a una enfermedad, de manera involuntaria aumenta el riesgo de enfermar muy pronto. Lo mismo se aplica en sentido positivo: cualquier persona que anhela algo con todas sus fuerzas aumenta sus oportunidades de lograrlo. El mecanismo es fácil de entender. El cambio de actitud de una persona ante las circunstancias externas provoca el cambio de estas circunstancias. Tales procesos se han investigado a fondo, con resultados significativos (Hutson, 2012).

La ley de atracción es una herramienta muy eficaz que está en nuestras manos y ayuda a mejorar nuestras vidas. Todo depende de que definamos un objetivo y tengamos expectativas positivas, ya que esto mejorará de un modo significativo las posibilidades de lograrlo. Literalmente, atraemos el objetivo hacia nosotros mismos, a través del poder de la concentración espiritual e intelectual, relacionada con el *Dharana*.

La cuarta ley es la «ley de la interacción». Se basa en comentarios que influyen en todo lo que pensamos y hacemos. En el lenguaje popular queda bien claro: «Amor con amor se paga». Por tanto, la atención plena es el mandamiento supremo. El que siembra odio no cosechará amor. Quien se comporta de manera despiadada no puede esperar un trato simpático y amistoso por parte del prójimo. Sin embargo, muchas personas no entienden lo fácil que resulta esta interacción y actúan en contra de lo que quieren y esperan.

Las cuatro leyes primitivas pueden transferirse directamente a la voluntad y a la acción humanas. Siempre se trata de la actitud interior que, en el futuro, dirige el destino. Al mismo tiempo, las cuatro leyes marcan la interfaz entre el mundo material y el mundo espiritual como un requisito previo necesario para que las actividades mentales puedan tener un impacto en el mundo material. Sin embargo, sólo es una interfaz imaginaria. Porque, en realidad, la naturaleza también se basa en principios espirituales para que podamos influir en ellos de acuerdo con las leyes de igualdad, atracción e interacción. El físico Werner Heisenberg resume esta igualdad estructural con las siguientes palabras: «Las mismas fuerzas organizadoras que modularon la naturaleza en todas sus formas también son responsables de construir nuestras mentes» (Heisenberg, 1971).

Incluso si todo está animado y alentado por el espíritu, se puede reconocer cierta jerarquía. En la parte superior del sistema universal se encuentra una inteligencia mental infinita, eterna y unificada. Se caracteriza por el hecho de que una mente de nivel superior procesa la información más relevante. La inteligencia reconoce el contenido por información y luego la utiliza para crear la realidad. La clave es que la inteligencia espiritual unificada puede guiar a la mente humana. El filósofo Paul Brunton señala: «Si el hombre continúa identificándose mentalmente de manera firme e infalible con esta individualidad superior, es natural que se comparta su actitud». Todos podríamos compartir la forma en que actúa la inteligencia superior. «Imaginar es crear –señala Brunton–. Una persona se convierte en lo que piensa».[1]

Curiosamente, incluso en la fase inicial del proceso creativo, los patrones de información están constituidos por entidades que tienen una inteligencia mental. Todo lo esencial puede manifestarse de forma material, en el mundo físico y den-

1. Brunton, P.: *Die Philosophie der Wahrheit - tiefster Grund des Yoga*. Rascher, Zürich, 1951, pág. 556. (Trad. cast.: «La filosofía de la verdad: la razón más profunda del yoga»).

so, o permanecer en el reino sutil del intramundo. Lo decisivo es que estas entidades fueron deseadas y creadas a través de la actividad espiritual. Sin embargo, hay una diferencia importante: tan pronto como algo material se materializa en el mundo cotidiano, puede volver a pasar. En cambio, en el intramundo, todas las formas virtuales creadas permanecen y ganan importancia al nutrirse de otras actividades mentales.

El poder de los campos

La ley que se desarrolla en el intramundo se divide en energía, información y el efecto de la fuerza sobre la materia, mediada por la voluntad, la consciencia, el alma y el espíritu. Lo que suena vago a primera vista tiene una base física sólida. Tanto la energía como la información son componentes físicos de la acción, aunque el espíritu y el alma no son mensurables ni demostrables científicamente. Sin embargo, la teoría cuántica de campos de la física moderna nos proporciona cierta evidencia de la existencia de un espíritu universal cósmico, que aparece en el mundo cotidiano, realizando actividades de organización, por así decirlo.

El concepto de campos describe el paso de la teoría de las transiciones de la relatividad de energía a masa y viceversa. Al principio, la materia se encuentra en el campo energético-informativo. A través de la consciencia, el alma, el espíritu va surgiendo, y estos campos espirituales-energéticos continúan influenciando la materia, hasta volver a su estado original. No es una actividad cerebral materialmente limitada, porque todo lo que crea la mente y el alma pertenece a un amplio contexto, a un todo cósmico.

El espíritu y el alma tienen energías e información universales y las transforman en poderes mensurables. El mundo no se daría, sino que somos nosotros los que damos a luz al mundo tal y como lo percibimos. No se puede cambiar ninguna propiedad sin tener en cuenta el resto de las propiedades de un organismo, ya que cada una de ellas está inseparablemente vinculada a todas las demás. Si modificamos un punto, irremediablemente cambiamos todos los restantes. La inmensa riqueza de interconexiones permite que el sistema decida por sí mismo qué optimización hay que realizar.

En su teoría de la evolución, Darwin definió la adaptación al medio y la supervivencia del más apto como criterio de desarrollo. Con el paso del tiempo, esta interpretación ya no es sostenible. Lo único vinculante que podemos leer de la variedad de formas emergentes es la existencia de lo posible en el conjunto. Y, en principio, todo lo que vive está involucrado a otro elemento o entidad. A Albert Einstein no le agradó esta idea en absoluto. Estaba indignado: si un ser vivo como un ratón pudiera cambiar el universo por pura observación, preferiría ser un zapatero antes que un físico. El silencio de Dios le hizo creer en una evolución intencionada.

Desde entonces, la física cuántica ha dado lugar a numerosas subdivisiones cuántico-filosóficas, a disciplinas científicas como la psicología transpersonal, la filosofía de la trascendencia, la parapsicología y las llamadas ciencias fronterizas como la noética. Todas giran en torno al fenómeno del observador compasivo que puede cambiar el todo. Fue en 1983 cuando el físico David Bohm le preguntó al Dalai Lama durante la conferencia «Otras realidades»: «¿Eso significa que cada uno de nosotros crea el universo?». El Dalai Lama respondió: «Sí. Esta pregunta tiene algo que ver con el karma, lo que mucha gente denomina "acción". [...] Debido a este karma, los eventos externos se producen a través de los elementos internos. [...] Todo esto, a su vez, está conectado con la subsistencia continua de la conciencia».[2]

¿Cómo se expresan las fuerzas de los campos con respecto a un cambio de estado de la materia? Aquí, se revela una transición de masa a energía, que explica de manera concluyente las posibilidades de acción de la mente y la consciencia. La materia, según la teoría cuántica, es una región espacial con densidades de campo de alta energía, donde se concentran grandes cantidades de energía de manera selectiva. Tales nodos de energía se propagan como una onda en el espacio vacío y se condensan en lo que llamamos materia. Estrictamente hablando, se mantiene en los campos. Albert Einstein consideró el nombre de «materia» obsoleto: «Podemos considerar como materia el área del espacio donde el campo es extremadamente denso [...] en esta nueva física no hay espacio para ambos (campo y materia), porque el campo es la única realidad» (Karamanolis, 1988).

Un campo describe la influencia espacial de la energía. Por tanto, la materia es, al fin y al cabo, un patrón de energía, y el campo es el principio organizativo asociado, sin el cual la materia se disolvería. Einstein denominó a este principio de ordenamiento «campo universal», comparable al *Asat* de la filosofía india, un campo unificado de todas las posibilidades. Incluso en el taoísmo chino, hay una idea similar acerca de un campo universal del cual fluyen todas las energías. ¿Pero de dónde procede esta energía?

---

2. Kakuska, R.: *Andere Wirklichkeiten. Die neue Konvergenz von Naturwissenschaften und spirituellen Traditionen*. Múnich, Dianus-Trikont Buchverlag, 1984. (Trad. cast.: «Otras realidades. La nueva convergencia de la ciencia y las tradiciones espirituales»).

Albert Einstein logró, de nuevo, una explicación asombrosa. El científico estaba convencido de que los campos son nuestras propias creaciones, como la realidad del universo. Estoy de acuerdo con él, porque esto corresponde plenamente a mis experiencias sobre los procesos energético-informativos del intramundo. Existe porque hay una consciencia universal y humana, y porque la mente humana, en coordinación con la mente universal, crea campos de fuerza creadores. El científico estadounidense Charles Arthur Musès también vio campos de consciencia en el ámbito del observador creador (Musès, 1983).

El término «energía noética» se utiliza a menudo en este contexto. Nos acercamos a un área de investigación completamente nueva y emocionante, la noética. La palabra deriva del griego *noétos* que significa «algo mentalmente perceptible». La disciplina, todavía joven, de la noética reúne la física cuántica y la investigación de la consciencia. Institutos aclamados a nivel mundial, como el IONS o el pionero PEAR (Princeton Engineering Anomalies Research Lab), han aportado ideas nuevas y sensacionales. Se podría demostrar que toda la materia está enredada energéticamente en una malla unificada. Al mismo tiempo, es obvio que la consciencia es en realidad una sustancia más allá de nuestro cuerpo, una energía que puede cambiar la materia. Y al revés, la materia influye en los campos que dependen de la consciencia.

Las energías de campo de la consciencia determinan el universo entero. Sólo las mediciones arbitrarias dan la impresión de que los campos se pueden aislar. Sin embargo, siempre debe haber un enfoque holístico, porque las separaciones de campos individuales no reconocen el contexto más amplio de la acción. Los físicos cuánticos y los noéticos dieron un nuevo origen a la consciencia como una sustancia influyente: el campo de punto cero. Esto se refiere a las inmensas fuerzas de campo del nivel subatómico. Aquí encontramos de nuevo el vacío, la energía oscura y la materia oscura, que mencionamos antes.

Ya hemos visto que el vacío sin masa no es sinónimo de nada, pero posee un nivel inimaginablemente alto de energía e información. Para los físicos cuánticos y los investigadores de la consciencia, está claro que la energía universal y la información del vacío pueden ser utilizadas por el poder de la mente, que ahora se llama «intención». El concepto de intención no significa nada más que la realización verificable de que los pensamientos también son campos. Como las partículas elementales del campo de punto cero se comunican entre sí, esto resulta en una influencia universal de la mente y la consciencia. Esta correlación viva corresponde a las leyes de igualdad, atracción e interacción.

Cada materia es hasta un 99,999999999 % de espacio vacío de masas. Aquello que percibimos como mundo material sólo es la compresión dentro de un campo. Esto lo podemos visualizar con el ejemplo de los fotones. Los fotones se componen de energía comprimida y, al mismo tiempo, actúan como partículas mensajeras que los electrones utilizan para la comunicación. Pero los fotones también crean electrones bajo ciertas circunstancias. Si dos fotones sin masa chocan, sólo se necesita energía con un valor de 0,5 MeV para producir un electrón, es decir, una partícula de masa. Los fotones sin masa producen una partícula de masa a través de la energía y la información. Si la energía total se mueve en el rango de 1 GeV, incluso puede surgir un protón, que es una parte del núcleo atómico. La masa es, por tanto, una mayor compresión de energía en el campo. Cuando el electrón golpea al protón, se combinan para formar un átomo de hidrógeno, que a su vez representa un nodo de energía superior. Entonces, si hay suficiente energía disponible, se produce la materia.

Lo que sucede en el reino subatómico se aplica a todo el universo con todas las galaxias, estrellas, planetas, plantas, animales y humanos. La ley del desarrollo sigue el intercambio y la condensación de las energías, genera masa y las disuelve de nuevo en energía e información. De este modo, el universo da a luz a un permanente devenir y desaparecer, con flujos constantes de energía dentro del campo universal.

Hablando de manera ilustrativa, se podría comparar este evento informativo de energía del universo con el funcionamiento de un televisor. Al encenderlo, vemos un flujo de imágenes de formas y colores y escuchamos el lenguaje, la música y los sonidos. Fácilmente se nos olvida que lo que vemos es el producto de una transformación energética. El televisor moderno consta de innumerables puntos llamados píxeles. Sobre esos puntos hay un campo controlado por ondas portadoras electromagnéticas con información impresa. Este campo transmite la información a los píxeles al activar y desactivar estos puntos luminosos una y otra vez.

Los movimientos que tu ojo percibe en el monitor no son movimientos, sino una secuencia de estados individuales. En este caso, ciertos puntos de la pantalla se iluminan cuando el campo de control suprayacente se activa temporalmente en un espacio distinto. El vehículo que en principio está en marcha se enciende y se apaga como si de un patrón de luz se tratara. La energía para los impulsos cuánticos también se enciende y se apaga de nuevo. Sin electrones ni quarks, ninguna partícula de masa cambia su posición; sólo cambian de ondas a cuantos (de energía e información a masa) y viceversa.

La materia del universo consiste tan sólo en tres bloques de construcción básicos: protón, neutrón y electrón. Dependiendo de cómo se combinen, se crean los elementos individuales con las propiedades más variadas, como el peso atómico específico. Sin embargo, la física cuántica ha demostrado que la materia, por más fuerte e inalterable que pueda parecernos, al fin y al cabo sólo sigue siendo un vórtice de energía con compresiones características.

Nuestro cuerpo también consiste en vórtices de energía dentro de un flujo de energía universal. Se condensan en las micro y macro áreas, con una forma, estructura y diseño constantes para funcionar en armonía con las condiciones terrenales. Esta constitución energética del organismo nos convierte en transmisores de energía e información, pero también en receptores de estos elementos. Tan pronto como las ondas de energía e información actúan sobre nosotros desde el exterior, nuestro campo de energía cambia y enviamos cuantos. Toda la concentración mental que lleve a la creación de campos debe, por tanto, ser estimulada por una energía e información adicionales. Como ya hemos visto muchas veces, las energías siempre son portadoras de información al mismo tiempo, todo gira en torno a la información que ha codificado la energía. De esta manera, estamos en constante intercambio de información, donde el recorrido entre la energía y la masa conduce a manifestaciones concretas de pensamientos e ideas, y al revés.

Algunos libros de texto todavía afirman que las transferencias cuánticas son sólo energías y fuerzas. Sin embargo, hace tiempo que se sabe que un cuanto siempre transporta solamente la información por poderes. Un cuanto es, en definitiva, un embajador. Todo lo que está compuesto de cuantos, átomos, masas y el espacio-tiempo vinculado a él es, en realidad, un vehículo para la información. Y los vehículos son información. Exactamente este principio espiritual de reconocimiento de información y asimilación es la base para la constitución de lo que llamamos el alma, entre otras cosas, los humanos.

Hay atisbos de la mente, que lo abarca todo, en las partículas físicas más pequeñas. Sin embargo, antes de que la partícula llegara a existir, esta información era una posibilidad en un fenómeno extendido como un campo espiritual.

Esto es importante en la medida en que el intramundo es un vacío de masa, pero con un vacío de energía extremadamente alto o, a lo que nos referimos como un campo de punto cero. Ya habíamos comparado este campo con la energía oscura. Los cuantos pueden transportar información al vacío y al exterior como masa. Justo eso es lo que sucede cuando la mente consciente, la intención, ancla nuevos pensamientos e ideas en el mundo terrenal o cuando se nos atiende desde allí. Al hacerlo, se transfiere información, que genera campos energéticos para la realización de una idea.

Con la filosofía cuántica también es posible explicar de manera concreta y concluyente la transferencia de pensamientos e ideas a la persona individual y a su cuerpo. Básicamente, cada ser humano es un centro de control de información que se puede comunicar mediante cuantos. La corroboración científica de este mecanismo conduce a posibilidades de acción insospechadas, casi sensacionales. El físico Harold Puthoff, del Instituto de Estudios Avanzados de Austin, Texas, predijo lo siguiente: «El siglo pasado fue la era atómica; y este podría pasar a la historia como la era del punto cero».[3]

La materia como energía, ondas y hologramas

Dentro del contexto de las investigaciones físicas contemporáneas, las botas de siete leguas están conquistando nuevos territorios. Por último, hay un amplio debate sobre lo que durante mucho tiempo se sospechó que era una especulación puramente esotérica: la influencia universal de la mente humana en el campo universal. Un factor que se designa como la «tridimensionalidad de la información energética» se ha ignorado durante mucho tiempo. ¿Cómo se produce esta evaluación? Cuando atribuimos ondas a la materia, tal como dictan las leyes cuánticas, ésta oscila en el sentido de una onda, con ciertas amplitudes, vectores, frecuencias y velocidades de fase, por decir algunas cualidades. Todas ellas dependen de la naturaleza de la fuente, es decir, de la materia vibrante.

Como la materia es tridimensional, las ondas correspondientes también deben ser tridimensionales, de la manera como Erwin Schrödinger probó y demostró en sus ecuaciones. Para el electrón con una masa de $m = 9,1 \times 10^{-31}$ kg, el proceso ocurre así: si aceleramos el electrón a una velocidad de diez kilómetros por hora, tendrá una longitud de onda pequeña de 70 nm y una frecuencia de $4,28 \times 10^{7}$ GHz. Si la velocidad a través de un campo eléctrico se modifica, la longitud de onda de esta materia también cambiará. Pero si nos fijamos en un camión que pesa 18 toneladas y viaja a 80 kilómetros por hora, su longitud de onda es tan corta que ya no se puede medir con los medios actuales ($1,6 \times 10^{-39}$ m); sin embargo, la onda estará presente.

La prueba del carácter ondulado de la materia fue uno de los grandes cambios de paradigma en la ciencia. Rápidamente se reconocieron los efectos revolucionarios de esta naturaleza dual adicional de la materia. No sólo cambia entre energía pura y masa pura, sino también entre onda y masa pura. Lo que una vez se asumió como polaridad perdió su contraste, y esta nueva visión también llevó a

3. «Können Gedanken Materie verändern?», *P.M. Magazin*, 02/2010.

consecuencias para la autognosis de la persona: también somos seres duales, que vacilamos entre la existencia y la no existencia material y energética.

Los campos de energía están presentes en las personas una y otra vez. Como nuestro entendimiento se debe a una interacción de las funciones de materia, energía y onda, se producen superposiciones muy complejas de estas ondas. En ciertas circunstancias, surge esta holografía (del griego *holos*, «entero» y *graphein* «escritura»); un holograma describe toda la cuestión. Dicho de otro modo: cada punto de un holograma de onda contiene toda la información del objeto. Esto contradice la conocida frase de que el todo es mayor que la suma de todas sus partes, porque cada parte del holograma lleva consigo la suma de todas las partes. Podemos consultar cualquier punto y recibir siempre información sobre toda la estructura.

Los hologramas se pueden construir a partir de cualquier tipo de partículas de energía y también de ondas de electrones, de protones y de sonido. La única condición es que la energía que actúe tenga cierta uniformidad, llamada coherencia. Por tanto, es indiscutible: los objetos de materia pueden construir hologramas porque están formados por ondas. Nuestro cuerpo... Las personas... Sí, todo el universo es un holograma. Pero esto también significa que podemos obtener una cantidad infinita de información de cada complejo de materia, sea grande o pequeño. Cada célula del cuerpo, cada flor, incluso una piedra y una mota de polvo pueden aportar información sobre el universo. Este principio ha sido discutido teóricamente durante siglos como *pars pro toto* («la parte representa el todo»), y cobra evidencia científica con el descubrimiento del holograma.

De esta manera, llegamos a una concepción por completo nueva de la energía. Recuerda que la filosofía asiática tradicional siempre ha hablado de una energía vital universal que impregna todas las células de nuestro organismo y activa sus funciones. En China es *chi*; en Japón, *ki*; en India, *prana*. Las nuevas disciplinas científicas hablarían de un software para todos los niveles funcionales, es decir, para los procesos físicos, psíquicos y mentales. Con la ambigüedad del material como energía, información, oleaje y holograma, vuelven a alimentarse las discusiones sobre el desarrollo de los campos.

Si la energía universal de las enseñanzas espirituales se entendió metafóricamente, por ejemplo, es decir, si *qi* es «el soplo de vida» o «aliento divino», ahora es verificable el carácter universal de la energía que lo impregna todo. Conocemos tres cualidades energéticas que funcionan en nosotros y en todas partes: la energía oscura, la materia oscura y la gravitación. Recientemente, la partícula de Higgs, la cual se había estado buscando durante mucho tiempo, ha podido ser confirmada en un experimento con una probabilidad muy alta. Esta partícula proporciona a las energías el carácter de masa en un vacío. La masa y, por tanto, la energía de los quarks, de los electrones y de los consortes (es decir, de todo el átomo y de los ayudantes) está producida por el campo de Higgs, que todo lo impregna. Si no hubiera campos ni partículas de Higgs, tampoco habría átomos. En nuestro contexto, también es importante lo que dice Rolf-Dieter Heuer, director general de la Organización Europea para la Investigación Nuclear (CERN) en Ginebra: «Las partículas de Higgs podrían ser la clave para comprender la naturaleza de la energía oscura».

No obstante, eso significa que quien pueda regular el mecanismo de Higgs tendrá en su mano la creación de la materia. Por eso, el bosón de Higgs recién descubierto fue bautizado como «partículas de Dios». El nombre surgió cuando, en 1993, el físico estadounidense Leon Lederman escribió un libro sobre Peter Higgs, quien sentó las bases teóricas en su obra *The Goddamn Particle* en el año 1964 («La partícula maldita»). La editorial publicó una versión más accesible, *The God Particle* (en castellano, *La partícula de Dios: si el universo es la respuesta, ¿cuál es la pregunta?*).[4]

Estas cuatro energías universales están interconectadas e influyen en los bloques de construcción elementales de la materia, pero también se corresponden con la consciencia y la voluntad.

Consciencia y materia

Hace unos años, J. C. Eccles, galardonado con el premio Nobel, publicó un emocionante libro titulado *How the Self Controls Its Brain* («Cómo el autocontrol controla el cerebro»). En este libro la consciencia se definió como una «forma de realidad constituida por sí misma que, por un lado, se descubre en los múltiples procesos del aparato neuronal de la corteza cerebral, lo que corresponde a su atención, pero que también actúa a la inversa en el aparato neuronal» (Eccles, 1996).

Eccles describe la interacción de la consciencia con el cerebro. Ésta es capaz de controlar los procesos neuronales y tiene una función integradora.

Cuando se conocen los mecanismos cuántico-filosóficos de la acción y sabemos que las personas nos comunicamos con la consciencia a través del yo único,

4. »Gottverdammtes« Teilchen soll Dunkle Energie erklären. Disponible en: http://bmadradio.forumprofi.de/news-nachrichten-f16/-gottverdammtes-teilchen-solldunkle-energie-erkla-t35773.html#.UekAIn4Y3bo. Consulta: [06.12.2012]. (Trad. cast.: «La partícula "maldita" debería explicar la energía oscura»).

superior y verdadero, no es de extrañar que Eccles subordinara el cerebro a la consciencia. Ya en 1975, el neurocirujano Wilder Penfield declaró que la consciencia no surge a través del cerebro, sino que el cerebro es el único que la puede modular (Penfield, 1978). Gracias a los innovadores resultados de su experimento, el investigador del cerebro Benjamin Libet menciona un «campo mental», el causante de la actividad neuronal.

No es muy conocido el hecho de que en la práctica médica haya muchos historiales de personas cuya consciencia ha tenido prioridad ante el cerebro. Los médicos y enfermeros siguen diciéndonos que los pacientes con enfermedades como el alzhéimer o la esquizofrenia reaccionan mentalmente de manera normal poco antes de la muerte. Este fenómeno se llama claridad mental terminal. Aunque en las etapas finales, el alzhéimer destruye, de facto, el cerebro y, por tanto, está inoperativo, cuando la muerte está cerca, recuerda los detalles de la vida poco antes de morir, piensa en contextos lógicos y no muestra síntomas de deterioro mental. Por estas descripciones, se puede deducir que la consciencia, con la ayuda del yo, se libera de la prisión del cerebro defectuoso y actúa de nuevo sin ser molestada con la información anterior (Nahm y Greyson, 2009; Nahm *et al.*, 2011).

Estos ejemplos demuestran que, en principio, la consciencia existe con independencia del cuerpo y, por tanto, se puede continuar utilizando incluso después de la muerte corporal. Dicho esto, la consciencia es inmaterial, una entidad de energía e información. Incluso el físico Niels Bohr asumió que había unidades de energía separadas para la actividad de la consciencia: «El pensamiento consciente implica pequeños intercambios de energía y, por tanto, sólo hay una explicación física cuántica calificada para describir la consciencia». Su colega Jack Sarfatti está de acuerdo con él: «Nos hemos dado cuenta de que la consciencia y la energía son una».

¿Por qué es tan importante dar a la consciencia su propia entidad energética? La razón es que todos los sistemas cuánticos deben cobrar vida en una secuencia jerárquica. Antes de que la consciencia y un pensamiento o una idea se conviertan en realidad, ya existe el objetivo como posibilidad, porque todo existe primero con la función de onda en el mar de todas las posibilidades. Las funciones de onda para las propiedades potenciales se expanden por todo el universo. No están sujetas al espacio ni al tiempo. Es pura información.

Erwin Schrödinger designó la función de onda como «conocimiento». En este sentido, el universo puede denominarse campo de conocimiento. Es importante mencionarlo para nuestro tema, ya que incluso en la conceptualidad de la física, traslucen el conocimiento y la experiencia de la memoria del intramundo. Sin ninguna orientación esotérica, los científicos formulan exactamente qué consecuencias significarían unas hipotéticas influencias del intramundo en la consecuencia filosófica cuántica. Por ejemplo, con relación al campo del conocimiento, David Bohm habla de una inteligencia colectiva como la base de todas las estructuras de pensamiento de nuestra cultura. Y agrega con un optimismo sorprendente para los científicos que esta inteligencia colectiva «podría ser vital para la salud futura de nuestra civilización».[5]

Cada sistema cuántico, que se encuentra en una función de onda de posibilidad, puede colapsarse externamente a través de la comunicación con un sistema principal real. En mecánica cuántica, esto significa que a través de una medición desaparece la función de onda, la cual sólo se limita a calcular la probabilidad, y se crea una partícula con propiedades únicas. Una medida está asociada con una observación. Un observador consciente realiza la observación. La formación de partículas depende de un principio espiritual (la interpretación de Copenhague de Niels Bohr y Heisenberg).[6] Este sistema superior también asume un estado indeterminado. Su objetivo es que un sistema superior lo lleve a la realidad a través del colapso de ondas. Es importante que el sistema superior alcance objetivos que estén vinculados con los objetivos de un sistema aún más elevado.

Esto crea una jerarquía de objetivos. El sistema más alto fija el objetivo maestro final. Todos los sistemas subordinados adaptan esta especificación a sus propios objetivos. Eso parece bastante abstracto. Por tanto, transportemos esta jerarquía del sistema a escala humana. La consciencia de las células corporales constituye los órganos, y la consciencia de los órganos construye organismos complejos que eventualmente forman sociedades que se fijan objetivos del nivel más alto. En cada nivel, la consciencia, junto con su alcance de percepción y acción, alcanza una calidad superior.

La situación es similar en una colonia de abejas, donde el objetivo supuestamente más importante lo dicta la reina, que debe ser alimentada y cuidada a fin de que encuentre las condiciones ideales para la producción de la descendencia. El objetivo principal en este ejemplo es la conservación de la colonia de abejas. Todos los subsistemas de la colmena de abejas, con niveles jerárquicos como guardias, abejas obreras y abejorros, son los responsables en sus propias áreas de la preservación del estado y, en última instancia, del cumplimiento del objetivo principal. El impulso de la voluntad, también a través de la motivación, es el impulso inicial del complejo mecanismo de cambio jerárquico.

---

5. Talbot, M.: *Mysticism & New Physics*. NY, Bantam Books, 1980.

6. Penfield, W.: *The Mystery of the Mind: A Critical Study of Consciousness and the Human Brain*. Princeton University Press, 1975.

La función de observación en todas las etapas es muy reveladora. Se focaliza en el nivel más bajo, lo que significa un movimiento hacia atrás de observación dentro de la cadena de jerarquía. Esto se hace de acuerdo con la lógica: el sistema superior observa el sistema subordinado. Pero ¿dónde está el nivel más alto, que sólo observa pero no puede ser observado? El ego es observado y creado por el yo simple. El yo simple es observado y creado por el yo superior. El yo superior es observado y creado por el yo verdadero. Después de todo lo que se sabe sobre estos procesos, la cadena de observación termina tan pronto como la percepción consciente más desarrollada; con la ayuda de la mente universal, asume su papel de observadora inteligente. De aquí surge el objetivo principal, que da sentido y significado a los subsistemas (Davies y Gribbin, 1995).

Los puntos de contacto entre el conocimiento sobre el intramundo y los resultados de investigación de la física cuántica son asombrosamente significativos. La declaración más importante de la teoría cuántica fue que los fenómenos cuánticos no están definidos hasta el momento en que son medidos por un ser consciente, es decir, hasta que son observados de alguna manera. O, como dice Paul Davies, «la doctrina de la física cuántica es que la materia puede alcanzar una existencia concreta y bien definida tan sólo en conjunción con la mente» (Davies, 1987). Se trata claramente de un intercambio de energía e información.

El físico Jack Sarfatti, en 1975, orientó sus pensamientos por el buen camino: «La materia se forma cuando la información impone de manera coherente el orden sobre el sustrato del movimiento caótico del punto cero». Y sigue explicando la conexión con la consciencia: «En el nivel más básico, las partículas elementales son simplemente organizaciones coherentes de fluctuaciones cuánticas de punto cero desordenadas en la geometría del espacio-tiempo. Están formadas por información, que es una forma de consciencia» (Sarfatti, 1975).

Paralelamente a este mecanismo de realización, el sentimiento o la sensación en particular, junto con la voluntad y la consciencia, las personas adoptan el modo de observador, que proporciona sentido y significado a un evento potencial y, por tanto, crea la realidad deseada de forma metódica. El ex astronauta Edgar Mitchell declaró en 1973, después de fundar su Instituto de Ciencias Noéticas: «Creamos nuestra propia realidad porque nuestra realidad emocional interna (o subconsciente) nos sitúa en situaciones de aprendizaje. Las experimentamos como acontecimientos extraños [...] y por eso creamos estas relaciones a un nivel metafísico e inconsciente tan profundo» (Graves, 1988).

Además del ego y su consciencia observadora, la manifestación concreta de una meta también determina el entorno del sistema. La consciencia también crea realidades en el proceso de jerarquía, al igual que los organismos son energías elementales con procesamiento de información. Las realidades creadas de manera independiente no pueden ser modificadas ni invertidas por las personas hasta que son absorbidas por la atención de la consciencia humana.

La fuerza débil como cambio de realidad

La energía designada por la física como fuerza débil se encuentra en todos los procesos de creación de enorme importancia. Lo que la hace tan especial es que es la única fuerza que puede interactuar con el resto de los campos y fuerzas. Por tanto, la fuerza débil es el relé central para realizar la conmutación de información a las masas de materia en nuestro cuerpo. Este hecho es muy importante porque deja en evidencia, como ya hemos mencionado en la materia oscura y el campo de Higgs, que, si llevamos la fuerza débil a nuestro control consciente, podemos dirigir la estructura y la función de toda la materia de forma arbitraria.

Los efectos de la fuerza débil no dejan de asombrarnos. Acumulan los núcleos atómicos de todos los cuerpos y causan el espín, es decir, la rotación de las partículas elementales. Cambian el nivel de energía de la materia y, por tanto, son los responsables de todas las formas de manera interactiva. Físicamente, la fuerza débil impulsa que los neutrones se conviertan en protones, y los electrones, en antineutrinos electrónicos. Esto cambia fundamentalmente la naturaleza de la materia. Además, la fuerza débil actúa entre todos los quarks y leptones, los componentes básicos de la materia. Al hacerlo, se producen interacciones con la gravitación. Otra propiedad es el efecto sobre las antipartículas asociadas y los sistemas compuestos por estas partículas. Todas estas transformaciones se basan en tres piezas de información de la fuerza débil: W^+, W^- y Z^0 (–, + y 0 representan la carga eléctrica, respectivamente). Estas partículas, también llamadas bosones, son inusualmente pesadas (Z^0-bosón, masa 91,18 GeV, W±-bosones, masa 80,41 GeV). Su peso es de unos 200.000 electrones y, por tanto, apenas se mueven en el espacio. En consecuencia, la información sólo tiene efectos en un radio mínimo. Asciende a una décima parte del diámetro del protón. En cambio, las distancias para los quarks en un protón o neutrón son mucho mayores. Por tanto, la fuerza débil siempre tiene un efecto muy limitado dentro de los núcleos atómicos, pero también es muy selectiva. En comparación, un fotón que no tiene masa puede dispersar su mensaje electromagnético tan lejos como desee. Pero a distancias muy pequeñas de unos 10^{18} m, la fuerza débil es comparable a la electromagnética debido a su masa de partículas, es decir, no es tan débil.

Al igual que con todas las partículas que transportan mensajes, al receptor se le instruye cómo tiene que responder a la fuerza en cuestión. Ésta es una excelente manera de observar el electrón. El fotón como embajador del electrón tiene mensajes para el receptor que son distintos del de los bosones como embajadores de la fuerza débil. Sólo en un equipo se pueden cumplir sus tareas específicas en cuanto a cohesión y al tipo de materia. ¿Por qué estamos tan profundamente preocupados por la fuerza débil y sus numerosos factores de influencia a través de campos universales? El significado de esta digresión resulta de inmediato claro cuando consideramos el papel de la fuerza débil en los cambios de los procesos de realidad. Aquí, la digresión juega un papel clave. La astrofísica italiana Giuliana Conforto resume este extraordinario fenómeno: «La fuerza débil (Z^o, W–, W+) es un receptor de información pura para la emoción y la razón» (Conforto, 2006). Con esto se anticipan los procesos decisivos: aquí consideramos la ley de acción del intramundo en la interpretación física. Con la fuerza débil tenemos un medio que puede absorber información mental y espiritual humana. La naturaleza, o, mejor dicho, el espíritu universal, nos ha proporcionado obviamente una forma de energía que es del todo compatible con la mente y la consciencia humanas.

La singularidad de la fuerza débil se deriva del hecho de que mantiene conexiones con todas las formas de energía, en especial aquellos poderes misteriosos que impregnan todo y, por tanto, pueden comunicarse con la fuerza débil en cualquier momento: energía oscura y materia oscura, el campo de Higgs y la gravedad. El mecanismo de Higgs muestra una afinidad muy especial con la fuerza débil conspicua. El campo de Higgs omnipresente no sólo crea las masas de las partículas mensajeras de la fuerza débil, sino que ahora las partículas de la fuerza débil que poseen la masa pueden, por así decirlo, generar bosones de Higgs como acción de gracias. Esta sorprendente correspondencia se ha podido confirmar a través de experimentos.

Giuliana Conforto propone aquí un emocionante puente hacia el mundo sensorial de las personas. Está convencida de que las propiedades de la energía oscura son transferibles a las propiedades de las emociones: no tienen peso y, por tanto, no tienen inercia, no tienen límite de velocidad, son invisibles y no absorben ni emiten radiación electromagnética. Sin embargo, ambas propiedades participan en todos los efectos de la radiación electromagnética y, por tanto, están vinculadas a la materia «luminosa» de manera invisible.

La conexión que realizó Giuliana Conforto es más que una comparación o una metáfora: señala una relación física directa. Como se ha demostrado en detalladas investigaciones neuroquímicas, las emociones están acompañadas de una liberación de sustancias químicas del cerebro, como sustancias mensajeras, enzimas y hormonas. El orden y la calidad de estas sustancias dependen sobre todo de su espín nuclear. Esto cierra el círculo: porque lo que afecta al espín nuclear dentro de las sustancias liberadas es la cantidad y la actividad de las partículas mensajeras de la fuerza débil Z^0.

Por tanto, podemos postular la siguiente tesis: nuestros sentimientos «innatos» pertenecen a la energía oscura y la materia oscura, así como al campo de Higgs, a la energía del vacío, el anfitrión de información universal. Ahora se pone en marcha una cadena de reacciones: la mente subconsciente recupera esta información, con lo cual la fuerza débil transmite a la materia la información como una emoción.

Los bosones Z^0 se encuentran en cada átomo del organismo; en las células, en las hormonas, en el ADN, en todas partes. Las partículas mensajeras W+ y W– siempre están involucradas en las emociones. Con ellas, el asunto se vuelve transformable. Al mismo tiempo, los sentimientos tienen todas las propiedades de la energía oscura. Ocurren más allá del espacio y el tiempo porque no están expuestos a la fuerza electromagnética ni se mueven a la velocidad de la luz. El campo emocional en este modelo es idéntico a la energía oscura independiente.

El espín como esquema regulatorio

Ahora sabemos que a través de la energía oscura, la materia oscura, los campos de Higgs y la fuerza débil, las sensaciones y nuestra consciencia influyen en la materia, pero surgen las siguientes preguntas: ¿con qué mecanismos puede la fuerza débil activada cambiar nuestra materia? Y, sobre todo, ¿cómo se expresa la consciencia en nuestro cerebro? Por lo general, sólo distinguimos entre «conscientemente» (cuando queremos decir «despierto») e «inconscientemente» (cuando estamos anestesiados o nos desmayamos). En ambos casos, el espín de las partículas elementales juega el papel principal.

El llamado espín ha tenido a los físicos muy ocupados desde su primera observación. La palabra deriva del inglés *spin*, que significa «girar», «rotar». La rotación es una propiedad mecánica cuántica de todas las partículas elementales. Los bloques de construcción de la materia, los núcleos atómicos y los electrones han existido durante miles de millones de años, al igual que sus espines. Las partículas elementales continuarán girando para siempre, ya que los protones «viven» 10^{31} años, y los electrones son «inmortales»; no sin razón, se consideran el motor de la evolución.

Los espines son causados por la información procedente de la fuerza débil, que tiene un efecto centrífugo en el receptor. Experimentalmente, la dispersión de electrones puede determinar las contribuciones del espín. Los espines son armas de doble filo muy peculiares. Por un lado, son de calidad informativa, pero, por otro lado, también tienen algo que ver con elementos terrenales muy materiales, como el momento angular o el momento magnético. El espín se comporta como si la partícula estuviera rotando en un espacio y tiempo de cuatro dimensiones. Si se calcula de forma matemática, el poder del espín es siempre tan grande como la energía interna de una partícula. En consecuencia, todos los procesos asociados con un cambio en la energía interna, es decir, con las transformaciones de partículas o influencias de impulso, conducen a cambios de espín.

Un mecanismo de conmutación importante es el resultado de la llamada virilidad de las partículas. Al igual que con los humanos, hay partículas zurdas y diestras. Las partículas de W ± - sólo se unen a los receptores zurdos (fermiones como los quarks y los leptones, incluido el electrón). Los bosones Z^0 que se acoplan a los electrones zurdos son repelentes; los bosones Z^0 que se acoplan a los electrones diestros resultan atractivos. Por tanto, un electrón se convierte en un neutrino electrónico, o un quark se convierte en otro quark. En general, se puede decir que los espines codifican información de las fuerzas sobre masas. Así que son, por así decirlo, los arquitectos de las moléculas funcionales y dan forma al organismo entero. Por ejemplo, los espines de los electrones y sus embajadores, los fotones, son responsables de que los átomos se enlacen con las moléculas. La pregunta es por qué, con la ayuda del núcleo atómico y los electrones atrapados, es posible construir incluso moléculas muy específicas en el organismo.

Las moléculas que se construyen de acuerdo con los datos del ADN deben tener espectros de líneas de resonancia extraordinariamente amplios para poder tratar los mensajes electromagnéticos que los rodean de la manera más completa posible. Por eso tienen antenas helicoidales en forma de zigzag y estructuras transmisoras, como las proteínas y láminas típicas de las hélices. El organismo deriva de los alimentos de los aminoácidos zurdos (L-aminoácidos) y de los carbohidratos diestros (D-azúcares). Hasta ahora, ha sido un misterio absoluto saber por qué los aminoácidos diestros (ni siquiera las moléculas asociadas) se forman y se utilizan en la naturaleza. Sin embargo, sí que sabemos que los aminoácidos diestros no pueden acumularse para las formaciones necesarias de las antenas.

Recientemente, se han presentado sugerencias para solucionar este rompecabezas, que resulta muy sorprendente: las energías en apariencia pequeñas en un orden de magnitud de 0,000000000000000001 eV (10^{-18} eV) son responsables de este factor único y tan importante de quiralidad, que nunca antes manifestó un efecto tan decisivo. A pesar de su pequeño tamaño, la fuerza causa una asimetría espacial inusual, puesto que genera un vínculo especial entre el espín y el impulso. La interacción débil distingue de manera objetiva entre la derecha y la izquierda: se rompe la simetría del espejo de la naturaleza.

Hasta ahora no hay explicación para la «caída de paridad» en la naturaleza. Sólo es efectiva esa parte de la función de onda en la que las ondas de electrones barren los núcleos atómicos. La interacción equivalente de paridad débil, como precisamente se denomina el proceso, da a las moléculas o toma de ellas una cantidad de energía que es aproximadamente 13 órdenes de magnitud por debajo de todas las diferencias de energía comunes. Esta pequeña cantidad es la fuente de las estructuras helicoidales vitales de las proteínas. Sin este proceso, los seres vivos en la Tierra, tal como están construidos, no existirían.

Sin la fuerza Z^0, los electrones tienen órbitas; con la fuerza Z^0, modifican sus trayectorias helicoidales de tornillo, de forma que los átomos forman una espiral. Son precisamente estas fuerzas las que crean la vitalidad (quiralidad) esencial para la vida: los aminoácidos zurdos que forman las proteínas y el azúcar que es diestro, que se encarga de acumular los ácidos nucleicos. El mal manejo de los L-aminoácidos y D-carbohidratos conduce a la pérdida de rendimiento y vitalidad, a enfermedades y, tal vez, a la muerte del organismo.

Un equipo internacional de científicos ha demostrado por primera vez en la Universidad de Münster que los electrones, dependiendo de su dirección de espín, pueden atravesar capas de moléculas de ADN o ser detenidos por ellas. Los electrones con una orientación de espín hacia la izquierda suelen pasar a través del ADN. Por el contrario, los electrones con un sentido de rotación hacia la derecha son absorbidos (Göhler *et al.*, 2011). ¿Y esto en qué nos afecta? Los electrones dextro rotatorios representan un alto riesgo porque destruyen permanentemente el ADN formando radicales libres.

Por desgracia, la omnipresencia de las redes móviles tiene un efecto fatal porque, a través de sus campos, estas redes modifican la habilidad de las partículas más pequeñas. Si, por ejemplo, los espines de los electrones, debido a la influencia de las redes móviles, ahora han pasado de girar de la izquierda a la derecha, existe un riesgo de que el genoma se dañe. Entre los efectos que se han podido comprobar existe un aumento significativo de las disfunciones y de patologías como el cáncer. Las personas se perjudican a medida que estos riesgos se reducen. Si deseas saber más sobre este tema, puedes visitar la página web www.kompetenzinitiative.net, que contiene información sobre las iniciativas competentes para la protección de las personas, el medio ambiente y la democracia. Aunque los espines de electrones zurdos y diestros tienen exactamente las mismas propiedades electromagnéticas, sus efectos, no. La pregunta es: ¿por qué la diferente rotación de los electrones puede tener estas funciones tan fatídicas? Lo importante es que los espines de los electrones en el sentido de las agujas del reloj no pueden participar en la fuerza débil (Georgi, 1989).

Los electrones que nos proporciona la naturaleza siempre son circulares. Están constituidos por influencias atmosféricas (radiación solar en partículas y superficies) e influencias radiactivas (desintegración beta). En otras palabras, viendo su dirección de vuelo, los electrones de desintegraciones beta-menos rotan preferiblemente en sentido contrario a las agujas del reloj, es decir, hacia la izquierda. A menudo, los electrones diestros sólo se desarrollan a través de la influencia técnica.

En una etapa temprana se descubrió que ciertos campos magnéticos, junto con algunas oscilaciones electromagnéticas, también podían intercambiar la capacidad de las moléculas. Los zurdos se convierten en aminoácidos diestros. Como en el caso de los electrones, los impulsos desde el exterior, por ejemplo, las redes de contaminación electromagnética o las redes móviles, los afectan directamente. Si, debido a estos efectos en nuestro organismo, hemos formado rasgos incorrectos o hemos atraído dietas incorrectas hacia nuestro cuerpo, surgen problemas sin resolver porque nuestro organismo no puede repeler estos aminoácidos erróneos, que se acumulan en las proteínas falsas e inútiles. Simplemente no hay mecanismos corporales para deshacerse de las proteínas no deseadas.

Entonces, ¿qué ocurre con la invasión de proteínas falsas? El cuerpo reacciona almacenándolas con mayor frecuencia en las regiones donde existe una circulación sanguínea anormal, como en el cerebro. Este órgano recibe más sangre que la mayoría de órganos, porque las células nerviosas del cerebro requieren mucha glucosa para poder ser completamente eficaces. Las proteínas falsas depositadas alteran las funciones naturales cerebrales de forma dramática. Como son un cuerpo extraño, no se les suministra energía y, por tanto, su estructura cambia. Se transforman en una masa amorfa y, junto con el azúcar sedimentado y otras sustancias, las vías nerviosas se pegan al cerebro. Esto tiene consecuencias para todo el organismo, ya que las disfunciones neuronales afectan a todos los procesos intelectuales y emocionales, así como a los mecanismos de control que sostienen la vida.

Algunos investigadores suponen que estos depósitos de proteínas son la causa del alzhéimer y la esclerosis múltiple. Se puede ver que los procesos en el nivel subatómico, en este caso, el cambio de momento de las partículas elementales, pueden tener consecuencias catastróficas. Como consecuencia, la función de ordenación del espín en el evento energético estará muy agitada.

Todos los espines presentan una peculiaridad de la física cuántica, y es que se pueden enredar. En el proceso, las partículas y sus propiedades se unen y permanecen conectadas, incluso si los mundos están espacialmente distantes entre ellos. De ahora en adelante, se comportan del mismo modo: lo que hace una partícula lo hace la otra, y así simultáneamente. Esto cuesta de concebir si nos oponemos a la experiencia que solemos tener de las condiciones espaciales. Casi parece aterrador: Einstein habló de «telepatía espeluznante». Cuando se cruzan dos partículas, éstas se comunican intercambiando señales. Aunque no estén materialmente cerca unas de las otras, pueden transmitir información sobre la materia. Este fenómeno se llama teletransportación.

Mientras tanto, el enredo y la teletransportación de la extraña obsesión se han convertido en una experiencia de rutina para los físicos. Rainer Blatt, del Instituto de Óptica Cuántica e Información Cuántica (IQOQI), ahora puede enviar la información de átomos enteros de un lugar de la Tierra a otro, y el átomo reaparece en el destino. El investigador Zeilinger, de la Universidad de Viena, ha podido comprobarlo con 3.000 átomos de una molécula de carbono y ha obtenido buenos resultados. Ahora estamos trabajando con ahínco en el desarrollo de un ordenador cuántico que pueda usar esta forma de teletransportación de forma sistemática.

Por supuesto, eso despierta fantasías. La teletransportación también se conoce como la transmisión del pensamiento en humanos, que es posible en ciertas condiciones. Cuando la computación cuántica esté por completo desarrollada, el siguiente paso que experimentaremos será una transferencia funcional de información de las cosas cotidianas hacia el intramundo y viceversa: el ego informa al yo y a la inversa, con independencia del espacio y el tiempo. Entonces, lo que se «especula» en este libro ocurrirá de manera oficial. Todo el conocimiento físico está presente, el razonamiento científico está completo, así que pronto, casi de forma fantástica, vamos a experimentar un mundo espiritualmente conectado.

Sensaciones y voluntad: los moduladores de los espines

¿Cómo logramos nuestros objetivos? ¿Qué debemos hacer para mejorar nuestra calidad de vida? Al comienzo de este libro ya planteé preguntas de este estilo. Hasta ahora, la mayoría de las personas han buscado respuestas en el mundo material, en especial a través de acciones corporales de acuerdo con la consciencia dependiente del cerebro. Echa un vistazo a tu vida cotidiana: utilizamos constantemente nuestros cuerpos para alcanzar objetivos. Incluso nuestros antepasados actuaron de esta manera: cazaban animales, recogían frutas, construían chozas, hacían herramientas y ropa. Hoy vamos al supermercado y cocinamos en cocinas eléctricas, pero nuestras vidas siguen basándose sobre todo en la actividad física.

Para todos estos movimientos, el individuo deberá activar la materia, en especial las células nerviosas y musculares. A través de sus membranas, reciben las señales correspondientes y, por tanto, están controladas por el principio espiritual de consciencia y voluntad. Pero ¿cómo puede la voluntad intervenir de manera selectiva y con un propósito en la membrana de la célula neuronal?

Todas las membranas celulares y las membranas mitocondriales están saturadas de núcleos con espines y electrones con espines. A través de esas membranas se difunden moléculas de gas de carácter radical, es decir, oxígeno (O_2) birradical y el óxido nítrico (NO) monorradical, las cuales son impulsadas por la energía térmica y ahora se difunden a través de la vibración térmica. Cada molécula de O_2 contiene dos electrones de valencia no pareados y, por tanto, es paramagnética. Cada molécula de NO tiene un electrón no pareado, así que se convierte en un radical libre inestable y también altamente magnético.

Ambas moléculas radicales pueden influir en los espines de la membrana del medio ambiente a través de un campo magnético muy fuerte. El O_2 y el NO, a través de sus electrones no pareados, producen un campo magnético 1.316 veces y 658 veces más fuerte que un núcleo ^1H, con altos niveles de concentración en áreas hidrófobas que ocupan membranas de grasa muy extendidas. Por tanto, es inevitable que interactúen con los espines nucleares y con los espines de electrones de las membranas y las proteínas sedimentadas. Actúan como catalizadores. Por ejemplo, esta interacción hace que un neutrón (dos quarks abajo y un quark arriba) se divida en un electrón, un antineutrino y un protón (dos quarks arriba y un quark abajo). Esto resulta en una activación (que no tiene que subestimarse) de los espines nucleares y electrónicos de las moléculas de la membrana y de la proteína.

Las membranas y los receptores, así como las enzimas con sus innumerables tareas, ahora funcionan y, por tanto, pasan también al filtro cerebral. El factor decisivo es el siguiente: el cerebro funciona sólo mientras esta activación orientada por espín contenga O_2 y NO. Si se detiene, cualquier influencia activadora de la fuerza débil caerá en la materia afectada. Aquí es exactamente donde se encuentra la clave de la función del filtro y la herramienta de censura del cerebro. Es un mecanismo excelente, muy bien ajustado. Todos lo usamos sin darnos cuenta de la causa física de esta influencia mental.

La actividad cerebral tiene otro aspecto: los campos magnéticos son exagerados. Éstos mantienen una distancia de 1 ángstrom (10^{-10} metros) de la molécula de oxígeno O_2 y presentan una intensidad de campo elevadísima con unos increíbles 3,714 teslas y, en 2 ángstroms, por lo menos unos 0,464 teslas más, que actúan sobre los espines del entorno de forma ordenada. Para el óxido nítrico (NO) se aplica 1 ángstrom a las intensidades de campo de distancia de 1,857 teslas y 2 ángstroms para 0,232 teslas. El ambiente ordenado consiste en fosfolípidos con átomos de hidrógeno, carbono, oxígeno y fósforo. Este orden existe en coherencia con los espines (Hu y Wu, 2004, 2007).

La coherencia resultante de los elementos es un requisito previo para cambiar las posibilidades de conmutación. Es como en la computadora cuántica, donde la espintrónica desempeña el papel principal. En espintrónica, el momento magnético del espín de los electrones también se explota para proporcionar información. La característica especial de este campo de la física es que estos espines pueden ser manipulados indirectamente no sólo por medio de campos magnéticos, sino también por medio de fuertes campos eléctricos. Hay que recordar que tenemos una intensidad de campo de hasta nueve millones de voltios por metro en las membranas de las células biológicas, de modo que es más fácil producir una mayor coherencia de espín, además del magnético. La consecuencia de un cambio local, un circuito, es la propagación de corrientes polarizadas por espín, que también tienen un carácter informativo.

Además, estos hechos provocan las despolarizaciones de las conmutaciones de espines en las membranas, las cuales llamamos potenciales de acción. Las alineaciones coherentes de los espines afectan a los enlaces de hidrógeno y las transferencias de protones. Esto influye en las flexibilidades de isometría conformacional de las proteínas. Las configuraciones dominio-espín son portadoras de información con «efectos de memoria». Los espines cuánticos también están sujetos a enredos. Esto significa que la información cuántica puede transferirse a los espines nucleares y electrónicos de las membranas y proteínas, sin ningún límite de distancia. Por cierto, se puede observar la plausibilidad de este modelo, considerando lo que sucede durante la anestesia. En este caso, se administran anestésicos al paciente. Sus moléculas chocan con las moléculas difusoras de O_2 y NO, e interfieren en la difusión a través de las membranas celulares. Esto bloquea la consciencia que proporciona el cerebro. El alcohol también tiene un efecto relacionado. Si alguien bebe grandes cantidades de alcohol, habrá falta de oxígeno en el cerebro, porque las rutas de transporte de O_2 y la conformación de la proteína están alteradas. Entonces, es posible que fallen áreas completas del cerebro, como todos saben por su propia experiencia o percepción: las habilidades motoras se vuelven inciertas, el centro de lenguas deja de funcionar, hasta que se colapsa.

Cuando los espines no están ordenados de manera coherente, es decir, apuntan hacia direcciones distintas, se produce ruido. Para la consciencia, entonces será imposible modificar un número mayor de espines al mismo tiempo porque no se produciría un espín homogéneo de todas las partículas. Falta la coherencia necesaria. También permanecería desactivada una retroalimentación uniforme del estado conmutado. Esto significa que el cerebro está por completo apagado en su actividad de consciencia. Esto es precisamente lo que sucede cuando el anestésico impide la difusión de moléculas de O_2 y NO a través de las membranas y, por tanto, no se produce el efecto de coherencia.

La pareja china Huping Hu y Maoxin Wu mencionaron por primera vez estos procesos. Pudieron relacionar ciertos espines con actividades de concientización. Según su modelo, el espín nuclear es un píxel de consciencia, el espín del electrón es un píxel de memoria, la red de espín del electrón es la memoria. Finalmente, O_2 y NO actúan como activadores para estos píxeles del sistema (Hu y Wu, 2006).

En resumen, nuestro cerebro gobierna el cuerpo, ya que las partículas elementales cambian su espín a través de la voluntad de la consciencia. Incluso el simple hecho de levantar un brazo es en verdad una acción muy compleja, es decir, un efecto de materia volitiva activada espiritualmente. Quedémonos con este ejemplo por un momento. Para levantar el brazo, los músculos necesitan contraerse. Para este propósito, las membranas deben ser permeables a ciertos minerales como el sodio, el potasio y el cloro; ésta es la única forma de activar un potencial de acción eléctrico. Para que las membranas sean permeables, ciertas proteínas y enzimas abren las puertas de la membrana. Para ello, estas proteínas y enzimas cambian su forma, estructura y aspecto; los espines de sus enlaces moleculares cambian según la información del centro de control, la mente, la psique y la consciencia. Sin estos procesos interdependientes, el músculo no podría moverse.

La quintaesencia ya es algo fascinante: podemos realinear los espines de los cuantos con nuestra voluntad y nuestras expectativas. Esto lo hacemos miles de veces al día cuando comemos, bebemos, salimos a pasear o incluso chasqueamos los dedos. Lo más intrigante es que incluso podemos influir en los espines cuánticos fuera de nuestros cuerpos. ¿Cómo deberíamos imaginárnoslo? ¿Podemos imponer nuestra voluntad a otras personas o cosas materiales? ¿Cuán lejos están nuestras fuerzas de la manipulación total?

Para los físicos, es indiscutible que el espín de las partículas siempre apunta en la dirección que se define en el experimento como su dirección de referencia. Paul Davies escribió al respecto: «Esto introduce un elemento subjetivo y extraño en el mundo físico», y su asombro se siente a medida que continúa: «La libre voluntad de un físico invade el micromundo». Davies describe así una influencia de la consciencia humana de los acontecimientos externos al propio cuerpo: «Obviamente, los mundos microscópicos y macroscópicos están íntimamente vinculados –concluye–, la nueva física sitúa la mente en el centro de la naturaleza» (Davies, 1990). Está claro que todos somos capaces de influir en la materia, ya sea la materia del cuerpo u otra cosa.

Coherencia

Al explorar los procesos que conectan los procedimientos materiales y los eventos mentales y espirituales del cerebro, nos encontramos una y otra vez con un concepto que aparece en la interfaz de la mente y de la materia: la coherencia. Este término corre como un hilo conductor a través de todas las áreas de la materia y de los mundos intelectuales y espirituales. La propiedad de la coherencia es el vínculo crucial entre el mundo cotidiano y el intramundo. Sí, hace posible la vida desde el detalle más ínfimo hasta el más grande.

Entre uno de los detalles más pequeños, encontramos los componentes de los núcleos atómicos, los quarks con sus espines en un curso coherente. Dos de cada tres quarks suelen tener los mismos estados. Mostrar los tres quarks del núcleo atómico en la misma dirección da como resultado un estado de resonancia delta muy especial. ¿Por qué los quarks necesitan este estado de coherencia? Tomemos como ejemplo los núcleos atómicos de nuestros genes. Los científicos de la Universidad de Washington estiman el contenido de información del ADN en tres mil millones de bits, posible gracias a una cifra entre los 34.000 y los 120.000 genes. Sus núcleos atómicos trabajan con los llamados fonones, partículas acústicas elementales de vibraciones longitudinales. Sin embargo, estos cuantos de sonido en genes sólo surgen si los núcleos atómicos construyen una disposición coherente, casi cristalina, y si sus quarks van hacia la misma dirección. Si todo estuviera dispuesto en un revoltijo, no se produciría ningún sonido, sólo un ruido sin sentido.

Es interesante que la fuerza débil ya pueda intervenir aquí en el patrón de sonido. Registra los genes como instrumentos musicales con la ayuda de los cuantos de sonido como notas musicales. La aplicación de este efecto de orquestación resulta clara cuando incluimos los hallazgos de la investigación que señala que las emociones son capaces de alterar el ADN, y que la fuerza débil es el objetivo de los sentimientos y las sensaciones.

Los experimentos han demostrado que incluso un solo fotón puede excitar una fibra nerviosa óptica. Las membranas de las sinapsis dependen de las fluctuaciones cuánticas en esta excitabilidad. Esto significa que, dentro del vacío, es decir, en el espacio entre las masas de quarks y electrones, se forman una y otra vez cantidades concretas de energía y luego se extinguen de nuevo. Si se acumula más energía en estos cuantos de energía, finalmente se puede cruzar el umbral para «disparar» la fibra nerviosa y seremos capaces de reconocer la información.

Esto es justo lo que han descubierto las pruebas de laboratorio en las neuronas aisladas: su umbral de excitación, como cualquier proceso cuántico, varía según las reglas estadísticas. La sensibilidad es, por tanto, una función de la densidad cuántica estadísticamente cambiante del espacio de vacío, por una parte, y del conjunto circundante de los cuantos que ya se han generado de manera genuina o están virtualmente presentes, por otra parte. Se cree que, de 1.010 neuronas en el cerebro, unos diez millones pueden ser estimuladas en su umbral físico-cuántico, aunque sea disparando las neuronas vecinas. Ahora también se puede entender por qué es tan importante que el conjunto de neuronas se active de forma simultánea en la misma fase: sólo su coherencia permite la comunicación mental con el campo de información del intramundo.

Una visión general de los hechos

Soy consciente de que he reunido varias líneas de razonamiento con muchos hechos individuales, y es fácil perder la pista. Por eso vuelvo a resumir los hallazgos más importantes. Primero, nos centramos en la energía de la consciencia, que es idéntica a la energía oscura conmutada, a la materia oscura y a los campos de Higgs. Al mismo tiempo, la consciencia es una bisagra para la transmisión de información de la mente universal. El circuito se realiza a través de la voluntad, que inmediatamente activa la fuerza débil y que, a su vez, afecta a los espines. Se deben cumplir los siguientes requisitos previos como base de estos procesos:

1. Los espines son la causa de la estructura y de funcionamiento de la materia.
2. La influencia de los espines pasa por la fuerza débil.
3. La fuerza débil recibe sus «órdenes» sobre la energía y la materia oscuras.
4. La energía y la materia oscuras son idénticas a la energía de vacío, también llamada energía de punto cero. Representa el mar de todas las posibilidades.

5. El 99,999999999 % de nuestro volumen corporal consiste en energía de vacío, pero también existe fuera de nosotros. Es por eso por lo que la energía y la materia oscuras se encuentran tanto en nuestro cuerpo como en el exterior. Casi nos llenan por completo a través de los átomos.
6. La manipulación intencionada de la energía oscura y la materia oscura sucede mediante la consciencia, ya que ésta es un modo de cambio de estas energías.
7. La voluntad, la expectativa, la imaginación y la consciencia son entidades que utilizan la energía oscura y la materia oscura, y que tienen una gran influencia en la fuerza débil.
8. La voluntad, la expectativa, la imaginación y la consciencia afectan a la materia de nuestro cuerpo. Además, a través de la consciencia también podemos modificar las coordenadas de espines que son externas al cuerpo.

Un segundo complejo de información gira alrededor de la relación entre el yo y el ego y cómo se almacena esta información en el intramundo. Por razones de simplificación, utilizo la metáfora del contexto informático para poder resumir los procesos más importantes:

1. Una inteligencia superior ha ideado y establecido un software de programación para la organización del universo, incluidos todos los mundos.
2. El yo verdadero tiene los derechos de autor de este software. El yo superior tiene una licencia permanente de este software.
3. El yo simple tiene una sublicencia temporal para un subprograma de este software, con el requisito de que se guarden en el disco duro universal todos los usos del programa y todos los eventos resultantes.
4. El yo superior y el yo verdadero tienen acceso a este disco duro universal, pero el yo simple tiene un acceso limitado.
5. El yo simple tiene la tarea de prevenir un cortafuegos contra la información nueva. Por tanto, se le permite producir eventos sobre el ego programado y almacenarlos por iniciativa propia.
6. Para producir eventos, se implementó una idea ingeniosa: la programación resultante del software permite la construcción de la materia con la autogestión.
7. Toda la materia con autogestión puede servir como vehículo para los seres vivos.
8. El vehículo en sí está hecho de polvo estelar.

La autogestión elaborada de manera inteligente para la vida terrenal está sujeta al siguiente principio, tal como M. Taube propuso (Taube, 1988):

Objetivos	Elemento de construcción	Molécula de construcción	Propiedades
Universalidad	Hidrógeno H	H_2	- el elemento más común en el cosmos - buen módulo de unión
Orden	+ oxígeno O	H_2O líquido	- segundo elemento más común - agua: molécula más común - el mejor solvente - alta estabilidad - estructura semicristalina - almacén de información
Afluencia de energía	+ carbono C	Azúcar $H_{12}O_6C_6$	- el tercer elemento más común - puede formar fácilmente moléculas grandes con gran almacenamiento de energía - es estable en el agua
Autorregulación	+ nitrógeno N	Aminoácidos $H_xO_yC_zN$	- el cuarto elemento más común - construye macromoléculas de formas especiales (proteínas) - es estable en el agua
Autorreproducción	+ fósforo P	Nucleótidos $H_xO_yC_zN_wP$	- es estable en el agua

Vemos que hay un principio inteligente detrás de esto: se toma el elemento de hidrógeno más común con 61,9 % atómico en la biosfera. Éste se conecta con el oxígeno, que está presente en un 30,8 % atómico y crea el agua, no sólo como un disolvente indispensable, sino también como un medio de transporte igualmente esencial. El agua es un absorbente de energía coherente y un reflector de energía, un almacén de información material y muchas otras cosas más, también necesarias.

El carbono se une a esta combinación en un 6,9 % atómico en la biosfera y tiene la oportunidad de obtener energía en forma de glucosa para almacenarla y entregarla. Ahora todavía se necesitan bloques de construcción, catalizadores y factores de crecimiento de los que depende el nitrógeno utilizado en la construcción anterior, que representa un 0,35 % atómico, el cual debe alegrarse con las proteínas y las enzimas.

Sólo queda una tarea: el sistema debe reproducirse de forma autónoma para poderse reconstruir. Para ello, debe agregarse un 0,03 % atómico al fósforo anterior. Es así como el nucleótido del ADN llega al mundo. Los nucleótidos son los portadores de químicos y de materiales de toda la vida.

Después de este rápido barrido de la evolución química, nos dedicamos a la interfaz de la mente, de la intención y de la materia. Y como todo es completamente nuevo, repetimos las ideas más importantes del modelo desde el punto de vista de la vida terrestre.

1. Toda la vida debe ser capaz de responder a las señales, por lo que los compuestos químicos deben ser flexibles.
2. Las interacciones dependen del tamaño de las cargas eléctricas (cantidad de electrones), de la velocidad de la luz y, sobre todo, de las propiedades del espín de todas las partículas elementales.
3. A través de los espines, las formas de materia construidas espiritualmente aseguran que las influencias mentales y espirituales sean todavía posibles. Sirven para adaptarse al entorno y a la comunicación social.
4. La principal fuente de influencia mental es a través del yo simple, que administra un subprograma del yo superior y del yo verdadero, y debe garantizar que los eventos en el mundo cotidiano proporcionen nueva información al disco del intramundo.
5. Cada nueva información da como resultado una optimización fluida del software universal.
6. La información proporcionada por el yo simple es verificada por el yo superior para determinar su uso a largo plazo antes de guardarla para siempre.

7. Todos los elementos destructivos para el sistema son, en general, eliminados. Por tanto, la información almacenada de todas las vidas terrestres se limita a extractos constructivos y de mayor alcance.
8. Las personas que sólo tienen acceso al intramundo después de su vida terrenal y su vida cotidiana experimentan estados paradisíacos en el nivel del yo superior.
9. No sólo el yo superior, sino también el yo verdadero, el autor designado de todo el sistema, puede experimentar todo.
10. El yo simple recopila eventos y nueva información, y tiene la licencia para poder crear a través del uso temporal del software universal con el principio de la filosofía cuántica.
11. Primero, el yo simple, con el consentimiento de todas las autoridades superiores, por supuesto, crea un yo capaz de aprender. Este yo está equipado desde el principio con todas las habilidades inherentes. Así que la personalidad transmite los derechos de uso al yo.
12. El yo puede pensar, usar la voluntad, y puede tener o tiene sensaciones; de hecho, se refiere a todas las unidades espirituales y mentales que programa el software universal en el disco duro universal, las cuales han experimentado eventos de seres vivos que vivieron con el yo presente y que se complementaron.
13. Una vez equipado con estas entidades espirituales e intelectuales, el yo se coloca en un vehículo material. Este vehículo fue construido por la inteligencia universal hace millones de años, según el principio explicado antes, y se ha optimizado para actuar como cuerpo de acción y de experiencia.
14. Sin embargo, este cuerpo está muy afectado por su uso en el mundo material cotidiano, bajo la influencia de componentes como el gas y la radiación del entorno (resonancia de energía), pero sobre todo por los eventos que ocurren en la vida. Se van desgastando.
15. De ello se deduce que este vehículo de eventos debe ser reemplazado de manera regular (muerte de la materia).
16. El yo, creado por las autoinstancias como una idea, sólo es influenciado después de su creación cuando el yo solicita estas instancias.
17. El yo con capacidad de aprender crea su propio mundo. Construye su propio escenario y desempeña el papel principal.
18. Este espectáculo es el mundo cotidiano. Todo lo sucedido allí, incluido el motivo integrado por el yo, se recibe como información que se comunica al yo simple y se almacena.

19. El yo simple contiene su propio reflejo. A este proceso lo llamamos recuerdo, y es cuando hablamos de memoria.
20. Los mecanismos de transferencia de información entre las estructuras materiales, por una parte, y las estructuras mentales y emocionales, por otra, recorren las características de la física cuántica.
21. Los transformadores desarrollan las estructuras físicas cuánticas del cerebro, que impiden una conexión directa entre la mente y la materia.
22. Eso es positivo; si no, el conjunto de pensamiento mental tendría un efecto instintivo en la transformación de la materia, y no sería posible orientarse en el mundo cotidiano sin más componentes de aprendizaje.
23. El hecho de que el yo simple deje toda la capacidad de responsabilidad propia del yo y, por tanto, le otorgue un gran poder provoca el abuso del ego.
24. El yo que ha evolucionado hacia el ego está tan obsesionado con la codicia y el poder que ha pasado por alto lo bien que podría haber vivido con el software universal prestado.
25. Cuando la persona entiende todo el principio, puede derribar la barrera de los niveles de las autoinstancias sin perderse.
26. Se da cuenta de la calidad que puede lograr con su vida. Incluso podría convertirse en el gobernante absoluto de la materia, de la transitoriedad física, si lo desea. Entonces llegará a sentir el soplo de los vientos paradisíacos.

TERCERA PARTE

CÓMO CREAMOS NUESTRO FUTURO

«La consciencia se genera con el propósito de reconocer su descendencia de una entidad superior (deum) *[...] que observa cuidadosamente esa fuente [...] cuyas determinaciones son inteligibles y responsables [...] y, por tanto, proporciona a la psique en conjunto unas posibilidades de desarrollo y de vida óptimas».*

C. G. JUNG, Aion

Capítulo 1

Una revolución espiritual

El poder de la meditación

Para el estudio de las leyes energéticas del intramundo, son especialmente esclarecedores aquellos estudios que tratan sobre los efectos de la meditación. Sobre todo, es interesante comprobar si existen efectos a largo plazo. Si los estados meditativos conducen a la coherencia de diferentes cerebros a corto plazo, ¿no podría haber consecuencias duraderas? ¿Y qué significaría eso para la sociedad en crisis en la que vivimos? ¿Existen oportunidades en la telequinesia y la telepatía para una convivencia pacífica?

Los investigadores Orme-Johnson, Dillbeck y Alexander respondieron a estas preguntas con una actitud decididamente positiva. Examinaron el impacto de tres meditaciones en masa con un total de 7.000 participantes al registrar en paralelo la frecuencia de unos ataques terroristas. El resultado fue espectacular: en dos años, el número de actividades terroristas en todo el mundo se redujo un 72 % (Orme-Johnson *et al.*, 2003).

Es importante asumir que la coherencia que surgió en el campo de la información fue de una envergadura tal que dio un poderoso impulso al intramundo. Como los pensamientos e ideas se intensifican y se almacenan en el intramundo de una manera cada vez más sorprendente, más personas apoyan estas ideas. En consecuencia, aumenta la probabilidad de ver los efectos deseados en el mundo cotidiano.

En el verano de 1993, en un período de dos meses, meditaron 800 personas, y luego 4.000 más en el noreste de Estados Unidos. Durante este tiempo, la tasa de criminalidad en Washington DC se redujo un 23,6 %, aunque antes había aumentado significativamente. Después de detener la meditación en masa, la tasa de crimen aumentó de nuevo. Factores influyentes, como las condiciones meteorológicas, la presencia policial o las actividades de iniciativa ciudadana, no han desempeñado ningún papel, ya que no ha ocurrido nada inusual a este respecto (Hagelin *et al.*, 1999).

También hubo algunos intentos populares para demostrar cómo la salud y la calidad de vida de toda una ciudad mejoraron después de que algunos residentes hubieran meditado juntos. El investigador D. Orme-Johnson también demostró que se produjeron mucho menos accidentes y delitos (Orme-Johnson, 1993).

Las consecuencias de tales estudios son evidentes: obviamente, tenemos la oportunidad de modificar el comportamiento colectivo tan sólo a través de las percepciones y sensaciones modificadas de algunos grupos de manera deliberada. Si se incluyen los hallazgos sobre las realidades creadas a través del intramundo, eso no sorprende. Una vez más, queda claro que vivimos en un universo espiritual que está interconectado por todas partes.

Por esta convicción, el «Proyecto de la Consciencia Global (GCP)» se desarrolló en la Universidad de Princeton. Es el mayor experimento científico que abarca este tema y en él participaron alrededor de 100 investigadores y técnicos de todo el mundo. Desde 1998, GCP ha estado recopilando datos en todo el mundo para aprender más sobre la consciencia global. Los datos se transfieren a un servidor en Princeton a través de Internet, donde luego se almacenan y analizan.

Con esto, se continuó una gran tradición. En 1979, Robert Jahn fundó el laboratorio PEAR (Princeton Engineering Anomalies Research Lab) de la Universidad de Princeton. Fue una de las primeras instituciones acreditadas en tratar científicamente los fenómenos parapsicológicos, la psicoquinesia y las percepciones sobrenaturales. Jahn y sus colegas descubrieron, entre otras cosas, que los dispositivos electrónicos y las pantallas pueden estar influidos por emociones fuertes y expectativas orientadas hacia los objetivos. Esto sucedió con más frecuencia en el grupo que en los individuos, y las mujeres fueron más fáciles de influenciar que los hombres. Jahn y su colega Brenda J. Dunne escribieron un libro sobre sus fantásticos experimentos. El libro se publicó en 1999 bajo el título en inglés *Margins of Reality: The Role of Consciousness in the Physical World* («Márgenes de la realidad: el rol de la consciencia en el mundo físico»). El equipo de Jahn incluyó a un joven investigador llamado Roger Nelson, el cual estaba particularmente fascinado por cómo reaccionaban los dispositivos técnicos a la consciencia humana. Sólo eso ya les sorprendió muchísimo. Una especie de comunicación entre las personas y las máquinas, aunque parezca ciencia ficción. Nelson no pudo desprenderse de la idea de que la mente y las emociones podían influenciar el ruido de los electrones. Una extraña intercepción, al menos a primera vista. ¿Cómo podrían las personas controlar los procesos subatómicos sólo con su consciencia? ¿No se aventuró demasiado en esa idea?

Sin embargo, Nelson comenzó a trabajar. Generó el denominado ruido blanco con un simple diodo semiconductor. Este generador de ruido se llamó REG (generador de eventos aleatorios). Luego transformó técnicamente las señales de ruido en señales rectangulares y contó los impulsos. Sin verse afectadas, hubo señales en la dirección eléctrica positiva (deficiencia de electrones) y en la dirección negativa (excedente de electrones) de manera alternativa. En general, la curva de grabación estaba en el rango cero porque las direcciones de carga positiva y negativa se equilibraban entre sí.

Nelson distribuyó muchos de estos generadores de ruido en varios países. Todos los datos de los generadores fueron evaluados por el ordenador central de Princeton durante las 24 horas del día en un período total superior a 10 años. El resultado fue impresionante: cada vez que un evento especial pasaba por los medios de comunicación de todo el mundo generaba una excitación emocional colectiva, el ruido cesaba y dejaba espacio para señales positivas o negativas para otros eventos. Los generadores de emociones efectivos incluyeron el ataque terrorista del 11 de septiembre de 2001, las catástrofes del tsunami, las muertes de celebridades, las elecciones presidenciales de Obama y una meditación masiva para la paz el 14 de septiembre de 2001. Todos estos hechos y muchos más afectaron al ruido de los electrones de forma significativa. Cuanto más cerca estaba el evento de la persona, mayor era la caída.

La pregunta todavía no tiene respuesta hasta el día de hoy: ¿por qué los indicadores quedan eliminados durante un tiempo justo antes de un evento especial, como si la gente supiera lo que iba a suceder, aunque no exista ninguna indicación? Nadie esperaba los ataques contra el World Trade Center en Nueva York, por ejemplo, pero los generadores de ruido reaccionaron horas antes. Se debe asumir un efecto altamente anticipador. Además, se sabe que dos satélites GOES (Satélite Geoestacionario Operacional Ambiental), que orbitan la Tierra como satélites meteorológicos, respondieron al ataque del 11 de septiembre. Al mismo tiempo, midieron un campo magnético que estaba inusualmente muy por encima del valor estándar (Braden, 2009).

Los científicos independientes, que no tienen que prestar atención a las prácticas académicas ni a los intereses de los patrocinadores, tienen una visión muy buena de los resultados de la investigación sobre las transmisiones telequinéticas. Si bien no hay muchos investigadores sin prejuicios, la bibliografía de tales fenómenos llena estanterías. Se han publicado más de 500 estudios científicos hasta la fecha en los que se determinó de manera inequívoca que la consciencia puede influir tanto en las construcciones electrónicas como en las biológicas (Estudios, 2010). La probabilidad de que estos resultados sean aleatorios se encuentra en un promedio de uno a un billón y, por tanto, los resultados son muy significativos. Esto tiene que ver con hechos que se han confirmado experimentalmente. Existe una evidencia científica clara, aunque algunos escépticos tienen sus dudas ante estos estudios. El campo sigue siendo cosa de los pioneros.

El intramundo y el mundo espiritual

El intramundo nos rodea y está dentro de nosotros, pero, por lo general, sólo nuestra actividad cerebral lo censura. Es el mundo que aparece en nuestros sueños, que se filtra a través de experiencias extracorpóreas y proporciona la base para las situaciones de visión remota, la clarividencia. También es el mundo que nos espera después de la muerte física: con el intramundo nos adentramos en el más allá.

El intramundo contiene planes construidos espiritualmente para la materia, los cuales carecen de cualquier componente real de fuerza, es sólo información. No puede haber poderes concretos entre las informaciones puras, pero (y esto es importante) la información contiene instrucciones para crear estas fuerzas, su efectividad y sus consecuencias. El mundo cotidiano es la implementación de estas construcciones mentales con componentes ya existentes, los átomos. Al mismo tiempo, la información de los efectos de fuerza se transforma mediante el procesamiento inteligente de la información y la consciencia.

Nuestro mundo cotidiano, tal como lo experimentamos, es un reflejo de nuestras convicciones. Pero las convicciones de nuestros compañeros también dan forma a este mundo; a veces, querríamos decir por desgracia. Así, en efecto, ambos mundos, el intramundo y el mundo cotidiano, se condicionan de forma mutua, por lo que el mundo eternamente permanente es el del espíritu, donde nuestro ser, nuestra alma, tiene su hogar, mientras que el mundo cotidiano es un episodio pasajero que se puede repetir tantas veces como quieras.

Pero se ha demostrado que, hasta cierto punto, podemos aprender a tener acceso voluntario a los contenidos del intramundo. Si el remitente y el receptor tienen el mismo mapa de caracteres, de acuerdo con la teoría de la información, se cumple un requisito previo necesario para descifrar y comprender los mensajes. Y eso es justo lo que posibilita el establecimiento del mundo cotidiano y del intramundo. Puede que haya sido el significado de la creación del mundo ilusorio cotidiano con el ego correspondiente a través del yo superior.

Esto significa que es posible experimentar de manera consciente ambos mundos y experiencias reales a partir de la conexión de recuerdos; es decir, usamos la sabiduría y la inteligencia del yo superior mucho más que normalmente dentro de las limitaciones del mundo cotidiano.

Desde el punto de vista de nuestro yo, queremos agrupar los puntos de vista presentados antes, de tal manera que podamos convertirlos en «hechos creídos» en nuestro pensamiento: un requisito previo para el éxito práctico.

1. Un campo energético e informativo penetra en nuestra persona directamente a través de las relaciones cuánticas subatómicas, de un intramundo espiritual, que también existe alrededor de nosotros hasta el universo.
2. Este mundo consta de ideas informales para el mundo material cotidiano e imágenes mentales del mundo material cotidiano. En el mundo cotidiano, la estructura espiritual funciona más allá del intramundo y de la materia a través del yo.
3. La voluntad de empatía que tenemos a nuestra disposición, con la ayuda de la consciencia que siente y crea estructuras mentales, nos conduce a los objetivos que tenemos en mente, incluso en el mundo cotidiano.
4. Convierte en realidad lo que se propone, es decir, para desarrollar energía en el mundo cotidiano actúa siempre que el modo de retroalimentación se sienta como un evento ocurrido.
5. Todo lo que sucede se experimenta en este mundo cotidiano y se duplica y almacena en el intramundo como un espejo.
6. Por tanto, todos los modos de acción y los mecanismos aprendidos en este mundo existen como complejos de información en el más allá. La materia es espejo del intramundo, sin masa, pero como un complejo de información de las masas. El espíritu y la voluntad la pueden modular con libertad.
7. El intramundo consiste en eventos recuperables que traen alegría, felicidad, suerte, sanación y bienestar.
8. El intramundo está animado por seres espirituales (estructuras de información y patrones) que pueden activarse, y se focaliza en las autoinstancias eternas y directamente relacionadas con nosotros.

9. Dado que las voluntades con consciencia son siempre factores del intramundo, después de la transición de la vida terrenal al intramundo, la vida continúa, aunque sin materia real, pero con los patrones de información de la materia y las estructuras espirituales que dependen de la materia.

Beneficios del intramundo

De manera que vamos a describir las medidas que nos llevan al intramundo. En particular, hay que garantizar los estados de preparación para los conocimientos y la experiencia. En términos generales, son:

- Meditación
- Neuroplasticidad
- Aprender lo transpersonal
- Inmortalidad de la experiencia
- Reconocimiento del «paraíso»

Como tenemos que usar las estructuras del cerebro en la vida terrenal, el camino hacia el intramundo sólo es posible a través de un cambio en la estructura del cerebro. El cambio es entonces una consecuencia del ejercicio. Podemos modificar nuestro cerebro a través de nuevos hábitos en la estructura y en la función (*véase* capítulo anterior).

La pregunta es: ¿vale la pena?

Y otra pregunta: ¿cuáles son los efectos secundarios de tal procedimiento? ¿Cuáles son los riesgos?

Observemos primero los objetivos:

- Queremos abrirnos al yo superior y al yo verdadero.
- Queremos aprender a romper las barreras anteriores.
- Queremos escuchar los mensajes y la sabiduría de una mente abierta.

Hay dos objetivos diferentes que deben mantenerse independientes cuando se usa el contenido del intramundo:

1. Deseamos información sobre cómo modificar más y más extensamente la materia del mundo cotidiano, que es real para nosotros, a través de la voluntad y la consciencia de lo que hemos aprendido con anterioridad.

2. Queremos más información sobre la resolución de problemas para eventos y sucesos que antes eran imposibles con los medios del yo en el mundo cotidiano.

Claramente, los riesgos nos pueden hacer perder nuestra orientación habitual y confundirnos. Imagínate, tendríamos que vivir la vida cotidiana como en un sueño. Esto no es posible, porque la planificación y la razón se quedan tan rezagadas que las necesidades de la vida, como la compra de alimentos y los acuerdos sociales, no pueden ser atendidas de forma adecuada. En el peor de los casos, se parecen a una persona drogada. Es por eso por lo que la inteligencia natural ha creado barreras entre los dos mundos que se han forjado a través del aprendizaje, y que también éste puede ser la causa por la cual se empobrecen. El aprendizaje implica una transición lenta y tolerable a lo que nos resulta desconocido hasta ahora.

Sin embargo, más allá de esta «precaución», también consta que hay personas que visitan el intramundo porque dominan los métodos para superar de manera temporal estas barreras e informan de que este espacio les ha brindado una gran ayuda. La Biblia, el Talmud, el Corán y muchas otras obras estándares están repletas de testimonios.

Así que todo depende del equilibrio correcto. Una pequeña cantidad de intramundo nos dificulta la vida en la Tierra, pero demasiado intramundo también es un problema. No es una coincidencia que los métodos que se utilizaban en el pasado para alcanzar el intramundo se revelaran siempre en secreto o sólo a unos pocos seleccionados.

Transformación espiritual de la materia

¿Has pensado alguna vez que hasta el 70 % de las conexiones neuronales en el cerebro se modifican cada día? Se debe a que cada día tenemos innumerables experiencias nuevas y, además, nunca han sido filtradas por el neocórtex. Miles de millones de células cerebrales, innumerables conexiones de sinapsis, así como sustancias mensajeras y hormonas, transforman toda esta enorme cantidad de información en un comportamiento por lo general significativo. Por eso se producen muchas sustancias psicoactivas endógenas. La gama incluye endorfinas analgésicas, tranquilizantes, ansiolíticos y sustancias psicoactivas como DMT, LSD, carbolina y dopamina. La propia farmacia del organismo también puede producir compuestos químicos que esperan ser liberados, como un aumento del pulso, aclaraciones mentales, estimulación sexual, euforia, resistencia inmunológica y muchos otros efectos.

En pocas palabras, las personas generamos nuestras propias drogas. Es necesario aprender el uso situacional de tales sustancias; este aprendizaje pertenece al programa de reacciones entrenadas. Se determina en qué dosis se producen y distribuyen las sustancias. Tan pronto como excedamos de manera deliberada las reacciones estándar y cambiemos el patrón, la dosis deberá reducirse o aumentarse de acuerdo con ello para adaptarse a la decisión voluntaria. Si los batacazos emocionales son demasiado fuertes, las funciones corporales armónicas pueden verse gravemente alteradas, por ejemplo, si se produce una descarga constante de adrenalina bajo un estrés extremo.

Quedémonos con este ejemplo: la liberación de epinefrina es una señal que desencadena una reacción en cadena porque ciertos procesos corporales se detienen para proporcionar a los músculos más energía, o para una posible lucha o para escapar. Entre otras cosas, se reduce la digestión y disminuye la producción de melatonina para prevenir la fatiga. Éste es un tipo de plan de emergencia, destinado a momentos breves e intensos. Si el estrés se convierte en una condición permanente, se desarrollan problemas digestivos y trastornos del sueño junto con muchos otros síntomas.

Nuestros ancestros filogenéticos, así como los pueblos nativos, intentaron iniciar una interacción armoniosa de tales procesos de manera intuitiva, es decir, asegurar una dosis tolerada de las sustancias del organismo. Rituales curativos en templos especiales como el vudú o el yoga que servían para influir de manera favorable en el metabolismo cerebral, un conocimiento que casi se ha perdido en nuestra sociedad industrial occidental. Intentamos volver a aprender algunas cosas, por ejemplo, asistiendo a clases de yoga o meditando. Además, la investigación médica también ha dado un empujón a todo esto.

En cualquier caso, el modelo materialista del cerebro de la máquina neuronal ha fracasado de un modo estrepitoso, aunque la creencia en él aún domina amplias áreas de la investigación cerebral. Siempre nos hemos guiado por las ciencias naturales que sólo permiten lo que dictan las leyes naturales del macromundo, mientras que se presta poca atención a las percepciones cuántico-físicas o incluso cuántico-filosóficas. Cuando se trata de la intuición, de sentimientos puramente subjetivos, o de experiencias inexplicables, se introduce con rapidez en el campo, ya que son hechos que no se pueden demostrar. La ciencia elude la confrontación al ignorar de una forma rigurosa cualquier subjetividad por ser científicamente inútil; así que se ha cuestionado su confianza y se ha vuelto inverosímil. Cada vez resulta más convincente que todos los fenómenos humanos surjan exclusivamente de la consciencia y el subconsciente. Dado que el alma, la mente y el cuerpo están conectados por un intercambio permanente de energía que contiene información, la consciencia es el punto central de conmutación. Sólo desde la consciencia es posible que la información subjetiva se transmita a los sistemas de procesamiento del cerebro. Las llamadas condiciones objetivas no existen, por lo que la ciencia no encuentra ningún dato objetivo que pueda usar de manera significativa.

Un segundo problema surge de los procesos físicos cuánticos omnipresentes. ¿Qué queda de la ciencia materialista y objetiva cuando los portadores de la materia, los átomos, se disuelven en remolinos y ondas hasta que por último dejan de tener una existencia local demostrable?

A esto le sigue un tercer problema, tal vez el más grave: alrededor del 96 % de la energía que conforma cada organismo, cada ser humano y todo el cosmos no es accesible a la ciencia tradicional con sus métodos de medición limitados. Sin embargo, esta energía ha sido efectiva durante miles de millones de años, controlando toda la vida terrenal, incluida la evolución. Nosotros, los humanos, no sólo podemos absorber esta energía, sino que la esencia misma de nuestras vidas es justo esta energía.

Bert Sakmann, que fue galardonado con el premio Nobel de Medicina en 1991, se burló: «La biología molecular tuvo muchas críticas, se ha inflado mucho. No quiero formar parte de eso. Se habla mucho acerca de la "década del cerebro", como ha proclamado el Congreso estadounidense. Personalmente, opino que es una tontería. Y ahora vuelve a nosotros porque cuando pasen cuatro o cinco años nos preguntarán: "¿Qué habéis publicado?"».[1]

La filosofía cuántica ofrece formas de salir de la situación actual. Sin embargo, Max Planck, fundador de la teoría cuántica y premio Nobel de física, afirmó una vez: «Una nueva verdad científica no prevalece convenciendo e instruyendo a sus adversarios, sino que hay mucho más; sus adversarios se van extinguiendo poco a poco, y una generación madura se familiariza con la verdad desde el principio» (Planck, 1948).

---

1. Talbot, W.: *Das holographische Universum. Die Welt in neuer Dimension.* Droemer Knaur, 1994. (Trad. cast.: «El universo holográfico. El mundo en una nueva dimensión»).

El cerebro como transformador del universo

En principio, nosotros, los humanos, estamos construidos de tal manera que, para beneficiarnos del mundo cotidiano en la vida terrenal, encontramos formas viables hacia el intramundo, de manera que podamos llamarlos voluntariamente y de manera del todo consciente. Ahora sabemos que nuestro cerebro nos lo impide por una buena razón. Pero podemos derribar esta barrera. Antes de pasar a la práctica, necesitamos conocer las dos etapas más importantes del cerebro, las estructuras talámicas con sistema límbico y glándula pineal, lo que yo denomino «el módulo del más allá» y el centro de conciencia de vigilia del neocórtex que, en última instancia, representa la razón. Sólo cuando sepamos cómo funcionan estas dos estaciones podemos influir en ellas.

El nombre «tálamo» debería usarse en plural, porque este extraño centro cerebral está emparejado. El tálamo y la corteza cerebral forman una unidad de comunicación. El tálamo contiene núcleos, que consisten en conglomerados de células neuronales especiales, los ganglios. Estos núcleos especiales son la puerta de entrada a la concienciación diurna. Según los patrones de campo de interferencia, se decide si se abre la puerta a la solicitud de consciencia o si se cierra.

El patrón particular se refleja en un ritmo de oscilador ininterrumpido, al igual que el ritmo cardíaco. Por esta razón, el tálamo también se conoce como el marcapasos de la actividad cerebral eléctrica, el EEG. Las frecuencias del tálamo varían en 7,8 Hz. El tálamo sincroniza frecuencias lentas de hasta 15 Hz dentro del cerebro. Cuanto más lentas y sincronizadas sean las ondas, por ejemplo, durante el sueño, durante la relajación o la meditación, más se cierra la puerta para la transferencia de información a la consciencia. Si se registra información del entorno, dirigimos la atención a las señales correspondientes, las frecuencias aumentan y la puerta se abre. Otro factor que abre puertas es el cerebro anterior, que se ve como director en la comunicación de los dos hemisferios del cerebro.

Una parte importante del tálamo es el hipocampo, una especie de centro de aprendizaje. Las células nerviosas del hipocampo son los marcapasos del ritmo zeta, con una frecuencia de 4 a 7 Hz. Los niños presentan este ritmo como dominante; en cambio, en los adultos, sólo aparece en el sueño, durante la relajación profunda y la meditación. Además del hipocampo, el ritmo también abarca otras partes del sistema límbico y las neuronas olfativas, por lo que las fragancias se combinan con los sentimientos que se producen siempre que asociamos recuerdos y sentimientos con olores.

Esta interesante combinación es muy importante para el control de los procesos de la vida. La estrecha colaboración entre el hipocampo y el sistema límbico nos permite proyectar nuestros sentimientos innatos en situaciones específicas y memorizar estas conexiones. Dado que el sistema límbico tiene acceso directo al sistema nervioso autónomo y al equilibrio hormonal, cada emoción captura todo el cuerpo. La influencia también se extiende a importantes centros en el área del cuello y la cabeza, la *medulla oblongata* con la formación reticular, que hace que los sentimientos afecten directamente a nuestros tonos musculares esqueléticos. Si algo nos amenaza, oiremos una señal veloz como un rayo y los músculos se esforzarán y trabajarán para reaccionar de manera más rápida.

Por el contrario, cada cambio en el estado corporal tiene un efecto en los patrones emocionales. Las transmisiones tienen lugar al igual que con los electrones: a la ola de ofertas le sigue una ola de confirmación, que finalmente conduce a la transmisión de energía. Aquí consideramos un sistema integrado cuyas partes se comunican una y otra vez. Imaginémonos una sensación de inseguridad. De inmediato nuestro tono muscular se exalta y aumenta la presión arterial. Como respuesta, se incrementa la frecuencia del ritmo zeta que se encontraba estable. Pero la reacción en cadena aún no ha terminado, porque esto tiene un efecto sorprendente en la generación de sentimientos consecuentes. A través del cambio, la psique desconecta del medio ambiente, y el aumento de la frecuencia gira como una emoción nerviosa en el tálamo.

En ese momento sucede algo extraño: estamos en un estado de ansiedad masiva, ya que los estímulos externos ya no penetran en la percepción consciente. El sentimiento de miedo sólo cede cuando volvemos a ser conscientes de los estímulos externos. Obviamente, no podemos soportar estar encerrados en nosotros mismos. Eso es lo que les sucede a los prisioneros encerrados en celdas oscuras e insonorizadas. Su incomodidad aumenta favoreciendo los ataques de pánico, porque la retirada de estímulos familiares y de realización hace que cada percepción del ego sea imposible.

Un microcentro como estimulante

La norepinefrina como neurotransmisor cerebral nos mantiene en un completo estado de alerta. La mayor densidad de células nerviosas de norepinefrina se concentra en un punto del tallo cerebral, el locus cerúleo. En el corte cerebral se ve como un punto azul. Puede parecer un punto pequeño e insignificante, pero su actividad es extraordinariamente trascendental. A su alrededor se acumulan unas 3.000 células nerviosas, pero todas estas neuronas se ramifican en miles de millones de contactos nerviosos en todas las áreas del cerebro: hipotálamo, sistema límbico, corteza cerebral, tallo cerebral. Los sentidos de la vista, oído, olfato, gusto y tacto provocan unos fuegos artificiales en las células de norepinefrina[2] (el pequeño punto azul). Todo se amplifica de manera múltiple y se conecta con los sentimientos, y nosotros lo sentimos con mucha emoción. Así que cada percepción se vuelve emocionalmente coloreada. Por tanto, también se puede decir que el locus cerúleo es el centro de nuestro estado de ánimo mental.

La actividad de la norepinefrina de este núcleo azul (como se denomina en alemán) queda inhibida cuando la serotonina se une a sus receptores. Y con eso llegamos a lo que constituye los sueños: las sustancias psicoactivas que nos abren la puerta al intramundo. Éstas impiden la influencia inhibitoria de la serotonina en la actividad del núcleo azul dirigiéndose a los receptores de serotonina, dejan la serotonina a un lado y bloquean su acción. Estas sustancias psicoactivas incluyen LSD, psilocibina, mescalina, DMT, hachís, cocaína y anfetaminas. Algunas de estas drogas también previenen la recaptación de norepinefrina en la hendidura sináptica, una vigilancia especial que nos abruma.

Algunas de estas drogas las genera el propio organismo. Sentimos su efecto a través de un estado cristalino de alerta y atención, además de una gran nitidez de las percepciones. Pensamos más rápido y tenemos un estado de ánimo positivo. Dado que la norepinefrina está presente en cantidades inusualmente grandes en este caso, también hay un número creciente de precursores: la dopamina, que es la hormona de la creatividad, de las habilidades motoras finas y de lo «divino». Cuando se cierran al unísono grandes áreas de la corteza cerebral y del neocórtex, tenemos visiones, sentimos una unidad cósmica y somos conscientes de los mundos trascendentes. Los filtros se abandonan.

Abandonamos las áreas de la corteza cerebral por la inconsciencia, una condición fisiopatológica causada por la deficiencia de oxígeno en el cerebro, que es también un mecanismo, a veces, altamente peligroso que conduce a experiencias alucinatorias en el estrangulamiento de sí mismo de forma dirigida. Otra variante que conduce a la inconsciencia es la ingesta o suministro de sustancias narcóticas. Estamos interesados por estos estados porque nos dan pistas sobre cómo reacciona el cerebro de la persona cuando ya no siente la consciencia. ¿Hay entonces un cambio de dirección hacia el intramundo?

---

2. www.noradrenalina.com *(N. de la T.)*

Anestesia: cuando la consciencia desaparece

Nos basamos en la suposición de que el mundo cotidiano y el intramundo parten del mismo modo de consciencia. Es importante diferenciarlos de una forma correcta. En el mundo cotidiano, la consciencia está conectada con la materia, y, por tanto, con la razón intelectual, mientras que en el mundo interno, la consciencia, la mente y el alma son libres e independientes. ¿Cómo podemos probar esta suposición?

Echemos un vistazo más de cerca al efecto de la narcosis. Sabemos que los anestésicos silencian nuestra consciencia cerebral, pero ¿cómo funcionan? Aunque parezca raro, todavía no se han explorado los detalles. En la parte 2 describimos un mecanismo plausible, pero aún no es lo bastante sólido a nivel experimental. Se necesita demasiada fantasía para imaginar cómo un patrón complejo de actividad cerebral eléctrica produce flujos de pensamiento y procesos de conciencia que pueden apagarse de nuevo de manera tan abrupta. Sin embargo, es muy probable el modelo explicativo de la influencia de los espines en las membranas celulares.

El neurocientífico Gerot Supp investigó hace poco tiempo el anestésico propofol en el Hospital Universitario de Hamburgo-Eppendorf. En contraste con las suposiciones anteriores, constató que los estímulos externos continúan llegando a la corteza cerebral durante la anestesia. Obviamente no se seguirán procesando. La razón es fácil de identificar: el anestésico convierte toda la actividad de la corteza cerebral. Gran parte del neocórtex ahora se «dispara» de manera sincrónica, como indica la jerga del fisiólogo. Esto significa que las neuronas oscilan sincrónicamente en las frecuencias de las ondas delta (1 a 4 Hz) y las ondas zeta (4 a 8 Hz). Estas frecuencias son típicas de un sueño profundo. Sin embargo, en el estado de vigilia, las frecuencias beta prevalecen de 13 a 30 Hz.

Las ondas delta y zeta oscilan de forma coherente a bajas frecuencias y, en apariencia, impiden el procesamiento de estímulos. Diferentes regiones, que por lo general se comunican entre sí, quedan incomunicadas en medio de una conversación porque las frecuencias se han ecualizado, al igual que un tono fuerte ahoga cada conversación. La inconsciencia de la anestesia es, en última instancia, un coma farmacológicamente inducido. Es, de manera sorprendente, una reminiscencia del sueño profundo. De nuevo, tenemos un estado altamente sincrónico en el rango de frecuencia zeta. Pero ¿qué ocurre con los centros cerebrales fuera del neocórtex, externos a la corteza cerebral?

Científicos de la Universidad de Turku, Finlandia, descubrieron que, si bien la corteza cerebral ya no funciona, los centros del cerebro medio siguen activos:

tálamo, sistema límbico y tronco encefálico. La mente está apagada, pero no el mundo emocional y su subconsciente, es decir, el intramundo está presente. Este resultado es importante. En cuanto las funciones de censura y filtro del neocórtex estén bloqueadas, podremos llegar al intramundo a través del sistema mediador límbico y la glándula pineal. El centro de control de la vigilia es el sistema de activación reticular ascendente (SARA). Si el sistema se desconecta, estaremos en otro mundo: el intramundo.[3]

«Estamos viviendo el comienzo de una edad de oro», comenta el neurocientífico de la Universidad de Michigan George Mashour sobre estos nuevos descubrimientos.[4]

---

3. Airaksinen, M. M. y Kari, I.: «a: Beta-Carbolines. Psychoactive compounds in the mammalian body. Part I Occurrence and Metabolism», *Medical Biology*, vol. 59, 1981, págs. 21-34.
   Airaksinen, M. M. y Kari, I.: «b: Beta-Carbolines. Psychoactive compounds in the mammalian body. Part II Effects», *Medical Biology*, vol. 59, 1981, págs. 190-211. Disponible en: http://issuu.com/germanmags/docs/pmmagazin_februar
4. http://issuu.com/germanmags/docs/pmmagazin_februar

Toma de contacto con el intramundo

El programa de los cuatro puntos

Una y otra vez penetran en nosotros campos de energía que tienen un carácter informativo espiritual. Los habíamos asociado con la llamada energía oscura, la materia oscura, la energía de Higgs y la gravedad. Todas son energías naturales que han existido desde el comienzo de la vida y fluyen no sólo a través de nosotros, sino también a través de todo.

Del mismo modo que la televisión convierte el flujo entrante de radiación electromagnética e informativa en imágenes (algo que no se produce sin el desarrollo de la fuerza), con nuestra voluntad, podemos crear fuerzas a partir de la información circulante que dirigen las energías hacia cierta dirección. Cuando creamos fuerzas de esta manera, suceden eventos, por ejemplo, pensamientos.

Esto parece bastante fácil. Pero requiere un alto grado de consciencia y también cierta práctica. Después de todo, tenemos que hacer retroceder algunos patrones de reacción y pensamiento condicionados o, aún mejor, neutralizar las funciones cerebrales asociadas. Claro que no es recomendable buscar acceso al intramundo por medio de sustancias psicoactivas. Sí que es cierto que ésta es una estrategia común en muchos pueblos primitivos que extraen sustancias tóxicas de las plantas para ampliar sus percepciones en rituales sagrados. Aunque pueda ser muy tentador, es necesario advertir sobre el abuso de drogas, y tenemos a nuestro alcance otros medios de comunicación para acceder al intramundo.

Recordemos los requisitos previos fisiológicos para aprender a usar las energías que generamos de manera consciente: la actividad del neocórtex debe ser lo más silenciosa posible, mientras que las actividades del cerebro medio con el sistema límbico y la glándula pineal deben incrementarse. Además de las drogas, incluidas las propias del organismo, se tiene en cuenta la fatiga y la falta de oxígeno en el neocórtex, hechos que también ocurren en ciertos períodos de sueño y eventos cercanos a la muerte. Pero el sueño lúcido deliberadamente controlado y la meditación también son procedimientos efectivos. En resumen, se trata de despertar la «voz interior».

Una funcionalidad alterada del cerebro, que facilita el acceso al intramundo, puede lograrse con ciertos cambios de comportamiento. Primero, están dirigidos a romper hábitos para deshacerse de los programas condicionados. El segundo paso es activar la coherencia de ciertos centros cerebrales. En tercer lugar, podemos estimular de un modo deliberado la función de la glándula pineal, que reacciona con la liberación de sustancias psicoactivas. Y, en cuarto lugar, podemos aprender a establecer un enfoque de concentración espiritual.

La siguiente lista muestra qué parámetros favorecen el acceso al intramundo:

1. La fe como convicción de un «conocimiento».
2. Motivación «ahora o nunca».
3. Relajación profunda.
4. Silencio absoluto, sin pensamientos ruidosos.
5. Atención ilimitada al objetivo que está claramente definido.
6. Máxima concentración y atención.
7. Fuerte matiz emocional del proyecto.
8. Exclusión de otros pensamientos y objetivos secundarios.
9. Registrar comentarios: «Parece que...».

Convertir lo familiar a través del conocimiento

Nos hemos fijado el objetivo de visitar el intramundo. Lo correcto en realidad sería destruir el mundo cotidiano familiar, porque entonces quedaría el intramundo, que siempre está presente. Pero los hábitos lo ocultan.

Casi todo lo que hacemos y pensamos está condicionado. Por tanto, para poder ponerse en contacto con el intramundo, tenemos que poder desactivar los mecanismos de filtro aprendidos. Una estrategia efectiva es tomar conciencia de la relatividad de nuestra percepción. Por ejemplo, toca la silla en la que estás sentado. Hasta ahora, las fuerzas que trabajan para desarrollar su materia te han parecido ocultas. Ahora imagina que en realidad no estás tocando un trozo de madera, plástico o metal, sino los vórtices altamente energéticos de los núcleos atómicos y los electrones. La información sobre las fuerzas se genera con estos remolinos. Pero no los sentimos, sólo reconocemos su forma masiva y la estructura con nuestros sentidos. Si no fuera así, no podríamos orientarnos en el mundo cotidiano.

El subconsciente no necesita esta restricción tan pragmática. Entonces, cuando la mente subconsciente está en control total, como en el sueño o en muchas otras situaciones mencionadas en el libro, es cuando sucede lo «imposible», «anormal» o «paranormal». En la vida cotidiana, el subconsciente está «conscientemente» protegido.

Intenta deslizarte hacia un estado meditativo en el que tu mente subconsciente pueda desarrollarse como en un sueño. Podrás sentir estímulos llamados subliminales. Por lo general, no penetran en el umbral de la consciencia, pero la mente subconsciente los registra y utiliza. Un ejemplo de esto es el famoso anuncio de Coca Cola de la década de 1960. En los 24 fotogramas por segundo, sólo dos o tres se graban con la botella de Coca Cola. Aunque conscientemente no se podían percibir, el subconsciente se percató de la bebida y así fue como aumentaron las ventas de este refresco.

En última instancia, lo subliminal sirve para reducir el umbral de estímulo para la consciencia, que suprime todo lo que en principio no es interesante y no tiene importancia, es decir, lo que se denomina «inhibición latente». ¿Cuándo fue la última vez que sentiste la ropa en tu piel? ¿O el pulso sanguíneo? ¿La vibración del motor en marcha cuando conduces? Sólo eres consciente de ello cuando hay anomalías, es decir, si la ropa rasca, si el corazón late fuerte o si el motor traquetea. Esto significa que sólo percibimos lo que cambia y las señales que proporcionan información nueva. También existen otras posibilidades: cierra los ojos, por ejemplo, y percibe intensamente lo que escuchas. ¿Voces? ¿El canto de los pájaros? ¿Un vehículo que circula? ¿Una bicicleta, un niño que llora, un perro que ladra?

Es sorprendente lo que percibimos cuando abrimos los filtros. Al mismo tiempo, estamos provocando algo con todo ello: como admitimos percepciones tan poco importantes, sin que nuestra consciencia lo censure, le estamos haciendo un jaque mate al neocórtex y a su adicción a las novedades. No lo utilizamos como un requisito para la actividad porque permitimos que todos los estímulos que fluyen hacia nosotros no reaccionen a él. Éste es un buen ejercicio preliminar para lograr el estado de concentración sin esfuerzo que necesitamos para acoplarnos al intramundo.

Otro ejercicio consiste en entrenar la autoconciencia. Por lo general, se rechaza todo lo que no corresponde a un objetivo actual. Quieres ir al cine, no te sueles preocupar por el dolor de cabeza que tienes. Has quedado con alguien para comer y se te olvida que no tienes mucha hambre. En cierto sentido, se vuelven «geniales» y se hacen insensibles. Tales barreras construidas por sí mismas bloquean el sentido intuitivo de lo que es bueno y lo que no lo es. Por tanto, tiene sentido dejar de lado las barreras y percibirse con plena consciencia: el calor de la piel, los gruñidos del estómago y mucho más. Presta atención a los impulsos que recibas. Son un precursor de la consciencia espiritual. Para no caer en la hipocondría, percibe primero las sensaciones agradables, o cómo desaparecen las sensaciones desagradables de un modo deliberado o se transforman en placenteras; así es como puedes saber que estás adoptando la actitud correcta.

Un ejercicio importante, por supuesto, es la atención plena del pensamiento. Conviértete en el observador de tu pensamiento. Comprende qué pensamientos te pertenecen y cuáles has adoptado. ¿Por qué valoras ciertas convenciones, por necesidad o por educación? ¿Sigues las expectativas o los sentimientos espontáneos? A menudo es difícil descifrar los programas y saber sus orígenes. Cuanto más te dediques a ellos, más éxito tendrás. De esta manera, también puedes reaccionar mentalmente a cosas que no parecen encajar en tu visión del mundo y que no esperas. Las enseñanzas espirituales que no tienen prejuicios llaman a adoptar esta actitud.

También puedes intentar poner tu ego en su lugar. El ego es uno de los grilletes que nos atan con más fuerza al mundo cotidiano. Siempre se fija en la materia. Por tanto, alinea sus objetivos con estructuras cómodas y familiares, y se negará a atreverse a alternativas. Esquiva tu ego yendo a trabajar por un desvío o estando varios días sin ver la televisión ni escuchar ningún medio de comunicación. Al hacerlo, sacas el pragmatismo del ego, que frustra una y otra vez sus planes espirituales, que siempre tienen metas materiales. La estructura material es el vehículo que nos conduce a través del mundo cotidiano, un recurso para la vida en este mundo. Pero si sólo nos orientamos, nos perdemos en el mundo material. El poder del ego reconoce que consume una cantidad extraordinaria de energía para mantener la estructura espiritual y material habitual. En las sociedades egocéntricas, todo gira en torno a la energía: la energía alimentaria, de modo que se preserva la estructura corporal, la energía mental, la razón para funcionar, la energía fósil para que los ciclos económicos florezcan. Por tanto, si tomamos conciencia de estos mecanismos, las pérdidas de energía autoinducidas disminuyen.

También puedes hacer mucho por tu libertad espiritual. Mira a través de los memes que quieres imponerte. No sucumbas a las creencias comunes ni a los dogmas ni a las modas. Además, no debes conformarte con los memes políticos; de lo contrario, serás gobernable de manera indefinida. Esto también se aplica a los intereses externos. Lucha por la diversidad de la información. No creas sólo en un periódico o en un canal de televisión, ya que mucha información mediada está manipulada o es, a menudo, falsa.

No te limites a buscar la compañía de personas afines. Las creencias comunes a menudo conducen al prejuicio y distorsionan tu percepción de manera tan efectiva que cada experiencia parece confirmar el patrón de creencias ya preconcebido. Es un círculo vicioso. Deja que te inspiren, incluso que te provoquen. A menudo, esto genera impulsos asombrosos. Tan pronto como permitas y consideres otras opiniones, ya estarás abandonando las huellas habituales de tus patrones de conocimiento y practicarás el pensamiento multiopcional, que te llevará un poco más lejos en la dirección del intramundo. De esta manera, también resistirás la tentación de ejercer poder o de controlar a otros a través de los rígidos patrones.

La mente condicionada es adicta a repetir lo que le proporciona poder. El médico ayurvédico estadounidense Deepak Chopra declaró que limitamos incluso nuestros deseos. Siempre tenemos una ilusión programada firmemente y luchamos para adaptarla a nuestras necesidades y anhelos reales. La camisa de fuerza del hábito no nos deja nada nuevo. En este sentido, nos encerramos y no experimentamos lo que podríamos experimentar: el potencial infinito del intramundo y el mundo de la unidad. En el instante en que te das cuenta de la trampa, es cuando podrás resolver los patrones condicionados. Entonces obtienes de inmediato mayor libertad en la experiencia y el comportamiento.

Para reconocer el error, aprendido a ciegas, es necesario comparar con las instancias del intramundo. El yo del ser humano en el intramundo establece otras prioridades. Lo más importante es la información especial, la cual está limitada al ego, pero el yo superior tiene una cantidad infinita de información universal a su disposición. Es una información que ha demostrado su valía en la evolución, en las tradiciones milenarias. Esto es en especial cierto para el yo verdadero, el cual tiene acceso a toda la gama de información universal. Todo lo que ha llevado a la creación está disponible como una idea y un patrón de información en Internet y puede ser utilizado directamente por nosotros.

Los métodos probados comienzan mirando a uno mismo sin juzgar. Al hacerlo, uno se pregunta sobre los patrones de fe, sobre la codicia, sobre los deseos erróneos, y se libera de relaciones mentales restrictivas. La clave para ello es la pura experiencia, el ahora, la desconsideración. Me convierto en una mente pura, contemplativa, sin prejuicios, sin la mente analítica de juicio. C. G. Jung y Wolfgang Pauli resumen la actitud deseada de la mente con las siguientes palabras: «Es hora de dejar de lado las limitaciones de nuestro pensamiento y echar una nueva mirada al potencial de los seres humanos. Si llevamos dentro una imagen de toda la creación, también tenemos un enorme potencial de consciencia creativa. Sólo las convicciones limitan nuestra creatividad» (Jung y Pauli, 1955).

Coherencia de los centros cerebrales

Tan pronto como nuestras células cerebrales trabajan en armonía y de forma coherente, nuestra experiencia cambia. La naturaleza ha proporcionado coherencia cerebral a través de la estructura citoarquitectónica del neocórtex: las extensiones de las células nerviosas, las dendritas, se encuentran en la parte superior; los cuerpos celulares, en la parte inferior. Esto es significativo porque el conjunto de neuronas se activa de forma simultánea y es fundamental en la comunicación mental con el campo de información. En los estados meditativos, la proporción de neuronas que rompen el umbral aumenta en masa. En estos momentos, se incrementa la receptividad a la comunicación con el campo informativo de los efectos cuánticos (Zohar, 1982).

Por cierto, la epilepsia también es el resultado de la coherencia de los impulsos eléctricos en varias áreas del cerebro. A través de los cambios en el estado de ánimo, las percepciones y las sensaciones, la persona en cuestión a menudo puede predecir la próxima convulsión tonicoclónica. Algunos pueblos primitivos veneraban las epilepsias porque la persona presentaba habilidades paranormales durante el ataque. Por tanto, los epilépticos siempre fueron respetados como videntes.

Todas las coherencias del cerebro tienen un significado importante para la adquisición y el procesamiento de la información. De esto podemos deducir dos cosas en la práctica: primero, debemos asegurarnos de que nuestro cerebro sea lo más coherente posible para estimular los mecanismos de amplificación físico-cuánticos. En segundo lugar, podemos fortalecer colectivamente la coherencia con personas de ideas similares (no de la misma ideología) a través de estados de ánimo y sentimientos idénticos.

La coherencia y la armonía son los elementos del bienestar. Sólo a través de ellos experimentamos igualmente la diversidad de la naturaleza y la unidad del espíritu. C. G. Jung y Wolfgang Pauli describieron el camino a seguir en su libro conjunto *La interpretación de la naturaleza y la psique*. Tuvieron la brillante idea de que «la consciencia eclipsa las casualidades para lograr la sincronicidad; es el principio organizador de la vida que se opone al principio desorganizador de la entropía, es decir, la desintegración de la materia y la energía». Así, la consciencia se eleva a la clave del cerebro sincronizado (Jung y Pauli, 1955). Por tanto, a continuación, trataremos cómo podemos desarrollar la consciencia para proporcionar ese resultado.

Cierra los ojos

Cuando queremos dormir, cerramos los ojos. Esto corta nuestra conexión más importante con el mundo exterior. Cuando nos quedamos dormidos, se inicia un segundo apagado del sentido de la vista: los globos oculares giran hacia el exterior y hacia arriba simultáneamente, así que la retina no capta ninguna imagen. El cerebro está separado del mundo visual externo. En ese momento no hay estímulos visualmente estimulantes que lleguen a alcanzar el neocórtex. Los movimientos oculares durante el sueño también activan los ritmos de pulso que estimulan el sistema reticular, donde la respiración, las habilidades motoras, las emociones y las sensaciones de dolor se coordinan y desactivan las estaciones de relevo del tálamo. Esto rompe la estrecha conexión entre el tálamo y el neocórtex, el sistema talamocortical.

Tan pronto como la conexión entre el tálamo y el neocórtex se encuentra prácticamente inactiva, el tálamo retiene todos los impulsos externos, es decir, no los transmite al neocórtex como es habitual. Aquí, una red trabaja con neuronas que se sincronizan por sí mismas. Por tanto, los patrones de excitación se «disparan» de manera coherente, y en este momento es cuando se genera el marcapasos para el resto del cerebro.

El sistema reticular también controla el sistema nervioso autónomo. En el estado de vigilia, el sistema nervioso simpático tiene la palabra. Pero si las fibras del sistema reticular se cierran por los patrones de impulso coherentes que hemos descrito antes, predomina el sistema parasimpático, el cual ahorra energía y calma. Esta fase de descanso de larga duración, iniciada de manera única, deja al cerebro excluido casi por completo de la información. Por eso decimos «dormir como una piedra» y que «nada puede despertarnos».

Aunque todos estos procesos acompañan a las fases de sueño y sueño profundo, siempre podemos cerrar los ojos e iniciar breves momentos de relajación. Se ha demostrado que es útil mover en diagonal los ojos con los párpados cerrados, haciendo movimientos alternativos de la parte superior izquierda a la parte inferior derecha y de la parte superior derecha a la parte inferior izquierda. El resultado es una pirotecnia eléctrica a través de la acción masiva de salvas potenciales de los músculos oculares, que tiene un resultado sonoro generado por un piezoeléctrico. Hay muchas personas que pueden llegar a escuchar los impulsos. El campo eléctrico-acústico tiene efectos en todo el cuerpo. En la medicina china, estos movimientos se consideran anticonvulsivos, incluso después de lesiones y traumas. La conexión directa con el cerebro provoca de inmediato la inmovilización de las áreas cerebrales mencionadas, con todas las interacciones posteriores. Después de unos tres minutos ya puedes sentir el efecto relajante.

Asimismo, a nivel psicológico, cerrar los ojos es una muy buena interrupción de la experiencia cotidiana. Al hacerlo, apoyamos la autoconciencia, nos enfocamos mejor en la respiración y sentimos al instante que estamos creando nuestro propio refugio. Esto crea un retiro virtual dondequiera que estemos. Surge cierta distancia interna a la vida cotidiana, porque, a menudo, sobrecargamos el sentido de la vista y las áreas del cerebro procesadoras, por ejemplo, al conducir, trabajar enfrente de una pantalla, navegar por Internet y ver la televisión. Como resultado, gran parte de la distracción que por lo general nos persigue desaparece y, nunca mejor dicho, podemos respirar para sintonizar con el intramundo.

El camino hacia la relajación profunda

Casi todos los métodos para sumergirse en el intramundo se basan en la relajación profunda y la paz interior; por eso cerrar los ojos y todos los efectos que se derivan de ello es tan importante. La relajación profunda, sin embargo, es más que una breve relajación de los músculos. Si la relajación profunda se entrena de un modo sistemático, incluso crea la impresión de flotar, porque ya no registramos nada. Todos los pensamientos perturbadores desaparecen, y con ellos las emociones que los acompañan (que, de manera inevitable, hacen que los músculos se tensen). Así es como llega el silencio profundo.

Sin embargo, estamos concentrados conscientemente en la retroalimentación de la relajación. Esperamos la retroalimentación y podemos sugerirnos a nosotros mismos, como en el entrenamiento autógeno, que seamos cada vez más pesados. La sugerencia es un mecanismo cuántico-filosófico puro. De hecho, la relajación de nuestro cuerpo significa que estamos entregando toda la musculatura a la gravedad de la Tierra. Ahora dejamos de forma deliberada todo lo que nosotros conocemos a la gravedad. Esto es importante porque la materia oscura que fluye a través de nosotros con sus WIMP, a los que atribuimos información a Internet, está estrechamente relacionada con la gravedad. A nivel físico, eso no tiene sentido, las fuerzas son demasiado pequeñas. Pero la información sí que tiene sentido, ya que, como hemos descrito antes, asumimos que la gravedad es más fuerte que la atracción mecánica.

Científicamente, se discute la idea de que la gravedad no existe en realidad como la entendemos, sino que se trata de una construcción universal, parecida a un holograma, una enorme reserva de información. La revista *Spektrum der Wissenschaft* recientemente ha lanzado el titular: «Gravedad: ¿una ilusión? Puede ser posible si nuestro mundo es un holograma». De acuerdo con la interpretación de John A. Wheeler, de la Universidad de Princeton, el mundo es información físico-cuántica, mientras que la energía y la materia sólo son fenómenos superficiales.

En un estado de relajación profunda, como «sabemos» a través de la fe, estamos en contacto con esa energía informativa que forma el holograma de información universal y también se corresponde con nuestra energía espiritual. La gravedad ataca ciertas propiedades de masa codificadas en los espines de las partículas. Por otro lado, el estado del conocimiento en la ciencia es que la entidad de consciencia también ataca los espines de las partículas; aunque esto significa que la gravedad y la influencia de la consciencia tienen la misma parte de materia que un punto de ataque. La gravedad y la información consciente entre mundos podrían tener el mismo origen. Aquí, la solución del enigma puede revelar por qué mi ego sólo puede resistir con la presencia de la consciencia de la gravedad. Tan pronto como mi consciencia se desconecta del cerebro y del cuerpo, me quedo inconsciente, la gravedad me derriba y me caigo.

Cuando una fuerza actúa, hay vectores de fuerza, es decir, directivas de fuerza. Si transferimos las masas de la gravedad en una profunda relajación, significa que hemos dirigido los vectores de fuerza hacia la misma dirección, es decir, de forma coherente. Ahora podemos imaginar que esta coherencia y este orden proporcionan una ventaja para ajustarse al campo de información que nos penetra, es decir, el campo espiritual universal. Aquí también puede originarse la explicación del fenómeno de la levitación, que, aunque ha sido poco estudiado científicamente, parece existir. Si la consciencia puede cambiar la dirección del espín de los electrones y otras partículas de masa en el espacio, se puede demostrar de manera reproducible, en circunstancias coherentes, que este efecto también podría nivelar la gravedad, lo que significaría que los espines se dirigirían de forma opuesta, y no podríamos excluir con tanta facilidad la posibilidad de flotar en el espacio.

¿La relajación como una inmersión real en el espacio espiritual? ¿Eso es todo? No, es sólo el comienzo. Echemos un vistazo a la dramaturgia nocturna del sueño. Después de la fase de sueño profundo, que también es la fase de relajación más alta, nos deslizamos hacia la fase de sueño, la fase de la actividad más alta en el intramundo. Se asemeja a las experiencias que realizamos en una meditación genuina y profunda: el tan dominante ego casi ha desaparecido, y con ello se detiene la percepción de la separación del sujeto y objeto, a la que estamos acostumbrados en el mundo cotidiano. Todos los procesos de pensamiento de la mente analítica se desvanecen y lo que queda es consciencia pura.

Está en manos de cada uno: elegir la técnica de relajación o la técnica de meditación. También nos podemos concentrar en respirar, en una palabra, en un mantra o en un cristal, según las preferencias personales de cada persona. Sin embargo, es importante advertir lo siguiente: tan pronto como apagamos cualquier pensamiento emergente y, por tanto, cerramos el neocórtex, el mesencéfalo o diencéfalo y el sistema límbico se vuelven hiperactivos y pueden explotar en sentimientos reprimidos, imágenes no deseadas y negativas. Los recuerdos van llegando. Dado que los filtros del inconsciente están del todo abiertos, ahora penetra en la consciencia todo lo que los censores habían mantenido encerrado para proteger al ego. Para los principiantes es extremadamente difícil lidiar con experiencias tan inesperadas, porque no pueden eludirlas. Aquí, puede ser útil una técnica de «WuWei» del daoísmo para calmar la consciencia: ponte por un tiempo en el lugar de un sabio observador externo y haz la afirmación de manera inquebrantable: «Es lo que es». Esto elimina al instante el poder destructivo de las emociones amenazantes.

Activación de la glándula pineal

Ya hablamos de este pequeño e interesante órgano. La glándula pineal se encuentra en el centro del cerebro, en el llamado diencéfalo. Los sinónimos son glándula pineal o epífisis. En relación con todo el cerebro, su tamaño es pequeño, ya que es más o menos como un guisante. La forma y el tamaño varían de manera considerable, aunque se parece a una piña de pino cembro. La característica especial de esta glándula es que regula casi todas las hormonas del cuerpo y, en primer lugar, produce dos hormonas importantes: durante el día, combina ciertos aminoácidos para formar la serotonina, sustancia química y mensajera. Durante la noche, convierte este neurotransmisor en la hormona neuroendocrina llamada melatonina (Quay, 1974).

Los cristales de magnetita están dispuestos alrededor de la glándula pineal, lo que los hace susceptibles a la influencia del campo magnético de la Tierra. En animales como los peces, los reptiles y las aves, la epífisis tiene la función de receptor para producir radiación electromagnética como un tercer ojo.

El tejido de la glándula pineal posee la tasa de absorción de fósforo más alta en relación con otros órganos del cuerpo. Después de la tiroides, tiene la segunda tasa de absorción de yodo más alta. Sin embargo, no está protegido por la barrera hematoencefálica, aunque, junto con los riñones, es el órgano más perfundido de nuestro organismo. Por tanto, en la glándula se deposita calcio, además de las sustancias tóxicas del medio ambiente; el fluoruro refuerza la presencia del elemento. Además, la glándula pineal almacena fluoruro de la pasta de dientes y del agua potable, así que los depósitos calcáreos en el tejido glandular no es algo inusual. La sémola resultante interfiere con la producción de melatonina (Luke, 1997). Esto comienza a la edad de doce años.

En muchas culturas antiguas, esta pequeña glándula tiene una función mágica. El poder mágico está simbolizado por el tercer ojo, el «ojo de la sabiduría», que aparece en varios cultos y logias, entre los que destaca el billete de dólar estadounidense. El tercer ojo, según las tradiciones antiguas, sólo se abre en las personas «cuando se enciende el fuego espiritual de los alquimistas». En la terminología hindú antigua, el tercer ojo se equipara al «Ajna Chakra». Este chakra es el mediador de los siddhis, las fuerzas del alma que transmiten la telepatía y otros efectos cósmicos paranormales (Swami Satyananda Swaraswati, 1972).

Platón también menciona la glándula pineal, y está convencido de que «este ojo puede ver la verdad». Descartes describió la glándula pineal como una conexión entre el cuerpo y el alma, y los invitaba a participar en los sentimientos, las ideas y los recuerdos.

Se pueden ver piñas en muchas obras de arte sacro en Babilonia, Egipto, India, México, Italia y también Alemania. A menudo, las estatuas de buda llevan sombreros cónicos como una señal de que la glándula pineal tiene el estatus de «centro que todo lo ve» en las personas despertadas por el budismo.

Una de las representaciones más famosas de la piña es la piedra central en el santuario del oráculo de Delfos, llamada Ónfalo, ombligo y centro del mundo. En las antiguas monedas romanas y griegas aparecen los ónfalos en forma de piña. Hay ilustraciones con el «árbol de la vida» que complementan este ombligo del mundo, y también se presenta junto con seres alados y dioses. También es bien conocido el gran cono de pino de bronce en el Cortile della Pigna, cerca de la basílica de San Pedro en Roma. Data del siglo I d. C.; el báculo del papa también contiene una piña.

Los hallazgos de la fisiología moderna han alimentado la atención que se presta a la glándula pineal en muchas religiones y cultos místicos. Muchas publicaciones están particularmente preocupadas por su contacto con el campo magnético de la Tierra, que varía en gran medida, dependiendo del ritmo de las llamaradas solares. Cuando el sol está activo, el control de los ritmos circadianos cambia como resultado de la producción de las hormonas serotonina y melatonina. Por lo general, la secreción está regulada por estímulos de luz que viajan como señales eléctricas desde la retina hasta la glándula pineal. Si la luz del día llega a la retina, la señal se envía primero a través del nervio óptico al hipotálamo, desde donde se transmite a través del sistema nervioso simpático a la glándula pineal. Esto asegura que durante el día se evite producir la hormona estimulante del sueño (vasotocina) por medio de la melatonina.

La glándula pineal produce la mayor cantidad de serotonina, mucho más que cualquier otra región del cerebro. Por ejemplo, se midieron 61 nanogramos por gramo de tejido en el tálamo, 56 nanogramos en el hipocampo, 482 nanogramos en el centro del diencéfalo y hasta 3.520 nanogramos en la glándula pineal. La serotonina en el cerebro es la hormona «reconstituyente» que genera buen humor y vitalidad. También es indispensable como fuente de melatonina. En la conversión de la serotonina a melatonina, se forma la hormona del sueño arginina-vasotocina, la cual nos proporciona un sueño profundo completo (Pavel *et al.*, 1981).

La melatonina es uno de los antioxidantes más potentes y se necesita con urgencia para la regeneración nocturna. Las hormonas de la glándula pineal también afectan al complejo hipófisis-hipotálamo y el sistema límbico a través de sus actividades sensoriales. Las hormonas que activa el complejo pituitaria-hipotálamo son inhibidas por la glándula pineal. Poco se sabe sobre el significado de este antagonismo, pero se cree que la glándula pineal es una directora eficaz de nuestro mundo emocional.

Al pensar en las numerosas funciones centrales de la glándula pineal (que es más o menos pequeña), nos sorprende que asuma más tareas aún. Tiene una estructura celular similar a la retina de los humanos y el resto de los mamíferos. También allí es donde se forman las proteínas, lo que permite la percepción de la luz a través de su conducción de fotones. La ya descrita minuciosamente DMT (dimetiltriptamina), la sustancia psicoactiva de nuestro organismo que expande la percepción, es un cristal y reacciona a la presión, incluida la presión arterial específica dentro de la glándula liberando luz. ¿Es probable que exista una causa fisiológica para esta «iluminación» o fenómenos de luz interna durante la meditación?

Drogas mágicas

Ya ha quedado claro que la glándula pineal es un complejo laboratorio de química que utiliza serotonina y melatonina para canalizar dos hormonas principales hacia el metabolismo cerebral. Pero esta glándula oculta otro secreto, porque forma sustancias que se han utilizado en muchas culturas para producir pociones mágicas, como la pinolina. Es un producto metabólico de la melatonina y pertenece a las beta-carbolinas. Su nombre científico, casi impronunciable, es 6-metóxido-1,2,3,4-tetrahidro-β-carbolina (6-MeOTHBC) (Airaksinen y Kari 1981a, b).

La pinolina también se encuentra junto con otras drogas como la harmina y la harmalina en algunas plantas, en los harmales sirios, o en las zigofiláceas. En la antigüedad, debido a su importante poder de curación, éstas fueron una de las plantas más importantes que se administraban médicamente con el nombre botánico de *Peganum harmala*. Los efectos del harmal sirio se deben a varios flavonoides como glicoflavonas, glucósidos y acetoninas. En la medicina ayurvédica del Rigveda, se usan sus poderes agregándolos al extracto triturado con oro y polvo de meteorito, que se aplica en las áreas cutáneas que presentan problemas. En combinación con minerales, efectos antibacterianos y antifúngicos, etc., reducen la picazón. En los tiempos de Zaratustra, el fundador persa del culto a la luz, la receta se llamó Haoma y fue entregada por el «dios sabio de la luz». El nieto de Zaratustra, Nimrod, también conocido como el rey Meru, que fundó la segunda dinastía egipcia, presentó estos fitoquímicos como un misterio central en las escuelas de sanación.

En 1425, Samuel Hill Norton describe un medio que también consistía en rallar las partes vegetales del harmal sirio. En su día, la goma arábiga se añadió a la papilla para poderla masticar. Probablemente fue el primer chicle con propiedades medicinales. Se dice que Leonardo da Vinci y Miguel Ángel consumieron de manera regular extractos de harmal para aumentar su creatividad. Tales sustancias no eran desconocidas en Italia, incluso los etruscos preparaban una medicina herbal con hierba sagrada, que también contenía pinolina, *Phalaris arundinacea*. Además de sus efectos curativos, también favorece las visiones.

Dado que la estructura celular de la glándula pineal contiene componentes oculares, no es sorprendente que también se encontraran pinolina y melatonina en la retina humana. Estas sustancias se clasifican como neuromoduladores potenciales (Leino, 1984).

Tanto la melatonina como la pinolina son potentes eliminadores de radicales libres y previenen la peroxidación lipídica dañina, lo que conduce al daño celular y a la arteriosclerosis (Frederiksen y Pless, 1998).

¿Qué efectos podemos identificar para la consciencia humana? El hecho de que las plantas que contienen pinolina desempeñaron un papel relevante en los rituales espirituales de todas las culturas ya sugiere una potencia psíquica. Definitivamente, la pinolina es el antidepresivo perfecto, sin efectos secundarios conocidos. Aunque la pinolina se puede metabolizar a través de la melatonina en dos pasos, la glándula pineal utiliza su propia ruta de producción adicional para la pinolina. El mecanismo involucrado en ello es uno de los conceptos más elaborados, a través del cual nuestra mente inteligente nos ha proporcionado capacidades meditativas.

Capítulo 3

Conexión con el intramundo

El mecanismo de 8 Hz

Los resultados sobre cómo cambiar el cerebro a través de la meditación son excelentes. Una característica importante de la buena práctica de meditación es la sincronización de los dos hemisferios del cerebro, lo cual, en ocasiones, crea un campo vibratorio eléctrico coherente en el rango de frecuencias de EEG de 4 a 8 Hz. Las frecuencias más importantes se sitúan exactamente entre 7,8 y 8,1 Hz. ¿Por qué es tan importante? Porque éste es el rango de frecuencia de resonancia de la glándula pineal. Así que significa que se está moviendo en la «frecuencia meditativa», como si «supiera» que ésta es un área vibratoria casi mágica o, al menos, es lo que se especula, ya que también produce drogas psicoactivas.

La glándula pineal obtiene energía de su propia frecuencia de oscilación eléctrica. Es sorprendente que esta frecuencia esté disponible para los humanos y todos los demás organismos como una frecuencia de resonancia electromagnética entre la superficie terrestre y la ionosfera. Existe incertidumbre en cuanto a cómo resonará físicamente, ya que una función de antena típica (un cuarto de lambda) de la glándula pineal para las ondas electromagnéticas no puede desempeñar ningún papel en esta ocasión. La lambda de longitud de la onda está dentro de un rango kilométrico elevado, mientras que la extensión de la glándula pineal se encuentra en un rango más bien milimétrico. Quizás se trate de transformaciones electromecánicas debidas a fenómenos piezoeléctricos, lo que significaría una resonancia puramente acústica. De hecho, los maestros de meditación experimentados han estado hablando desde tiempos inmemoriales de un peculiar sonido de vibración en el interior del cerebro.

Cuando la oscilación de unos 8 Hz, aproximadamente, excita la glándula pineal, ésta libera más melatonina y, más tarde, β-carbolinas, como la pinolina (aunque no sea de noche). Por lo general, la producción de este neurotransmisor está vinculada a la oscuridad. Debido a la neuromodulación y al efecto farmacológico de estas sustancias hormonales, la eficacia de la meditación aumenta de un modo considerable incluso cuando hay luz. Así que no estamos supeditados a ajustar nuestro sueño con el intramundo por la noche; también podemos hacerlo durante el día. La liberación de β-carbolina se estimula a través de los 8 Hz, pero las β-carbolinas liberadas generan 8 Hz reforzados, es decir, que estabilizan una retroalimentación reforzada típica (Airaksinen y Kari, 1981). De esto se puede llegar a la conclusión de que una glándula pineal activada es un decisivo «módulo del más allá».

Además, los efectos en la salud también son muy relevantes. La melatonina y la pinolina, junto con la frecuencia del campo eléctrico resonante, tienen efectos en las estructuras del ADN. Los enlaces de hidrógeno se abren y el ADN entra en la fase de replicación: la regeneración de las células del organismo se refuerza. Además de los efectos anteriores, los microorganismos dañinos, como las bacterias y los hongos, se pueden eliminar mejor ahora, al mismo tiempo que liberan un aumento de antioxidantes.

La pinolina inhibe las monoamino oxidasas (MAO), enzimas mitocondriales. La pinolina es la responsable de que el 80 % de la serotonina secretada se convierta en un intermediario fisiológicamente inactivo. Eso es justo lo que las MAO hacen con las hormonas dopamina, adrenalina y norepinefrina. Cada inhibidor de las MAO hace que el nivel de estas hormonas aumente, arrebatándole a la consciencia imágenes y eventos intensos en color. Los fármacos endógenos de la glándula pineal son verdaderos inhibidores de la MAO, ya que detienen la unión de la hormona a la MAO, por lo que la serotonina y el resto de las hormonas pueden continuar funcionando durante varias horas. La serotonina inactiva, almacenada de manera intermedia, forma otros fármacos como el 5-metóxido-N, N-dimetil-triptamina (5-MeDMT). Causa satisfacción y felicidad a alturas sin precedentes. De esta manera, los productos de la glándula pineal se convierten en antidepresivos que contrarrestan, por ejemplo, la depresión invernal (Langer *et al.*, 1984). Un mecanismo natural para sobrevivir a la estación oscura mentalmente indemne.

La «frecuencia meditativa» de 8 Hz ha inspirado en repetidas ocasiones experimentos interesantes desde su descubrimiento. El Instituto HeartMath en Boulder Creek, Colorado, probó la frecuencia y obtuvo resultados muy sorprendentes. Cuando los sujetos de prueba se encontraron con impulsos extramodelados a una velocidad de 8 por segundo, sus cerebros liberaron más melatonina y pinolina. Como resultado, se desencadenó una verdadera cascada de efectos, porque inmediatamente después se formaron otras hormonas y compuestos proteicos importantes. La hormona de regeneración dehidroepiandrosterona (DHEA), cuyos niveles disminuyen de manera considerable en la vejez, alcanzó niveles que por lo general sólo presentan los adolescentes.

Si los sujetos meditaban y se concentraban en sentimientos de amor, sucedía lo mismo. La formación de la hormona de crecimiento somatotropina también podría estimularse con este método. La somatotropina es la única hormona anabólica que repara las paredes internas de nuestras arterias y venas. Debe recordarse que la arteriosclerosis, una enfermedad que consiste en la inflamación de las paredes internas de los vasos sanguíneos lesionados, es una de las causas más comunes de muerte en el mundo desarrollado. Sin medicación, sin equipo médico costoso, se inicia el mecanismo de autocuración. La somatotropina hace que el colesterol se transforme en pregnelonona y luego en DHEA, un precursor de la testosterona y los estrógenos. Todas estas hormonas tienen fuertes efectos de regeneración en el tejido dañado, con la pregnelonona como esteroide neuroactivo que también tiene un fuerte efecto ansiolítico. Los experimentos con animales han demostrado que la pinolina puede mejorar el funcionamiento del sistema inmunológico hasta 2,6 veces, e incluso proteger contra la radiación gamma.

Sustancias psicógenas endógenas

Hay otro mecanismo de acción de la glándula pineal que resulta muy interesante en términos de nuestra consciencia: la norepinefrina juega un papel importante aquí, pero sólo si la glándula pineal está saturada de pinolina. Las sustancias están unidas sinérgicamente. La pinolina necesita una ráfaga de noradrenalina (sinónimo de norepinefrina) para ser efectiva, la cual por lo general está regulada por el estrés y los estímulos luminosos. La luz provoca la liberación de norepinefrina, el estrés aumenta porque el sistema nervioso simpático se ha activado. Sólo entonces la serotonina se convierte en la famosa dimetiltriptamina, o DMT. Esto sucede con cierta rapidez, en sólo 30 segundos.

El DMT es una sustancia muy especial en el mismo laboratorio del organismo. El psicólogo y médico estadounidense Strassmann lo llama la «molécula de consciencia y espiritualidad». James Callaway, de la Universidad de Kuopio, en Finlandia, lo descubrió por primera vez en el suero de la columna vertebral de los humanos durante las experiencias extracorpóreas y los sueños lúcidos, o inmediatamente después de la muerte de un ser humano. Por lo general, nos quedamos dormidos ante los efectos extraordinarios de la DMT, ya que se vierte por primera vez unos 20 minutos después de conciliar el sueño, en especial en los sueños lúcidos, como ha demostrado Callaway. Todas las fases REM con contenido de sueño son causadas por la DMT (Callaway, 1988, 1993).

En combinación con la pinolina, 5-metóxido-DMT y norepinefrina, la DMT activa ciertos centros del cerebro en un 40 %, en comparación con el 10 % durante la vida diaria normal. La pinolina actúa como un inhibidor de las enzimas que descomponen la DMT por ineficacia. Una gran cantidad de pinolina significa una larga efectividad desde la DMT. El efecto psicoactivo común de estas sustancias explica, entre otras cosas, por qué en situaciones que ponen en peligro nuestra vida tiene que pasar la famosa película de lapso de tiempo por el ojo de nuestra mente. Los efectos casi beneficiosos de la DMT se observan poco antes de la muerte, porque se liberan justo cuando el neocórtex disminuye en cantidades excesivas. Prepara la transición al campo espiritual. Bajo sus efectos, se interrumpen la inhibición y la función de filtro del neocórtex en relación con el intramundo. Nuestra consciencia puede entonces cambiar libremente la información del campo universal a nuestro yo.

Cuando las personas clínicamente muertas se reaniman, los mecanismos de inundación de la DMT se dejan atrás; de ahí en adelante, estas personas sufren un aumento de experiencias paranormales en su vida diaria.

Por la noche, la actividad pineal aumenta porque la melatonina sólo puede formarse en la oscuridad. Pero un núcleo hipotalámico, el núcleo supraquiasmático, también impulsa la glándula pineal. Este núcleo está ubicado junto a los nervios visuales y también sincroniza su actividad dependiendo de las condiciones de luz.

La investigación también ha demostrado que el aumento en la actividad cerebral debido a la activación pineal ocurre en fetos, bebés y niños pequeños (Callaway, 1988). Los bebés duermen la mayor parte de sus vidas con niveles mucho más altos de melatonina e impresiones prolongadas del intramundo, con mayor susceptibilidad a las experiencias paranormales, como lo ha demostrado E. Spinelli (Spinelli, 1983). Esto es obvio, porque los bebés aún no reciben impresiones detalladas del mundo cotidiano, y aún son menos capaces de procesar cognitivamente tales impresiones. Este mundo visionario y, a menudo, mágico de los bebés dura hasta el final de la infancia. Ya en la pubertad, comienza la calcificación de las glándulas pineales, a lo que se añade el poder de los programas aprendidos. Como resultado de estos dos factores, las personas están excluyendo cada vez más su única visión infantil. El hallazgo más importante de este libro se podría resumir diciendo: reduce la actividad del neocórtex y aumenta la actividad del sistema límbico. De esta manera, te vuelves receptivo a los flujos de información del intramundo. Todo esto provoca la liberación de DMT y pinolina. Las funciones de filtrado del cerebro se interrumpen, las cuales crean una barrera contra el intramundo. La DMT expande nuestra percepción consciente de manera tan efectiva que la información del campo universal fluye sin obstáculos hacia el ego. Ahora puedes sentir el deseo de experimentar la droga mágica DMT. La buena noticia es que puedes aprender a repartirla de forma consciente.

En la tradición asiática, el kundalini yoga es una forma común de disfrutar de la DMT. Gopi Krishna también advierte sobre los efectos e informa de apariciones en parte aterradoras (Krishna, 1971). Mucho más agradables son las experiencias de calma interior y serenidad y de una luz deslumbrante que suceden cuando los estudiantes de kundalini practican este tipo de yoga.

Una cosa es indiscutible: si nuestra glándula pineal no produce suficiente DMT y pinolina, no podremos realizar ninguna experiencia especial. A menudo falta el aminoácido triptófano, el precursor de la DMT, que es esencial para nosotros y debe ingerirse con alimentos. Por desgracia, si el triptófano se cuece, se destruye. Muy poco triptófano significa que se puede formar muy poca serotonina, muy poca pinolina y, por tanto, muy poca DMT. Las fuentes valiosas de triptófano son sobre todo la soja y los anacardos, pero también la harina de avena y el cacao en polvo sin azúcar y la leche.

La glándula pineal y la producción de DMT serán, sin duda, de particular importancia en gerontología. La llamada depresión de la edad tal vez se deba a un nivel demasiado bajo de pinolina y DMT, entre otros factores. Esto se hace plausible cuando se considera la calcificación progresiva de la glándula pineal en una persona anciana, que puede detectarse a través de radiografías. Casi ningún científico se preocupa por este importante evento. Si también se consideran los numerosos mecanismos de control elemental que emanan de una glándula pineal funcional, así como los procesos de regeneración celular, aquí tenemos un factor clave para la edad física y mentalmente saludable.

El nutricionista Weston A. Price afirma que un régimen de tres meses de una dieta especialmente adaptada puede revertir el proceso de calcificación de la glándula pineal y restaurar su función original. Como se trata del componente más importante de la comida, él llama a la vitamina K2 el «activador X». Se encuentra sobre todo en productos de producción orgánica como aceite de mantequilla orgánico, aceite de hígado de pescado fermentado o aceite de quimeriformes. También los pollos alimentados con granos orgánicos ponen huevos con el activador X. También se acumula esta vitamina durante el pastoreo del ganado en los pastos alpinos (Price, 1998). Con una dieta rica en triptófano y muchas proteínas y enzimas, podemos compensar la deficiencia.

Esto recuerda mucho a los ácidos grasos conjugados, que en realidad necesitamos todos los días para nuestra salud, pero sólo a través de las bacterias del abomaso del ganado al rumiar las plantas alpinas recién arrancadas. La alimentación de pellets estándar actual para animales estabulados previene la producción de estos ácidos grasos importantes.

Expansión perceptiva consciente

En las secciones en las que se trata el tema de la glándula pineal ha quedado claro que las plantas cuyas fibras contienen DMT también causan coherencia cerebral. Los indios sudamericanos en el Amazonas y los indios americanos sharanahua y cuhina estimulan la producción propia de DMT en el organismo con una especie de liana de heno conocida en Ecuador y Perú como la ayahuasca. El nombre botánico es *Banisteriopsis caapi*. En Colombia, la planta se llama «yagé»; en Brasil, «caapi»; en la tribu jívaro se conoce como «natema» y para los cashinahuas es «nixipae». En 1905, Zerda Barron infirió un alcaloide en la planta, al que dio el nombre de telepatina, en una ingeniosa alusión al efecto (Deulofeu, 1967). Las habilidades telepáticas que desencadena la ayahuasca se conocen desde hace mucho tiempo. Los nombres «yagé» y «banesterina» son sinónimos; después de todo, se llegó a un acuerdo sobre la harmina, que ya lleva cientos de años aislada de las semillas de la alharma siria (*Peganum harmala*). Ahora ya sabemos qué contiene la planta de Banisteriopsis: harmina, harmalina, d-tetrahidroharmina, harmol y 6-metoxitriptamina (Rivier y Lindgren, 1971).

Casi siempre, la especie de madreselva se mezcla con otras plantas para preservar o mejorar el ingrediente activo, por ejemplo, con prestonia amazónica o *psychotria viridis*. El psicoterapeuta Claudio Naranjo describió los efectos tan destacados que tuvo en la psique. Entre otras cosas, los clientes realizaron experiencias extracorpóreas, conocidas como experiencias cercanas a la muerte (Naranjo, 1987).

Al hablar de plantas estupefacientes se suele hablar de alucinaciones, pero, en realidad, hay mucho más que alucinaciones: se trata de clarividencia, aunque hoy día generalmente se consideran visiones remotas.

Bajo la influencia de la ayahuasca, los sujetos pueden recuperar objetos perdidos, o pueden ver personas que están muy lejos. En su viaje interior, algunos visitaron ciudades desconocidas y pudieron describir las calles, casas, tiendas y plazas con todo detalle. La exactitud de estas afirmaciones se corroboró y todas las historias correspondían en efecto a la apariencia real de las ciudades en cuestión y todos los nombres de las calles eran correctos. Esto le ocurrió al antropólogo K. M. Kensinger. También afirma que después de una celebración de ayahuasca hubo seis personas que predijeron la muerte de un familiar, el cual falleció dos días después (Kensinger, 1973).

¿Cómo es posible distinguir entre visiones y alucinaciones? Las alucinaciones son simplemente fantasías y elucubraciones imaginarias, mientras que las visiones permiten que las cosas que están lejos en el tiempo y el espacio se produzcan en la consciencia. Bajo la influencia de la DMT procedente de la glándula pineal y de la ayahuasca, hay a disposición información real que no se recibe a través de los canales de comunicación del mundo cotidiano, sino a través del acceso al intramundo.

La científica Serena Roney-Dougal ha tenido experiencias personales al tomar β-carbolina de la glándula pineal. Los efectos son distintos según la dosis. En una dosis baja, pudo sentir todo su alrededor, pero ya estaba apartada del mundo cotidiano. Al experimentar con dosis más altas, sintió una energía y un poder increíbles. Las impresiones y percepciones le llegaron con más claridad y sintió que podía lograr cualquier cosa. A medida que aumentaba la dosis, a un nivel cercano a la intensidad recomendada para alcanzar los estados paranormales, sus sentimientos se volvieron muy pacíficos y tranquilos. Llegó a pensar que podía ver a través de las cosas, por ejemplo, vio la habitación detrás de una pared masiva. Todo lo material se convirtió en energía (Roney-Dougal, 1993).

Los experimentos del psicólogo Rick Strassman fueron mucho más drásticos. Todos los fenómenos descritos por sus sujetos son exactamente iguales a las experiencias características del contacto con el intramundo. Entonces, no se trata de la adicción a las drogas, como se supone a veces de manera falsa, sino de examinar una sustancia que dilata la percepción de la consciencia. El cerebro cambia de una manera que libera la mente y la hace receptiva a la información del intramundo. En aras de la claridad, enumero los efectos más importantes en la lista siguiente:

- La identidad personal se fusiona con toda la existencia.
- Pasado, presente y futuro se convierten en un momento atemporal en el eterno ahora.
- El espacio se vuelve ilimitado, todo está disponible aquí.
- Existe la creencia de que la consciencia permanece después de la muerte.
- Los sentimientos extáticos inundan la consciencia, sentando las bases para la paz y la ecuanimidad al mismo tiempo.

- Predominan los sentimientos intensos de lo que es «santo» y la realidad absoluta.
- El fundamento primordial de todo ser es el amor, la sabiduría, el poder.
- Líderes, ángeles y seres incorpóreos se encuentran con el sujeto de prueba.
- Todo está bañado en una luz brillante, amorosa.
- Ninguna otra experiencia se acerca a ésta ni en el sentido ni en su alcance.
- La tremenda autenticidad de los eventos aterroriza, es más cierta que la realidad, con la certeza de que no está sujeta a ningún sueño.
- Con los ojos cerrados y con los ojos abiertos, el sujeto experimenta el mismo mundo; incluso logra percibir ambos mundos, el mundo cotidiano y el intramundo, al mismo tiempo.
- Parece que la impresión es permanente.

Foco de concentración espiritual

Como ya he comentado, no recomiendo tomar estas sustancias vegetales similares a las de los medicamentos, en especial porque sólo un sorbo puede resultar en una experiencia extremadamente amarga. Lo que sí es posible y que resulta peligroso está dentro de nosotros: podemos estimular nuestra propia producción de DMT a través de la concentración meditativa espiritual. Para ello, primero es necesario rechazar el ruido del pensamiento que recubre el yo. El silencio es el requisito previo para poder sentirnos nosotros mismos. Centrarse por completo en el «aquí y ahora» significa vaciar todos los pensamientos. El neocórtex, que es el responsable de los pensamientos perturbadores, se ralentiza y disfrutamos del silencio y la libertad, un sentimiento que nos aporta paz y alegría.

La atención plena está en el presente. Él es el captador de atención intencional y sin prejuicios en pensamientos y experiencias del momento. Algunas técnicas de meditación describen cómo permitimos que los pensamientos vaguen a través de nosotros sin ninguna simpatía, cómo podemos mantener un observador de información neutral, alerta y paciente, internamente. Prestamos mucha atención a la observación de la información y a los flujos de energía. Esto debe hacerse sin ningún esfuerzo.

Estamos acostumbrados a asociar la atención con un «estado de ánimo», haciendo que los músculos esqueléticos se contraigan de manera involuntaria. Aquí, sin embargo, permanecemos deliberadamente neutrales y nos abstenemos de cualquier evaluación. Sólo por esa razón, permanecemos por completo relajados y sentimos dentro de nosotros el flujo constante de información energética que espera ser conmutada por nuestra voluntad. En este estado, se forman ondas delta y zeta coherentes y en particular intensas en el rango de 3 a 8 Hz, con una concentración plena que dispersa haces de frecuencias de hasta 40 Hz de altitud, que también son coherentes.

La fe como conocimiento

A veces, en nuestra sociedad tenemos una opinión negativa de las personas que dan a su fe una alta prioridad y se las tacha de simples o cándidas. Aquellos que juzgan ignoran completamente el hecho de que los humanos tenemos una capacidad inherente y una necesidad de fe. Nacemos con esta cualidad. También se podría decir que se nos ha brindado como una característica. Aunque quisiéramos, no podríamos desactivar esta función. La fe es una esencia de vida que siempre está y se activa en todas partes, y con un buen motivo. Debemos ser meticulosos y diferenciar bien las cosas. Los prejuicios y los dogmas, propagados por ideólogos y fanáticos, son, por supuesto, también momentos de fe. Incluso un escéptico cree que él es quien sabe todo mejor. Todo el mundo juzga a partir de su conocimiento en el momento. La mayor parte del conocimiento, sin embargo, no es real, sino que se trata de una creencia de conocimiento obtenido. Casi nadie puede decir si su conocimiento es una verdad absoluta o si es sólo una creencia. Esto se aplica en particular a la creencia, casi ciega, en la ciencia, que todavía sigue propagándose. K. H. Müller comenta con cierto sarcasmo: «La verdadera superstición de nuestro tiempo reside en que la mayor parte del mundo académico cree erróneamente que su visión materialista del mundo ha sido científicamente probada» (Müller, 1982).

La fe se convierte en una convicción en la realidad psíquica y en un factor de poder en la realidad social. Es importante darse cuenta de que las creencias heredadas cambian nuestro pensamiento y sentimiento, ya que son memes. Producen nuestros pensamientos y argumentos, controlan nuestra voluntad y, por último, también nuestro comportamiento. Aquellos que no quieren reconocer hasta qué punto pueden ser moldeados y dependen de su «conocimiento creído» pierden un canal natural para influenciar su propio bienestar. En el peor de los casos, se convierten en un peligro de progreso mental y espiritual con el mayor daño que se hacen a sí mismos.

En este punto me gustaría enfatizar de nuevo que las energías del intramundo no sólo existen fuera de nosotros, ni tampoco flotan «en el cielo» y en las galaxias distantes. Fluyen de un modo permanente a través de nosotros, aunque a menudo no son reconocidas, porque no usan el modo de consciencia automáticamente. Depende de nosotros entender y aplicar los patrones de información. Por tanto, nuestro bienestar mental y espiritual reside sólo en nosotros y no en el exterior. En el Evangelio de santo Tomás, en la parte de los manuscritos de Nag Hammadi, encontré afirmaciones que decían: «Cuando realicéis esto en vosotros mismos, aquello que tenéis os salvará; pero si no lo tenéis dentro, aquello que no tenéis en vosotros mismos os matará».[1]

Hoy en día, muchas personas han perdido la facultad de creer porque el instinto y la razón se superponen a su intuición. Su inteligencia sabia está más o menos en un estado de degeneración. Quieren saber en lugar de creer y no se dan cuenta de que el supuesto contenido de conocimiento es una mera opinión. Así que rescatan la idea de que todo lo que reconocen como verdad debería tener un fundamento lógico o una base científica. El conocimiento intuitivo, como se deriva del intramundo, no requiere pruebas científicas, a pesar de que muchas de las ideas de este libro se vuelven más plausibles a través del conocimiento de los procesos físico-cuánticos. Nuestra sociedad actual está sometida a las condiciones de la ciencia, y eso conduce a la paradoja: cuanto más comprobado esté, más creemos en ello.

Aunque, en pocas palabras, sí que es verdad que el que enriquece su conocimiento con la información del intramundo puede, consciente y voluntariamente, usar su mente y alma para dirigir su vida actual hacia caminos óptimos, sin gran esfuerzo.

El filósofo Martinus reconoció: «La ignorancia es la verdadera causa de todo lo que el mundo denomina "el mal". Allá donde se elimina la ignorancia, deja de existir el mal» (Livets Bog I, obra 19).

Mucha gente cree en un dios. Cuando les sucede una desgracia, entonces dicen: ¿cómo podría Dios permitirlo? La fe de estas personas ha tomado un camino equivocado. Si hay una inteligencia superior a la que podemos llamar dios, ese dios no interfiere directamente en todas las preocupaciones humanas, sean de poca o de gran importancia, ni en las guerras ni en las calamidades. Más bien, tuvo que ver en la organización de la creación. Desde el principio, creó leyes perfectas que funcionan automáticamente, por así decirlo, de acuerdo con el principio de que cada uno cosecha lo que siembra.[2]

1. www.meyerbuch.de/pdf/Thomas-Evangelium.pdf
2. www.meyerbuch.de/pdf/Thomas-Evangelium.pdf

Hay mucha libertad de movimiento para la toma de decisiones. Sin embargo, si una persona no reconoce o ignora estas leyes, su vida puede transcurrir por caminos autoinfligidos e inciertos. Todas las personas tienen exactamente las mismas condiciones iniciales, puesto que la base es la ley existente. No hay injusticia ni discriminación, porque está en las manos de todos cómo deben aplicarse estas leyes. O, como dice el pedagogo Uwe Todt: «El significado de encarnación física reside en aprender la lógica de la creación» (Todt, 2008, pág. 274).

Las propias personas estamos dotadas de una combinación de voluntad consciente, sensación y razón, y la inteligencia que todo lo organiza lo ha integrado en su poder vivo creativo. Pero sólo podemos maximizar nuestras vidas tanto como lo permita nuestra propia madurez de comprensión y conocimiento. Todo tiene que resolverse, incluido el estado consciente del control de la energía y la información. Como es muy importante definir los objetivos de forma precisa, los enfatizo a continuación:

- La construcción de materia saludable del organismo mediante el uso de información original.
- La perfecta construcción del alma de la personalidad del intramundo a través de las experiencias individuales voluntarias.
- La construcción del espíritu claro del campo universal como resultado de la atención plena.
- Las construcciones auxiliares, protectoras esenciales e informativas en una selección específica y como nuevas creaciones.

Las cuatro construcciones forman nuestras respectivas vidas terrenales. Todos nos influencian constantemente, y pueden ser llamados de manera óptima. Jesús describe el camino a la inmortalidad en el Evangelio de Tomás de los manuscritos de Nag Hammadi de la siguiente manera: «Cuando hagáis de los dos uno, y hagáis el interior como el exterior y el exterior como el interior y lo de arriba como lo de abajo, y cuando establezcáis el varón con la hembra como una sola unidad de tal modo que el hombre no sea masculino ni la mujer femenina, [...] entonces entraréis en el reino». Ésta es la descripción del campo omnipresente que debe ser reconocido y juzgado: en la mente interpretada por el hombre y en el alma interpretada por la mujer. El yo de la razón, referido en la tradición espiritual como un rey, debe aprender a amarse a sí mismo, a su alma, encarnada por la reina. Ahora el ego debe darse cuenta de que el yo es el poder más sustentable y sabio. Para ello, el ego tiene que aprender a reconocer primero el yo, para aprender a amarlo y fusionarse con él.

El impulso desencadenante proviene de la motivación. Para entender su función, podemos imaginarnos, por ejemplo, una enfermedad psicosomática, una disfunción que se ha desarrollado sin influencia externa. Los pacientes torturados van durante años de un médico a otro, sin que los síntomas mejoren. De repente, llegan a un punto en el que sienten un desafío interno: «¿Qué estás esperando? ¡Puedes curarte a ti mismo! ¡La enfermedad ya ha terminado!». Se está internalizando un nuevo statu quo. Ahora, si la motivación, es decir, la voluntad inconsciente de sanar es inamovible, entonces se pone en marcha la expectativa de la función de curación y se cumple.

La expectativa psicológicamente cargada: un momento mágico

En contraste con el misticismo, que sólo tiene la intención de reconocer, la magia es el ejercicio del poder. Debemos reconocer el poder de un momento mágico. Los tres pilares de la magia consisten en las siguientes motivaciones: uno, metas claras; dos, tener plena atención, un estado de alerta claro y una fuerte voluntad de imaginación; y tres, darse cuenta de que lo que crees ya ha sucedido.

Para ello, primero se colocan las aspiraciones en el subconsciente, es decir, se entregan al yo del intramundo. A partir de ahí, la realidad habitual se modifica a través de las sensaciones. Esto es necesario porque el censor de neocórtex, que es el que habitualmente está en control, prohíbe que ocurran eventos que no sean causales.

¿Cómo podemos promover un deseo claro en el subconsciente? El deseo tiene mucha carga psicológica. Imaginamos el evento o el estado deseado de una manera muy emocional; por ejemplo, con ilusión o con el orgullo que merece, pero sin presentar en ningún caso el síndrome de Hybris, sino siempre con humildad. Bajo ninguna circunstancia debe situarse el ego en el centro. Si eso ocurre, ya no funcionará nada. La curiosidad de los niños funciona bastante bien. Aquellos que ya conocen la confianza a través de éxitos experimentados confían ciegamente en los sentimientos amorosos.

No se permite una reflexión mayor; de lo contrario, la nueva entrada intelectual podrá cubrir o eliminar la entrada emocional anterior.

Lo que por lo general llamamos subconsciencia corresponde al alma, junto con nuestras propias instancias en el intramundo. El alma posee y entiende sólo la imagen y el lenguaje del sentimiento. Por tanto, son imágenes imaginadas y, con ello, se asocian fuertes momentos de sentimiento que activan un evento en el mundo cotidiano. El requisito previo para la conexión de la realidad es, por tanto, la idea plástica visual y emocional de lo que debería suceder. Este ejemplo de anticipación y la imagen de un estado que «ya ha ocurrido», reconocido y cierto, ahora se ponen de acuerdo, por así decirlo, y se fusionan. ¡Ése es el momento mágico! Sólo ahora se activa el cambio de realidad en la materia: la energía y la información se convierten en fuerzas. Quizás el proceso sea más fácil de entender si describimos de nuevo el mecanismo de retroalimentación, que funciona como un generador cuántico fuera del mar de todas las posibilidades. Marcamos un estado que deseamos y luego sentimos que este mismo estado es el que surge. Todos pueden probar y entrenar este principio de creación. Pronto te sorprenderás de ti mismo: este principio despierta las fuerzas. Así es exactamente como aprendimos a caminar, montar en bicicleta, conducir un automóvil y todo lo demás.

El mejor método de entrenamiento es a modo de ritual. Los rituales fortalecen nuestras certezas intuitivas, nos brindan la seguridad necesaria para dar nuevos pasos que aún desconocemos y se separan de los antiguos programas. Con cada repetición, los rituales resultan más efectivos. El nivel energético aumenta a medida que caminamos en el nuevo camino cada vez con más firmeza. No es casualidad que todas las prácticas mágicas estén asociadas a rituales, a la danza, a la música, a unos lugares y tiempos específicos, a posturas corporales y a ciertas ropas. Éstas no son sólo escenificaciones, sino que las circunstancias refuerzan los objetivos deseados a través de procesos de aprendizaje y condicionamiento.

La neuroteología explica el poder mágico de los rituales. Describe rituales meditativos con un enfoque espiritual de concentración en dos fases, que también tienen lugar durante una oración intensiva. En la primera fase, se activa el campo de atención en el cerebro anterior, donde se encuentra el centro de las acciones volitivas. Actúa sobre el tálamo, que cambia las señales de los receptores sensoriales del interior del organismo al cerebro y estimula el hipocampo. Aquí sucede algo decisivo: como el hipocampo coordina los flujos de información entre las áreas del cerebro, inhibe la entrada de impulsos nerviosos y datos sensoriales en el campo de orientación de la corteza cerebral cuando está activado. Ahora el ego apenas puede percibir el mundo exterior y el cuerpo material. El límite entre el yo y el ego se desvanece y da paso a un sentimiento infinito. Surge la paz interior y una sensación de totalidad, la *unio mystica*.

Me gustaría presentar una vez más, de forma clara y concisa, las diferentes etapas de preparación para entender y ajustar nuestro modo de vida a los complejos de información del intramundo. Al hacerlo, liberamos el subconsciente para que la información oculta se vuelva consciente. Esto facilita que se reciban ideas intuitivas para crear realidades desconocidas. Los complejos de información se hacen realidad.

- Trasladar la persona hacia la calma profunda y la relajación y cerrar los sentidos, que son responsables de los estímulos.
- No tener la voluntad de hacer algo que esté más allá de la meta.
- Saber cuál es la meta y esperar la reacción con una actitud de anticipación: «Eso ya ha pasado».
- Los pensamientos van y vienen sin ningún juicio.
- Acompañar atentamente a los eventos internos (que también pueden ser agradables).
- Alta concentración en lo que se espera que pasará.

La creación de seres auxiliares

En el capítulo sobre los propios seres creados quedó demostrado que los humanos poseemos una capacidad innata para crear seres a través de los principios de la filosofía cuántica. Sin embargo, también tenemos que aceptar que estos seres se desarrollan por sí solos; así como el ego es una creación de las autoinstancias, y este ego conduce a una autoexistencia de aprendizaje, los seres desarrollan una personalidad. Además, no sólo creamos seres, sino que también todos los humanos son capaces de hacerlo.

Concentrémonos un momento en los seres que llamamos ángeles. Los creamos porque estamos convencidos de que existen. ¿Eres consciente de lo paradójica que es esta afirmación? Pero así es como se escurre la formación de la realidad: lo que es posible se convierte en realidad tan pronto como la llenamos de significado.

Dado que muchos no conocen este proceso, están firmemente convencidos de que, en todo caso, es algo que sucede a un nivel superior, algo que viene de fuera. Es cierto que muy a menudo nosotros mismos somos la causa de los hechos que ocurren en el presente, incluso cuando esas entidades nos encuentran. Creamos ángeles, porque son parte de nosotros. Por tanto, la comunicación con ellos no nos resulta problemática. Al mismo tiempo, si esperamos que nuestros ángeles, como seres que se encuentran más allá de toda la materia, tengan un horizonte de información mucho más amplio, podemos creer que estos ángeles pueden hacer más de lo que nosotros somos capaces de hacer.

Esta creencia se puede ampliar a gusto. Y es justo por eso que los ángeles se convierten en seres útiles «sobrenaturales» que son superiores a nosotros en todas las circunstancias y sirven a nuestro propio yo con su gran sabiduría. Nos protegen, nos sanan y nos ayudan. Como resultado, se convierten en nuestros colaboradores dentro del proceso creativo, son los portadores de nuestras mentes. Cualquiera que dude de ellos, cometerá el gran error de dejar que un canal de enorme importancia para la vida optimizada se desperdicie (de hecho, observamos los efectos a diario en nuestra avanzada sociedad, pero ya, a menudo, agotada). La imagen es bastante diferente cuando estamos conectados con el principio de creación descrito. Entonces sentimos humildad, una gran felicidad y la necesidad de actuar de forma responsable.

La ley universal de la «trinidad» resulta fundamental para explicarlo. Una vez que el yo y la personalidad forman una unidad, podremos ver tres certezas:

- Somos los creadores de una idea.
- Somos los realizadores de esta idea y
- sentimos inmediatamente las consecuencias cuando esta idea se hace realidad.

Estamos presentes en los tres niveles. Imagínate un cine: ahora eres el proyector de una escena y al mismo tiempo espectador y protagonista de la escena proyectada. Esto podría llamarse una construcción verdaderamente gigantesca de la inteligencia más alta. La «trinidad» de la teología cristiana, «Padre, Hijo y Espíritu Santo», es una derivación directa de este principio original. Un dios también debe ser creador, creación y criatura para experimentar la unidad.

Todo ser humano siempre puede construir a su ángel, su sanador, protector y cumplidor de deseos a partir de la «trinidad» y llevarlo luego a la realidad espiritual. Lo único que lo puede detener es la convicción de no ser capaz de hacerlo. Sin embargo, sabemos que los escépticos no viven más felices ni más autodeterminados. No sospechan que su vida en el mundo cotidiano es simplemente una proyección de las autoinstancias, y que el yo absorbe información experiencial sólo de ilusiones. El verdadero conocimiento reside en el mecanismo de la creación del intramundo, donde todo resulta posible.

Plegarias

Vivimos y somos campos de energía inteligente e información que nos es útil. Funcionan de acuerdo con el mecanismo de retroalimentación: los eventos que experimentamos en el mundo exterior son eventos internos, los incorporamos.

Al ser capaces de dirigir eventos y sucesos internos con nuestra voluntad y determinación, y con nuestras sensaciones, no dependemos de manera impotente de un poder superior, sino que nosotros mismos tenemos ese poder. Santa Catalina de Siena escribió: «El mismo poder, el que ha producido un esplendor y un horror inimaginables, mora dentro de nosotros y obedece todas nuestras órdenes».

El campo omnipresente está lleno de una fuerza universal sobre la cual Max Planck dijo: «Sospechamos de una mente consciente e inteligente detrás de esta fuerza». Ahora hemos llegado a conocer algunas técnicas y métodos mediante los cuales nos correspondemos con este campo. Una forma en particular energética de comunicarse es rezando. Probablemente sea la forma más antigua de contacto con poderes superiores, desde la oración espontánea hasta los textos de oración ritualizada, como la oración del Señor.

Hace poco, los psicólogos y neurólogos también han estudiado el poder de la oración. Hace algún tiempo, el Instituto Nacional de Salud de Washington DC realizó un estudio en que examina los vínculos entre la salud física y la oración. El responsable fue Yakir Kaufmann, profesor principal del Departamento de Neuropsiquiatría del Hospital Duke en Jerusalén. El resultado superó todas las expectativas: los sujetos que solían rezar de manera regular tenían hasta un 50 % menos de posibilidades de desarrollar alzhéimer.

¿Cómo se explica eso? ¿Están involucrados los poderes superiores? Sí, y de una manera muy concreta. Rezar cambia nuestra relación con el campo informativo de la energía, que también representa el campo de la mente y la consciencia. Las plegarias basadas en sensaciones establecen el camino para grandes desarrollos de poder de una manera cuántico-mecánica. Vamos a centrarnos en la calidad del sentimiento. Por ejemplo, podemos sentir conscientemente una profunda gratitud por haber cumplido nuestras expectativas, como si una oración ya hubiera sido atendida. Esta actitud es absolutamente necesaria porque es la única forma en que tenemos acceso directo al campo mental, ya que el campo responde a estos sentimientos.

Una vez más, encontramos en la Biblia un pasaje que expresa este principio como una instrucción. En el capítulo 16 del Evangelio de Juan, leemos: «Preguntad sin motivos profundos y la respuesta os rodeará». La certeza es la clave. Lutero pone otro acento en su traducción de la Biblia: «Hasta ahora nada habéis pedido en mi nombre; pedid y recibiréis, para que vuestro gozo sea completo». Pero, a partir del texto arameo original, la traducción literal es: «Pedid todo con claridad […] en mi nombre, se os concederá. Hasta ahora no habéis hecho nada. Pedid sin motivos profundos y dejad que la respuesta os rodee. Envolveos en ella y en lo que anheléis para que vuestro gozo sea completo».

Analicemos de manera breve la traducción literal del arameo:

Los «motivos sutiles» mencionados antes son sentimientos de distracción o contradictorios que deben omitirse. «Dejad que la respuesta os rodee» apunta al mecanismo de retroalimentación. «Envolveos en ella y en lo que anheléis» indica la experiencia necesaria y el sentimiento de expectativas intensas.

Las plegarias sin sentimientos, pronunciadas sólo por un motivo bueno y exigente, no pueden obtener ningún poder de comprensión. Rezar por pedir algo que se quiere no es suficiente motivo para activar algo. Sólo sentir que algo cambia cuando se reza ya fusiona la realidad con el ruego. El anhelo y el deseo no son los parámetros del cambio, sino la ligereza y el sentimiento de liberación. Por ejemplo, aquellos que luchan rezando para que la enfermedad cese dirigen todas las energías a esta enfermedad y permanecerán enfermos. Pero si la energía se focaliza en un estado sano y curado, la recuperación irá en busca de su camino. Si el que reza siente el cambio, será capaz de crearlo. Exactamente éste es el principio de los efectos placebo y nocebo.

Capítulo 4

Estrategias de acoplamiento

Activación del sueño lúcido

Según un antiguo dicho tibetano: «Cuando se rompe el estado de sueño, no mientas como un cadáver en la ignorancia. Entra en la esfera natural de la atención constante. Reconoce tus sueños y transforma la ilusión en iluminación. No duermas como un animal. Haz una mezcla de sueño y realidad».[1] Este atractivo es casi un manual para el sueño lúcido. Porque eso significa que podemos influir voluntariamente en el sueño, pero sobre todo podemos hacer nuestro el principio de acción. A través de nuestro papel activo como observador, tomamos las riendas y, al mismo tiempo, recibimos información de gran valor. Del mismo modo se entiende la expresión *Dormiens vigilia* de los alquimistas: despertarse en los sueños.

El sueño lúcido es creado por un estado de consciencia que ya conocemos como un modo de comunicación con el intramundo: consciencia atenta, pensamientos que se alejan, intensidad emocional y creación de observaciones. En términos de la fisiología del cerebro, el sueño lúcido se caracteriza por la ausencia de estímulos externos que llegan al cerebro, y el neocórtex también se apoya en el centro de atención del cerebro frontal. Los censores son silenciosos, y el yo puede ser representado por la actividad del mesencéfalo: el sueño se inicia.

Con el sueño lúcido, tenemos una excelente manera de experimentar conscientemente el intramundo. Ya he mencionado las ventajas: el ego puede entrar en un diálogo con las autoinstancias, el subconsciente y, si prevalecen las condi-

1. Godwin, Malcolm: *Der Traum*. Disponible en: http://de.scribd.com/doc/96218402/Malcolm-Godwin-Der-Traum. (Trad. cast.: «El sueño»).

ciones óptimas, obtenemos las respuestas como inspiración. O, más precisamente, obtenemos potencial creativo como inspiración creativa, así que nos inspira (que proviene del latín *inspirare*). Einstein, por ejemplo, confesó que muchas de sus ideas pioneras se le habían aparecido en sueños. Otro ejemplo es el sueño del químico Herman Kekules. En sueños vio a una serpiente mordiéndose la cola, y de inmediato se dio cuenta de que el benceno debía tener una estructura de anillo.

En contraste con los sueños nocturnos, los contenidos del sueño lúcido son permanentemente accesibles. ¿Quién no se ha despertado por la mañana con la sensación de que acababa de soñar algo sensacional y revelador? Pero unos segundos después, de repente, todo se desvanece. Incluso las posibilidades de actuar como observador son imposibles en los sueños normales. Sin embargo, hay personas que son capaces de hacerlo. Sigmund Freud en su obra *La interpretación de los sueños* describió que hay personas «que tienen un conocimiento muy obvio de que duermen y sueñan, y por tanto, parece que son capaces conscientemente de dirigir la vida del sueño. Un soñador de este tipo podría ser alguien que sueña y no está satisfecho, y le da la vuelta al sueño, lo rompe sin despertarse y vuelve a empezarlo de nuevo para poder continuarlo de otra manera» (Freud, 1968).

Los que tengan esta habilidad pueden sentirse afortunados. Pueden dirigir las pesadillas hacia una dirección más agradable. Pero incluso son capaces de más: con esta capacidad pueden borrar para siempre los temores inconscientes que derivan de los trastornos de estrés postraumático que se reflejan en los sueños (Spierling, 1997).

En el sueño lúcido, también se inician o se generan procesos de aprendizaje de manera deliberada. Por ejemplo, en el sueño lúcido, los atletas pueden aprender y consolidar sus movimientos motores (Erlacher, 2005). Por tanto, podemos considerar el sueño lúcido como una especie de prueba general para mantener un contacto perpetuo con el intramundo. Practicamos lo que se siente al estar dentro de figuras que observan y actúan con todo el potencial informativo del intramundo. También aprendemos que podemos pedir a los seres no materiales una ayuda bienintencionada o que podemos neutralizar las entidades de acción negativa. No hay límites para las posibilidades en el «mar de todas las posibilidades».

Aunque el fenómeno del sueño lúcido se investiga de manera intensiva, todavía no existe un método fiable que reproduzca el sueño lúcido en varias personalidades. Cada uno entrena sus propios métodos probados y acreditados. Las siguientes técnicas se explican con la advertencia de que todo el mundo tiene que descubrir por sí mismo cuál es el mejor método para él.

Una técnica consiste en que, antes de conciliar el sueño, se te instruye de forma automática para percibir de manera consciente los sueños de la noche. Esto en realidad facilita un sueño fuerte y es comparable al comando propio de despertarse por la mañana a una hora específica. Al principio, sólo se focaliza en los sueños por la mañana, para que se alarguen hasta la mañana.

Fisiológicamente, esto se explica por el hecho de que la persona que duerme se va enfriando y su temperatura corporal desciende muy por debajo de los 37 °C. Como ocurre en casos de hipotermia, la difusión de oxígeno desde los glóbulos rojos hacia el tejido disminuye de un modo brusco y existe un riesgo de asfixia, así que el organismo tiene que contrarrestarlo con urgencia. Todas las tácticas de calentamiento del estado de vigilia desaparecen al dormir (la actividad muscular o la ingesta de alimentos), los sueños son tan emocionantes (o, incluso, estresantes) que reavivan el cuerpo en estas fases críticas. Al liberar adrenalina y norepinefrina, se liberan grasas que pueden quemarse de inmediato. Así, la temperatura tan baja vuelve a aumentar de forma considerable. Hacia la mañana, después de largas horas de sueño, este proceso metabólico se vuelve cada vez más urgente; por eso las fases de sueño se extienden hasta la mañana. Al mismo tiempo, la profundidad del sueño disminuye también al hacerse de día, con la ventaja de que los momentos diurnos de consciencia intensifican la arquitectura del sueño restante. Esto nos facilita observar de manera consciente el contenido del sueño.

En primer lugar, es importante darse cuenta de si la consciencia está atrapada en los sueños o si uno percibe conscientemente que se está soñando, igual que se puede percibir de un modo consciente cuando alguien fantasea. Con la ayuda de los controles de la realidad, se debería poder diferenciar entre el sueño y la realidad. Pero debe enfatizarse que estas verificaciones a menudo no funcionan, porque la consciencia tiene enormes variantes de ilusión. Una opción es la prueba de echar aliento con la nariz bloqueada y con la boca cerrada. Otra es levantar el brazo y la mano o atravesar la almohadilla de la cama. También es fácil morderse la lengua y tratar de sentir dolor.

Lo que hace que estos controles no sean fiables es el hecho de que lo que se espera en el subconsciente siempre ocurre en el sueño. Así que las pruebas pueden ser bastante positivas, aunque no se esté en el sueño lúcido, sino en el sueño normal. También se puede soñar que vas al baño y vacías la vejiga, lo que incluso puede percibirse como un alivio; sin embargo, nada de eso ha sucedido porque se está en un sueño demasiado profundo. La consciencia sólo es una unidad de conmutación de información que se almacena como una opción en el intramundo. La voluntad (y en el caso del inconsciente, la motivación) conecta la información con la realidad subjetiva, que es oportuna en el momento. En el sueño, el mundo cotidiano está apagado, por lo que la información, que es importante para este mundo, no es posible.

En su libro *Schöpferisch Träumen – wie Sie im Schlaf das Leben meistern* («Sueños creativos: cómo dominar la vida mientras se duerme»), Paul Tholey describió este tipo de eventos. En apariencia, estaba muy por delante de la mayoría de las personas en su experiencia con los sueños lúcidos. Tholey también se ocupó de las hipótesis y estableció un decálogo, con el que se puede probar su papel de observador en el sueño y distinguir entre el sueño nocturno y el lúcido. Por eso repito sus «10 mandamientos»:

1. Hazte la pregunta crítica: estás despierto o estás soñando, por lo menos de cinco a diez veces al día.
2. Imagínate que estás en un sueño y que lo percibes todo en él, incluso tu propio cuerpo.
3. Al responder a la pregunta, presta atención a lo que está sucediendo en este momento, así como a los eventos pasados, porque las experiencias de los sueños a menudo se establecen de manera abrupta, y por regla general no hay un ayer en el sueño, sino una brecha. Entonces, ¿tienes lagunas de memoria o notas algo inusual? (verificación de la realidad)
4. Ubica siempre la pregunta crítica en situaciones que puedan ser características de los sueños como, por ejemplo, cuando sucede algo poco corriente.
5. ¿A menudo tienes los mismos sueños; por ejemplo, ¿buceas con gatos y perros? En casos así, hazte siempre la pregunta de si ves perros o gatos.
6. Mientras estés despierto, imagínate contenidos que verías en un sueño como, por ejemplo, volar por el aire y tratar de empatizar con la experiencia (visualización). Esta idea está conectada con la idea de que estás en el sueño.
7. Duérmete pensando que tendrás un sueño lúcido (autosugestión).
8. Si no recuerdas bien tus sueños, anótalos en un diario de sueños para mejorarlos.
9. Imagínate que realizas una acción muy específica en el sueño (intención).
10. ¡Practica regularmente, pero no de un modo obstinado, y sé paciente!

Hay personas que intentan provocar sueños lúcidos con la ayuda de sustancias químicas. Todos los fármacos que afectan a la acetilcolina en el hogar tienen efectos sobre los sueños lúcidos: galantamina, hipericina A, nicotina y colina. La acetilcolina es una hormona que desempeña varias funciones importantes en el organismo. Es el neurotransmisor en las sinapsis de la musculatura y el sistema nervioso parasimpático. Para nosotros resulta interesante el papel que desempeña la hormona en el aprendizaje, porque la acetilcolina es la sustancia más importante en el neocórtex y transmite pensamientos, razón, lógica y facultad crítica. Demasiada acetilcolina nos permite aprender más rápido, pero no nos hace olvidar nada. Incluso recordamos las cosas menos importantes siempre, lo que puede llegar a ser angustioso. La galantamina es una de las cosas que hace que la acetilcolina sea más potente en el cerebro. Sólo las campanillas de invierno le ganan, y mejora la memoria y la concentración; también aumenta significativamente la posibilidad de soñar con lucidez. El científico LaBerge presentó una solicitud de patente.

Algunos nombres vulgares de plantas y raíces están relacionados con las experiencias de los sueños de los pueblos primitivos que siempre han usado sustancias psicógenas: el pasto amargo azteca (*calea zacatechichi*), la raíz africana de sueño (*silene capensis*) y la hierba africana de los sueños (*entada rheedii*). Es importante tener mucho cuidado con estas plantas, puesto que poseen efectos secundarios muy fuertes. Pueden dar lugar a trastornos de sueño considerables y de la concentración.

La atropina o la escopolamina «del repertorio de las brujas» hacen justo lo contrario. Son sustancias antagónicas de receptores de acetilo, así que apagan el efecto de la acetilcolina. Las consecuencias son enormes: pérdida de autocontrol, alucinaciones altamente eróticas e impulsivas, docilidad. Las personas que están bajo la influencia de estos agentes revelan secretos de forma desinhibida, por lo que se habla de la droga de la verdad. El veneno de flechas de América del Sur, curare, también expulsa acetilcolina de los receptores, pero se sabe que es fatal porque paraliza los músculos respiratorios. Mantener el sueño lúcido es otro obstáculo que debe superarse. Si las escenas se vuelven demasiado inusuales, quedas fuera del sueño. Esto significa que, al principio, el acto onírico no debe ser demasiado exigente para atravesar las paredes. La forma más fácil es flotar, es decir, levitar. Si esto va bien, también puedes intentar moverte en el aire pensando en la meta. Lo más divertido es levantarse del suelo, porque después de cierta práctica, siempre sale; por supuesto, de forma virtual, sólo ocurre mentalmente.

Sin embargo, no se debe exagerar el sueño lúcido; de lo contrario, la distinción entre estar despierto y dormir se vuelve cada vez más difícil, y la consciencia y la subconsciencia, la realidad y la fantasía se vuelven borrosas. A veces, una «persona adicta a los sueños» ya no sabe si algo realmente sucedió o si lo soñó. Esto puede conducir a juicios erróneos fatales. Por ejemplo, la persona en cuestión cree que está en un sueño y, sin pensárselo dos veces, se tira desde una roca alta (suponiendo erróneamente que podía volar, lo cual confiaba que podía hacer por sus sueños).

Pero no quiero producir mitos falsos ni nuevos memes. En general, los sueños lúcidos son una excelente herramienta para superar programas condicionados. Despiertan el sentido de posibilidad. A través de este tipo de sueño, abandonamos las zonas que se han estado custodiando con ansia y nos acercamos de nuevo al estado infantil e imparcial en el que nada nos parece imposible. También debemos acordarnos de que el sueño lúcido no es una intoxicación artificial, sino un proceso fisiológico natural. Lo tenemos implantado como un potencial y funciona sin la ayuda de medicamentos ni ayudas.

Una vez entrenado el sueño lúcido, el lóbulo frontal se activa, mientras que otras partes de la corteza cerebral se encuentran dormidas y apagadas. El lóbulo frontal evalúa las situaciones. Ahora es posible que el cuerpo caiga en la llamada parálisis de sueño, y el cerebro anterior, que está despierto, registre esta parálisis. Con facilidad, ésta es una causa de los sentimientos de pánico. Son completamente infundados, porque la parálisis del sueño es una medida de precaución inteligente y fisiológica que evita que nos despertemos del sueño, corramos contra la pared y nos hagamos daño.

Sin embargo, la parálisis del sueño es una experiencia bastante aterradora. Todos conocen situaciones de sueño en las que quieren gritar porque sucede algo terrible. Quieres huir pero no puedes. Cuando esperamos unos segundos en el sueño consciente, la parálisis temporal se resuelve y podemos movernos de nuevo con libertad. Sin el sueño lúcido medio despierto, no habríamos notado nada sobre la parálisis normal.

Los contenidos del evento onírico consciente permanecen en la memoria por mucho tiempo. Por lo general, el recordatorio durará más o menos un día sin más acción, pero tampoco es raro que siga ahí después de una semana o incluso más. Si la experiencia se asocia con sensaciones fuertes, puede que la personalidad del ego cambie, que no pasará desapercibido para su entorno social. Si la experiencia ha sido hermosa, entonces la vida en el mundo cotidiano también se volverá más bonita. Si los sueños son problemáticos, proyectan una sombra oscura en la vida cotidiana. Sin embargo, como hemos demostrado, gracias a los sueños lúcidos podemos resolver ciertos temores y conflictos, de modo que los sueños espantosos y estresantes sean la excepción.

Neuroplasticidad a través del ejercicio intensivo

Cuando experimentas algo intensamente en el intramundo, tu consciencia cambia. Y tu cerebro, ¿también cambia? Cuando describí el cerebro y sus funciones al principio, intenté demostrar que el cerebro no es un órgano que, como el corazón o los riñones, se forma del todo al nacer, sino que se va formando a medida que lo vamos utilizando. La cantidad y el grosor de las fibras nerviosas, la naturaleza de las interconexiones sinápticas... todo está moldeado según el uso que le demos. Ahora podríamos preguntarnos: si estamos expuestos a campos intensos de información en contacto con el intramundo y nosotros mismos también los evocamos, ¿estos campos serán capaces de cambiar miles de millones de células nerviosas en el cerebro?

Algunos científicos independientes ven exactamente cómo se desarrolla este proceso e investigan los mecanismos de acción. Entre ellos encontramos a Henry Stapp, físico teórico en Berkeley; a Jeffrey Schwartz, neurólogo y psiquiatra en la Universidad de California en Los Ángeles; y a Mario Beauregard, psicólogo en la Universidad de Montreal. Juntos, formularon una teoría del campo mental a partir de las unidades cuánticas. Al hacerlo, asumen que no es la mente el resultado de la actividad cerebral, sino que la mente da forma al cerebro para sus propios fines.

Del mismo modo que una nube de electrones rodea el núcleo de un átomo y, por tanto, define el átomo en su capacidad, la mente se enrosca alrededor de las estructuras del cerebro. Pero también para los procesos subatómicos del cerebro se aplica el principio de la teoría cuántica: los electrones no tienen una identidad informativa antes de que un observador consciente informe a estos electrones de manera funcional y energética, sino que es una existencia virtual la que da forma a las diversas probabilidades virtuales.

Éste es uno de los descubrimientos recientes de los neurólogos: una simple intención o una decisión cambia la estructura del cerebro. Cada actividad mental tiene un efecto en la red de los nervios cerebrales, incluido el sueño lúcido. Incluso al pensar en una conversación o experiencia, el cerebro cambia. Un campo cuántico superordenado transforma una amplia variedad de experiencias en realidades materiales mediante impulsos de información: relaciones sociales, eventos emocionalmente cargados, estados de ánimo depresivos, estados eufóricos. No hay nada que se pierda, sino que todo encuentra su equivalente en el cambio de la estructura cerebral. La estructura cerebral alterada tiene un efecto retroactivo en el campo cuántico. Se trata de la famosa interacción mutua.

Un estudio del Boston Children's Hospital en julio de 2012 mostró que los niños que crecieron en residencias tienen una anatomía neuronal diferente a los niños que viven con sus padres. Los niños de los hogares presentaban un número de células significativamente inferior en la corteza cerebral. No obstante, este statu quo no era un destino inalterable. En otro estudio se corroboró que un entrenamiento especial puede ayudar a compensar esta deficiencia.[2]

Una vez que sabemos que la estructura del cerebro cambia con nuestra forma de pensar y se adapta a los respectivos patrones sociales e individuales de pensamiento, es de esperar que la anatomía de nuestro cerebro actual sea el reflejo de las impresiones culturales. En épocas anteriores era diferente, obviamente. Este hallazgo en gran medida interesante se basa en la investigación del profesor de psicología Julian Jaynes, que ocupaba una cátedra en la Universidad de Princeton y fue redactor en varias revistas especializadas debido a su gran experiencia. Jaynes aboga por una nueva mirada a la historia evolutiva: «Es del todo impensable que el mundo interior de la consciencia de alguna manera haya estado compuesto de meros agregados moleculares y celulares. Debe haber más en la evolución humana que no sólo la materia, el azar y la supervivencia» (Jaynes, 1988).

Sobre la base de sagas heroicas tradicionales como la *Ilíada* de Homero, pero también gracias a textos sagrados y grandes epopeyas de todo el mundo, analizó el mundo arquetípico de los mitos que debían reconstruirse, por ejemplo, la realidad imaginaria de los mundos antiguos y medievales. Su conclusión fue que los dioses desempeñaban el papel de la consciencia antes de la Ilustración. En otras palabras, el hombre aceptó que los seres sobrenaturales tuvieran un poder ilimitado. En especial, la poesía de la antigüedad griega no conoce ningún concepto de su propia voluntad. Ulises no tiene ego y se convierte en el juguete de los dioses, al igual que Edipo o Clitemnestra.

Con esto también se eliminan las autoinstancias. Estrictamente hablando, el individuo no necesita una orientación ética, porque su destino no puede escapar tan pronto como los dioses se hayan enterado. Por tanto, Jaynes sostiene que siempre es un dios quien dirige a los ejércitos a la batalla, que habla en momentos críticos a los guerreros, que propone a Héctor y le enseña qué hacer, que impulsa a los guerreros o causa su derrota. Las acciones no son iniciadas por planes, pensamientos o motivos deliberados de una persona, sino por acciones y discursos de los dioses. Los héroes de la Ilíada no reflexionan sobre qué hacer a continuación. Incluso la poesía tampoco es una obra humana en este sentido. Sus primeras tres palabras son: *Menin aeide, thea* «¡Canta, oh diosa!».

---

2. Neue Züricher Zeitung del día 24.07.2012. *Untersuchung bei Heimkindern. Spuren im Gehirn von Waisen.* Disponible en www.nzz.ch/wissen/wissenschaft/spuren-im-gehirn-vonwaisen-1.17394756. [1] PNAS, Publicación en línea de 23 de julio de 2012. (Trad. cast.: «Examen de niños internados. Rasgos del cerebro de los huérfanos»).

El dibujo paralelo de Dios y la consciencia de Jaynes aportan una nueva dimensión al debate. La gente percibe las voces de los dioses. Palas Atenea habla a Aquiles; de este modo, las personas reciben constantemente mensajes e instrucciones. Esto se repite en las religiones monoteístas. Yavé le habla a Moisés desde la zarza ardiendo, Dios le habla a Jesús la noche anterior al Gólgota. Los místicos cristianos como el maestro Eckhart o Hildegard von Bingen escucharon voces y se les manifestaron fenómenos luminosos. ¿Proyecciones verdaderas?

El antiguo término egipcio *Ka* significa la personificación de una voz de susurro. Las traducciones más comunes son «mente», «alma», «sosias», «protector», «guardián». Jaynes encontró ideas similares en China, India, Mesopotamia y la Sudamérica precolombina. Alrededor de 1000 a. C., según Jaynes, la organización del aparato de pensamiento humano había cambiado colectivamente. Ahora los dioses sólo se revelaban a los elegidos. Para las masas, las voces de los dioses permanecieron en silencio. Así que los escritos se iban desarrollando cada vez más hacia una dirección más firme marcada por el prisma de una persona («yo») que debía leer y entender los documentos. Sólo ahora surgió lo que constituye nuestra consciencia subjetiva del ego. A través de la relación intensificada con el ego de los siglos III a II a. C. vino el colapso. El silenciamiento de los dioses se encuentra en las tablillas cuneiformes mesopotamias de finales del siglo II a. C. En ellas aparecen quejas: «Mi dios me ha abandonado». Y en otra tabla: «A una persona que no tiene dios el dolor de cabeza le rodea como una túnica mientras camina por la calle» (citado en Devereux, 2006, pág. 78).

Desde entonces, ha habido una constante transformación del cerebro. Hoy vivimos en una cultura que favorece los logros del hemisferio izquierdo del cerebro: lenguaje, racionalidad, pensamiento lógico. En cambio, la demanda para la gama de servicios que proporciona el hemisferio derecho es mucho menor. Éste es responsable de la intuición, la imaginación, la creatividad y las sensaciones. En tiempos arcaicos, la situación era completamente distinta. En la antigüedad, el hemisferio derecho del cerebro marcaba el tono, y tal vez, según Jaynes, la voz de los dioses provenía de este hemisferio. Gracias a él se desarrolló la era de los oráculos. Los individuos seleccionados y que dominaban las capacidades del hemisferio derecho se convirtieron en profetas y sacerdotes.

Durante más de dos mil años, se ha descrito a los budas con una protuberancia, un bulto en la cabeza: es el símbolo de la apertura de la percepción. En el contexto de este libro, Buda y otras personas altamente espirituales han desarrollado el contacto con las capacidades místicas del Todopoderoso alterando ciertas áreas del cerebro. La literatura budista habla de Usnisa kamala, es decir, del loto. Esto es idéntico en la literatura de Tantra y Hatha Yoga, donde se menciona el estado de *Saharara*, un loto de mil hojas. Este loto se refiere al alto desarrollo del diencéfalo descrito antes con el sistema límbico y la glándula pineal.

Las percepciones místicas de un cerebro alterado se conocen desde 2000 a. C. Se ha documentado y mencionado también en los Vedas. Hace 7000 años los egipcios ya lo sabían. El tocado de serpiente del faraón indica la capacidad de ejercer grandes habilidades poéticas y matemáticas a través de la práctica y la transformación; de hecho, es incluso posible que ciertas personas controlen las fuerzas paranormales. En China, esta creencia se extendió hace 5.000 años. India y la antigua Grecia adoptaron este conocimiento. El conocimiento de las ciencias secretas y de las logias en Occidente se prolongó hasta finales de la Edad Media.

Vivimos en la primera época en la que este conocimiento secreto ha pasado inadvertido, en la era «iluminada». Con un celo casi religioso, las ciencias naturales se fijan el objetivo de quitarle poder a la fe sin un equivalente espiritual. Desde entonces, la cultura occidental no ha sido más pacífica, más feliz ni más saludable. Ahora somos gigantes de la razón egocéntrica y enanos de la espiritualidad holística. Carecemos de toda visión inteligente de la fusión. Abogo por la reconciliación estableciendo una nueva ciencia con filosofía cuántica y espiritualidad que incluya, por supuesto, el intramundo.

Activación del yo superior

La página web de *India Daily* contiene información en la sección «Tecnología» que es casi idéntica a los informes del gobierno indio. Los autores son en su mayoría anónimos y no fundamentan sus declaraciones con ninguna fuente. En realidad, esas páginas se pueden dejar de lado, porque a menudo aparece contenido abstracto o especulaciones descabelladas. Pero, a veces, en esta página web, se pueden encontrar textos fascinantes. Muestran un conocimiento especial estimulante y que está de acuerdo con estudios científicos recientes sobre los mundos paralelos, así como con mi modelo de intramundo.

El 23 de julio de 2005, surgió un concepto con las siguientes afirmaciones: hay esferas superiores en el universo donde fallan todas las leyes físicas conocidas del universo. Los objetos físicos se colapsan en varios estados del ser, y en esos momentos pertenecemos a varios universos paralelos. Éstos existen dentro de nosotros y, por tanto, están más cerca de nosotros de lo que podemos imaginar. A medida que el cuerpo material continúa en el universo físico, nos comunicamos con nosotros mismos desde el universo paralelo. Desde allí, nuestro cerebro tiene el desafío de trabajar y mantener nuestras vidas. Cuando morimos, seguimos viviendo. Sólo nos retiramos del universo material para ir en dirección a estos mundos porque el cuerpo ya no tiene ningún uso, pero nuestra vida sigue en los universos paralelos. Unos días después, el 26 de julio de 2005, pudimos leer lo siguiente: dos tercios de nuestro cerebro están fuera de nuestro control. Son los seres del universo paralelo quienes los controlan. Nos comunicamos con muchos otros seres, incluso con nosotros mismos en dimensiones espaciales superiores, a través de señales inducidas por la mente: la telepatía. Una y otra vez, viajamos espiritualmente a través de estos mundos sin abandonar físicamente el universo físico. Nosotros no podemos controlar esta parte del cerebro. Parece que estamos vinculados a nivel genético a una forma de vida avanzada que puede viajar desde el universo material hacia el universo paralelo en cualquier momento (India Daily Team 2005a, b).

Hay dos puntos que me parecen esenciales. Primero, la tesis de que vivimos en varios mundos al mismo tiempo, el mundo cotidiano y el intramundo. Y segundo, la afirmación de que estamos dominados por entidades a las que pertenecen nuestras propias instancias. No he explicado nada más en los capítulos anteriores: la existencia de entidades jerárquicamente ordenadas, que también reflejan el yo en diferentes niveles espirituales: yo simple, yo superior y yo verdadero, la segunda instancia de creación independiente más alta.

A nivel científico, nunca podemos probar del todo tales modelos, a pesar de una investigación de base bien desarrollada y muchos experimentos relevantes en todo el mundo. Por tanto, confiamos en nuestra experiencia auténtica para verificar la verosimilitud de tales declaraciones. Hay más que suficientes informes creíbles que informan sobre la existencia de las experiencias con el intramundo. En la primera parte del libro, expliqué alguno de estos fenómenos. Y, por supuesto, tan pronto como esos relatos se me acerquen aguzaré el oído.

La voz interior

Hace poco encontré el informe del psicoterapeuta de posgrado de Jürgen Briegel, de Frankfurt. El documento se denomina *Offenbarungen eines Unsterblichen: ein 192jähriger berichtet von der Erweckung der inneren Stimme* («Revelaciones de un inmortal. Una persona de 192 años informa sobre el despertar de su voz interior»). No queremos centrarnos en la parte extraña de este registro, la supuesta inmortalidad material y su correspondiente edad extrema. Personalmente, me parece un meme; en cambio, Briegel describe el despertar del yo profundo, como él lo denomina. Al parecer, ha tenido experiencias que se corresponden con la transición del yo superior al yo verdadero. Por eso considero que su experiencia es valiosa y me gustaría mencionarla. Cada persona debe desarrollar sus propios métodos y conceptos, de acuerdo con sus propias impresiones y experiencias.

A pesar de las diferencias terminológicas, lo que Briegel describe es el encuentro con el yo superior, un núcleo de múltiples personalidades del yo simple, aclarado por los malos sentimientos. Él caracteriza al yo superior en términos de amor, amabilidad y armonía, «en el sentido más perfecto y más puro de estas palabras». Percibió la comunicación del yo superior con el ego del mundo cotidiano como un agradable cosquilleo, pero también a través de una voz interior que podía escuchar. ¿Se puede creer tal cosa?[3]

Por la credibilidad de la presentación de Briegel, documenta un estado del intramundo que se parece, entre otras cosas, al sueño. Incluso en el sueño oímos voces, aunque no hablamos de manera real y aunque no haya personas reales en el mundo. Hay habitaciones que podrían hablar con nosotros. Sin embargo, nos preguntamos de dónde procede la voz.

Definí el intramundo como un campo de información complejo. Todo lo que sucede en el mundo material de la vida cotidiana se cambia a nivel informativo a través de un modo de consciencia que actúa como un transformador entre eventos materiales y formaciones de información pura. Es decir, todos los eventos del mundo cotidiano están codificados en bits de información. La consciencia descodifica los bits de información del intramundo y los devuelve a la materia o los almacena en el intramundo. Nuestro discurso también es el resultado de la codificación: las palabras y las oraciones se piensan y luego se traducen al nivel material de la musculatura de las cuerdas vocales.

Si el yo superior y verdadero representan una entidad separada como un patrón complejo de información, entonces podrán formular lenguas, palabras y oraciones, como una voz interior, incluso con instrucciones informativas de influencia material (que, de hecho, fueron aprendidas por nuestro ego). En cualquier caso, a través de la información espiritual, la materia está constituida por palabras y oraciones. Aquí eran audibles como una voz interior, puramente virtual, como en un sueño.

Sin lugar a dudas, el mundo cotidiano y el intramundo se comunican con un código similar, ya sea al introducir las palabras como letras en el teclado de un ordenador o al transformarnos en ondas portadoras electromagnéticas codi-

---

3. Briegel J.: *Offenbarungen eines Unsterblichen*. Múnich, Droemer Knaur, 1997. (Trad. cast.: «Revelaciones de un inmortal»).

ficadas en el teléfono móvil, igual que ocurre en la televisión. Todo es información en interfaces distintas.

El yo superior conoce nuestros pensamientos, todos nuestros deseos, incluso los más secretos y también nos podría hablar. ¿No somos nosotros mismos los que hemos proporcionado la información necesaria sobre el lenguaje en el intramundo y, por tanto, en nuestro yo? De este modo, podemos concluir que al hablar estamos entregando nuestro ser simple y superior porque esto es lo que nuestro ego ha aprendido en el mundo material. El intramundo condiciona las posibilidades de aprender como un mecanismo. Para que uno exista, necesita al otro. Cuánto tiempo es necesario para que el adepto escuche la voz del yo superior es, obviamente, diferente. Debe ser paciente y no debe desanimarse si esta experiencia no ocurre al principio. Pero también puede preguntarse si alguna vez ha escuchado una voz interior en el pasado. Mucha gente afirma que, en situaciones de peligro no reconocido, de repente recibió una llamada de advertencia, como de la nada. Debemos familiarizarnos con la idea de que debemos involucrar activamente al ser superior en nuestras vidas, mucho más que antes. De lo contrario, renunciamos a nuestro pacto con los «poderes superiores», lo cual se sobreentendía en las culturas antiguas y, entonces, como ahora, se prometían increíbles capacidades y consecuencias.

La ocupación con el informe de experiencia Briegel me permitió replantear de nuevo las posibilidades de comunicación con el intramundo. ¿Había más opciones? ¿Y no deberían ser delineadas de un modo más concreto para que tengan un carácter más práctico?

Cuatro caminos hacia el intramundo

En las recomendaciones anteriores, ya he enumerado cuáles son los requisitos previos para establecer contacto con el intramundo. Por cierto, en esencia coinciden con las experiencias de Jürgen Briegel. Por eso quiero volver a explorar cuatro caminos más, que giran en torno al silencio interno y externo, la atención plena de la intuición y la conexión consciente, observada y vivida con el yo superior. Y eso es más fácil decirlo que hacerlo.

Encontrar el silencio exterior sólo nos plantea serios problemas porque estamos rodeados de un ruido de fondo permanente. Sin embargo, hay que decir que debemos aprender a buscar y disfrutar del silencio. Estamos acostumbrados al hecho de que nuestro entorno esté lleno de ruido. Las calles están repletas de tráfico que retumba, los televisores están siempre encendidos en los hogares, aunque nadie los mire, y la radio suena sin cesar. Hay estudios científicos según los cuales la gente ahora prefiere esos sonidos antes que el silencio. Éstos son meros efectos habituales, los mayores engaños de nuestra existencia.

El silencio exterior es la primera condición indispensable para escuchar el silencio interior. Así que debes encontrarte en un entorno donde el silencio esté asegurado. Aguanta y disfruta del silencio cada día durante alrededor de un cuarto de hora. También puedes ampliar esta fase a una hora. Ahora eres consciente de ti mismo, y surge un nuevo problema: los pensamientos que emergen del silencio por sí solos. No te resistas, deja que pasen de una manera lúdica. No deben ser atrapados ni deben involucrarse en recuerdos o imágenes. Concéntrate en el maravilloso silencio. Experimenta la ausencia de acontecimientos como un fenómeno hasta ahora completamente desconocido, es decir, como una relativa desnudez del ego. Mantén esta situación, y, sí, ahora disfrútala. Crea disfrute en la retroalimentación. El ego, sin su repertorio de egomanía erudita, es ahora inocente como un niño pequeño.

Por supuesto, en algún momento aparece el aburrimiento, lo que hace que sea difícil de soportar. Esto provoca una motivación para comprometerse internamente con lo que ha sido importante en tu vida anterior: los problemas de la vida que fueron enterrados. No busques soluciones para estos temas importantes, vendrán por su cuenta más adelante. Concéntrate en los temas, sin evaluarlos, sólo con serenidad y atención plena.

Al final de esta fase, te sentirás aliviado, ya que el yo superior se ha activado en ti y sabe que puedes dominar cualquier situación a medida que avanzas hacia el siguiente nivel: el silencio interior. Este nivel es mucho más difícil que el primero. El interior es un centro en el que las cuatro energías de flujo universal mencionadas antes se unen de manera temporal en una estructura de vórtice con la capacidad de comunicarse y que está a la espera de un procesamiento adicional. Dado que las energías cósmicas infinitas tocan nuestro ser, sin distraer la consciencia, sin un control deliberado del pensamiento, sin un sentimiento automático, identificamos de manera intuitiva un lugar de silencio profundo e infinito interior.

El cuerpo, la mente y el alma están ahora en reposo, no deben confundirse con la inacción, porque la inmersión en este lugar es un acto. En el momento en que observas tu ego, la consciencia se presenta con una percepción superior. Observar el ego, sentirlo y verlo «desde fuera» nos proporciona una presencia de testigo, y requiere un estado de alerta de alta concentración. Aquellos que tienen dificultad para aproximarse al silenucio interior pueden visualizar la respiración diafragmática profunda como una ayuda. Cualquier exhalación de larga duración que requiera una inhalación prolongada lo acercará a la fase generalizada de calma y paz. Concentrarse en la respiración también es una forma de impedir continuar cotorreando con el pensamiento.

Los ejercicios de respiración son tan antiguos como la meditación. Pero no sólo armonizan las funciones corporales, sino que también calman la mente, porque no sólo respiramos el oxígeno y otras moléculas de aire, sino también el vacío, el mar de todas las posibilidades. Dado que el aire contiene menos moléculas, es decir, menos masas por unidades de volumen en comparación con nuestro organismo, en una respiración hay relativamente más espacio sin masa. Cada espacio principal está repleto de la «energía espiritual» informativa, que antes he definido como «fuerza vital». Ahora, si centramos nuestra atención y consciencia a este aire inhalado, nos dirigiremos a la decoherencia de las posibles cantidades de energía e información, al colapso de las funciones de onda y, por tanto, a la fuerza efectiva sobre las masas del organismo.

Lo que importa no es el tamaño del volumen de respiración, sino su inspiración consciente. A esta forma de respiración la llamo respiración espiritual. La relajación y el silencio favorecen la respiración espiritual, pero la relación también es invertida, es decir, la relajación espiritual también conduce a la relajación y al silencio. Es un proceso de autorrefuerzo.

Si te cansas de concentrarte en la respiración después de unas pocas semanas, significa que la práctica ha sido la correcta; entonces podrás concentrarte en sentir todo tu cuerpo. Esto tiene mejores resultados si divides el cuerpo en zonas. Comienza por los pies, luego asciende poco a poco hacia la parte inferior de la pierna, la rodilla, el muslo, el área abdominal inferior, la espalda, el pecho, el cuello y, finalmente, la cabeza. Si la cosa va bien, sentirás una leve sensación de hormigueo o notarás el pulso, o el calor, en las secciones de concentración.

Al final de este ejercicio, sentirás todas las zonas del cuerpo como un todo. Todo tu organismo es una unidad de sensación atravesada por las energías cósmicas reales. Estas energías están esperando una conexión con la consciencia. Confía en que puedes activar la energía universal que fluye a través de ella y su información primaria en la materia de tu cuerpo, también para estabilizar tu estado de salud. Por tanto, ten siempre presente estas energías.

Después de que estas unidades se hayan practicado íntegramente para que de inmediato se puedan retirar, se produce otro paso crucial que te acercará a la intuición: concéntrate en la negrura que ves al cerrar los ojos. Esta condición es interesante. En la habitación a oscuras, en realidad ves una penumbra en blanco y negro que tú, igual que en el firmamento, puedes imaginar con una extensión infinita. Sintiendo la integridad corporal, te sumerges en esta oscuridad sin fin y te fundes en ella: acabas de llegar al silencio exterior e interior.

Del silencio interior de la información de energía primaria pura se obtiene una inmensa paz y una fuerza enorme. Trata de mantener este estado el mayor tiempo posible. Las distracciones de los pensamientos, los temas y las imágenes emergentes son normales, pero poco a poco van disminuyendo. No debes preocuparte por eso; de lo contrario, tu disgusto te sacará del trance de la experiencia y estropearás un momento maravilloso. La siguiente tarea es sumergirse más profundamente en el centro del silencio. Cuanto más te entregues a lo interno, más feliz te sentirás como un remanso de armonía y paz, los precursores del yo superior.

Alcanzar el yo verdadero a través de la meditación

El paso final te espera: el contacto directo con el yo superior y, por último, con el yo verdadero. En estas circunstancias puedes escuchar la percepción activa y creativa de la voz interior. La ayuda para los mensajes viene de la mano de la intuición, que también se llama inspiración o idea inmediata. No es un resultado de la reflexión, sino que acontece de un modo abrupto. Diferenciamos entre intuición creativa (que abre nuestros ojos a posibilidades ocultas) e intuición práctica (que nos permite llevar a cabo acciones inexplicables, a menudo irracionales). A posteriori resultan muy útiles. Por ejemplo, en la literatura se hace mención a intuiciones pronósticas que advierten sobre peligros concretos.

El yo dominado por la razón de la vida cotidiana impide que podamos escuchar al yo superior a través de la intuición. Pero gracias a los ejercicios anteriores, ahora estamos en un estado de ánimo que ha preparado a la mente para la percepción de la intuición. Con una profunda calma y equilibrio interiores, estamos preparados para las sensaciones intuitivas, las cuales solicitan y reciben respuestas inteligentes. No se trata de ningún monólogo, sino que se experimenta la opinión de una entidad que tiene buenas intenciones. De nuevo, debes aprender a escuchar con atención si es el yo superior mismo el que aconseja, o si son los seres erróneos (que has creado tú u otros seres) los que interfieren. Comprueba si aparecen trazos de egoísmo, por ejemplo, con deseos materialistas o sentimientos negativos como la envidia, el odio o la lujuria por el poder.

Existe un indicador excelente para la intuición auténtica: siempre surge de forma instantánea e inesperada, sin preparación previa. No hay ningún proceso de pensamiento anterior que lo preceda, ninguna reacción sobre los pensamientos o sentimientos. Las intuiciones negativas como el miedo, la ansiedad y la impaciencia no provienen del yo superior. No les des significado ni sentido a tales sentimientos en este momento e intenta neutralizarlos. Si has equilibrado y sensibilizado adecuadamente todo esto, es posible que tengas intuiciones en cualquier tipo de situación con la desventaja de que en circunstancias desfavorables también aparecerán más intuiciones falsas. No escatimarás el hecho de desarrollar mentalmente ideas erróneas y de seguirles el rastro. A partir de esto, aprenderás a distinguir entre circunstancias favorables y desfavorables, del mismo modo que podemos diferenciar entre estados de ánimo buenos y malos.

La confianza profunda es el requisito previo que manifiestas al yo superior para seguir hacia el paso final: la conexión voluntaria directa con el yo superior o incluso con el yo verdadero. A medida que el contacto con el yo superior se intensifica, experimentas sensaciones que también tienen un efecto físico. La piel de la cara (entre los ojos o en la barbilla) se estremece, o sientes un agradable escalofrío en la espalda; también puedes sentir, de repente, imágenes y escenas que aparecen frente a ti. En algún momento, escucharás una voz que habla con una perfecta lógica mediante oraciones breves y satisfará tus preguntas o deseos.

Si estableces una conexión consciente con el yo verdadero más allá del yo superior, entonces habrás logrado algo que fue el objetivo final en todas las tradiciones de las doctrinas secretas: la conexión consciente entre yo-mente-alma y el principio de creación más elevado. El énfasis recae en «consciente» porque ahora puedes usar el deseo y la voluntad. No podemos obtener información que ni siquiera sabemos que existía. Tal información no la podríamos reconocer como información. Alcanzar el nivel del yo superior no conoce esta limitación y abre una percepción muy amplia.

El éxito de la conexión es casi indescriptible. De hecho, todo es posible: adquisición de información, influencia material, logro de metas. La evolución ha hecho que todo sea real.

Como la activación del ser superior tiene la prioridad más alta para acceder al intramundo, ahora presentaré otro método que establece un curso en cierto sentido diferente.

Vuelve a cerrar los ojos y relájate profundamente para desencadenar ondas cerebrales coherentes y estimular el páncreas. Ahora visualiza un lugar hermoso con un silencio especial; puede ser una cabaña de montaña solitaria o una choza en un lago aislado. El ambiente es muy sereno. En este lugar te sientes cómodo y descansado. No hay presiones y sigues con los ojos cerrados. Concédete el placer de escuchar, ver, experimentar y comprender todo lo que se te presente sin prejuicios.

Inhala de manera profunda y exhala poco a poco. Con cada exhalación, imagina cómo todo lo negativo abandona tu cuerpo, junto con todas las limitaciones en el espacio y el tiempo. Cada exhalación intensifica la relajación. Con cada inhalación, la consciencia concentrada y despierta se vuelve más fuerte. Sientes que estás listo para una reunión importante. Cada respiración completa combina ambas: una completa serenidad pacífica al exhalar y una consciencia despierta y cristalina al inhalar. Observa por un momento esta coincidencia de calma y alerta sin nervio ni esfuerzo. Ahora dirige tu atención a lo que tu respiración ha estado observando durante algún tiempo: un observador. Él es idéntico a tu consciencia despierta. Al ritmo de las respiraciones, va llegando a tu propia individualidad una presencia que no has advertido antes. Sumérgete aún más en la paz y la claridad cristalina. Reconoce que el estado de alerta consciente no es un observador único, sino un campo infinito que lo abarca todo.

Ahora, de manera voluntaria, abandonas tu yo habitual y entras en este campo con total libertad. Es el océano infinito de la mente ilimitada y consciente que está por todas partes. En este mar, no te hundes ni te fusionas con otras criaturas que también están en el mar. Todo sigue existiendo como una unidad individual. Todo tiene derecho a estar en este mar. Está unido a todo, pero no está ligado a nada. Es un mar infinito y eterno.

Ahora formas parte del mar, y, de repente, te das cuenta de que la mente universal no sólo es infinita y eterna, sino que también es la fuente de todo. Ahora ves que sólo pudiste sumergirte en este mar de fantasmas porque está formado por el mismo «material». Ahora puedes reconocer que, al igual que la mente eterna e infinita puede volverse creativa a través de su voluntad de crear, tú tienes la oportunidad de hacer lo mismo. Esta poderosa criatura te inunda y sientes el flujo energético que despierta tu consciencia. Te unes al ser creador, que es omnipresente y omnisciente, y sientes todo el universo dentro de ti.

El observador consciente que nunca te pierde de vista es el yo verdadero. Es idéntico a la mente universal que produce todas las cosas. Es un universo de aprendizaje, ya que todo lo que hay en él es el todo existente. Si tu voluntad está en perfecta armonía con la voluntad del creador, entonces todo se vuelve posible. La gota y el océano son una unidad, no una uniformidad, porque cada gota de agua retiene su propia individualidad.

Percibes que la diversidad es lo que enriquece la unidad. Esta unidad, el gran todo, es la verdad más elevada, la esencia de todas las cosas, la esencia de la vida y de la creación. Usa esta esencia. Ahora ya puedes acceder a ella.

Mi agradecimiento a la editorial, al señor Strasser y a sus empleados por la buena cooperación. También me gustaría dar las gracias a la doctora Eichel por su profesionalidad al trabajar en la corrección de este libro.

Bibliografía

Abdrushin: *Gralsbotschaft – Das Wissen für den Weg der Seelen*. Der Ruf, Múnich, 1931. (Trad. cast.: «A la luz de la verdad. Mensaje del Grial de Abrudshin»).

Airaksinen, M. M. y Kari, I.: «a: Beta-Carbolines. Psychoactive compounds in the mammalian body. Part I Occurrence and Metabolism», *Medical Biology*, n.° 59, 1981, págs. 21-34.

—: «b: Beta-Carbolines. Psychoactive compounds in the mammalian body. Part II Effects». *Medical Biology*, n.° 59, 1981, págs. 190-211.

Alfred, J.: *Dark Earth*. Disponible en: ‹http://de.slideshare.net/darkplasma/dark-earth›. [Consulta: 2006].

Andrews, S.: *Educating for Peace through Planetary Consciousness; The Human Connection Project*. Disponible en: ‹www.connectioninstitute.org/PDF/HCP_Fund_Prposal.pdf›. [Consulta: 2010].

Bärtschi-Roschaix, W.: «Bewusstsein und Bewusstlosigkeit im Lichte moderner Hirnforschung», *Schweizerische Medizinische Wochenschrift* n.° 35, 1951, págs. 829-833. (Trad. cast.: «La conciencia y la inconsciencia a la luz de la investigación moderna del cerebro»).

Benford, M. S.: «Spin doctors: A new paradigm theorizing the mechanism of bioenergy healing», *Journal of Theoretics*, junio-julio 1999, vol. 1, n.° 2.

Bethe, H.: «Begegnungen mit Wolfgang Pauli». Véase también *Wolfgang Pauli und die moderne Physik*. Katalog zur Sonderausstellung der ETH-Bibliothek, 2000, pág. 85. (Trad. cast.: «Reuniones con Wolfgang Pauli»).

Bohm, D.: «Die implizite Ordnung». Véase también: Kakuska, R. *Andere Wirklichkeiten. Die neue Konvergenz von Naturwissenschaften und spirituellen Traditionen*. Goldmann, Múnich, 1986, pág. 65. (Trad. cast.: «El orden implícito. / Otras realidades. La nueva convergencia de las ciencias naturales y las tradiciones espirituales»).

Bohr, N.: *Atomic Theory and the Description of Nature*. Cambridge University Press, 1961, pág. 116.

BRADEN, G.: *Fractal Time*. Koha Verlag, Burgrain, 2009.

BRAUD, W. G.: «Blocking/shielding psychic functioning through psychological and psychic technics: a report of three preliminary studies». Véase también: WHITE, R. y SOLFIN, I.: *Research in Parapsychology*. Scarecrow Press. Metuchen, NJ, 1985, págs. 42-44.

BRAUD, W. G. y SCHLITZ, M. J.: «Psychokinetic influence on electrodermal activity», *Journal of Parapsychology*. n.° *47, 2*, 1983, págs. 95-119.

BRODIE, R.: *Virus of the Mind: The New Science of the Meme*. Hay House, edición reeditada, Nueva York, Carlsbad, California: 15 febrero de 2011.

BRUNNER, A.: *Eine Fülle von Unsterblichkeitsbeweisen*. ABZ 2, Zürich, 1972, pág. 90. (Trad. cast.: «Una gran cantidad de pruebas de inmortalidad»).

BRUNTON, P.: *Die Weisheit des Überselbst*. Zúrich, 1949, pág. 251. (Trad. cast.: «La sabiduría del yo superior»).

—: «Relativity, Philosophy, and Mind», *Notebooks of Paul Brunton (Book 13)*, 1988.

—: Larson Publications. Burdett, Nueva York, 1998, pág. 25.

CALLAWAY, J. C.: «A proposed mechanism for the visions of dream sleep», *Medical Hypotheses*, n.° 26, 1988, págs. 119-124.

—: «Tryptamines, Beta-carbolines and You», *MAPS – Newsletter 4, 2*. Disponible en www.maps.org/news-letters/v04n2/04230cal.html›. [Consulta: 1993].

CONFORTO, G.: *Das organische Universum*. Mosquito Verlag. Potsdam, 2006. (Trad. cast.: «El universo orgánico»).

COOK, E. W.; GREYSON, B. y STEVENSON, I.: «Do Any Near-Death Experiences Provide Evidence for the Survival of Human Personality after Death? Relevant Features and Illustrative Case Reports», *Journal of Scientific Exploration* 12, 3, 1998, págs. 377-406.

CYTOWIC, R. E.: «Wahrnehmungs-Synästhesie». Véase también: ADLER, H. y ZEUCH, U.: *Synästhesie. Interferenz-Transfer-Synthese der Sinne*. Würzburg, 2002, págs. 7-23. (Trad. cast.: «Sinestesia de la percepción»).

DAVID-NÉEL, A.: *A través de la China misteriosa: Viaje a pie... a través del Tibet*. Ediciones y publicaciones Iberia, 1929.

DAVIES, P. G. W.: «The Mind Body Problem and Quantum Theory». Véase también: *Proceedings of the Symposium on Consciousness and Survival*. John S. Spong, Sausalito, Calif. Inst. of Noetic Sciences, 1987, págs. 113-114.

—: *Die Urkraft. Auf der Suche nach einer einheitlichen Theorie der Natur*. Deutscher Taschenbuch Verlag, Múnich, 1990. (Trad. cast.: «La fuerza elemental. En busca de una teoría unificada de la naturaleza»).

Davies, P. G. W. y Gribbin, J.: *Auf dem Weg zur Weltformel. Der große Überblick* über den neuesten Stand der Physik. Byblos, Berlín, 1995. (Trad. cast.: «De camino a la fórmula mundial. El gran resumen de las últimas físicas»).

Dawkins, R.: *El gen egoísta*. Editorial Labor, 1979.

Deulofeu, V.: *Chemical components from Banisteriopsis and related Species*. Véase también: Daniel et al.: *Ethnopharmacologic Search*, 1967, págs. 393-401.

Devereux, P.: *Der heilige Ort*. AT Verlag, Stuttgart, 2006, pág. 78.

Domash, L.: «Physics and the Science of Creative Intelligence (II)», *Lecture V: Quantum Field Theory*. MIU Videotape Library, Fairfield, Iowa, 1973.

Dönt, E.: *Aristoteles. Kleine Naturwissenschaftliche Schriften*. Reclam. Stuttgart, 1997, pág. 127. (Trad. cast.: «Pequeños escritos científicos»).

Dossey, L.: *El poder curativo de la mente*. Punto de Lectura, 2005.

—: «Era III medicine: The next frontier», *ReVision*, 14,3, 1992.

—: *Palabras que curan: el poder de la plegaria y la práctica de la medicina*. Ediciones Obelisco, Barcelona, 1997.

Eccles, J. C.: *Wahrheit und Wirklichkeit – Mensch und Wissenschaft*. Springer. Berlín, 1975. (Trad. cast.: «Verdad y realidad: La persona y la ciencia»).

—: *Wie das Selbst sein Gehirn steuert*. Piper, Múnich, 1996. (Trad. cast.: «Cómo el yo controla su cerebro»).

Eccles, J. C. y Popper, K.: *El yo y su cerebro*. Editorial Labor, 1982.

Edwards, J. F.; Gebhardt-Henrich, S.; Fischer, K.; Hauzenberger, A.; Konar, M. y Steiger, A.: *Hereditary hydrocephalus in laboratory-reared golden hamsters (Mesocricetus auratus)*. Veterinary Pathology 43, 4, 2006, págs. 523-529.

Einstein, A.: *Brief an Jeremiah McGuire*, 24. 10. 53, Einstein-Archiv, 1953, págs. 60-487. (Trad. cast.: «Carta a Jeremiah McGuire»).

Eliade, M.: *Schmiede und Alchemisten. Mythos und Magie der Machbarkeit*. Herder Verlag. Freiburg im Breisgau, 1992. (Trad. cast.: «Herreros y alquimistas. Mito y magia de la viabilidad»).

Enz, C. P.: *Not time to be brief – a scientific biography of Wolfgang Pauli*. Oxford University Press. Londres, 2002, pág. 150.

—: *Of Matter and Spirit – Selected Essays*. World Scientific. Singapur. Véase también: *Rational and irrational features of Pauli's Life*, 2009, pág. 152.

Erlacher, D.: «Motorisches Lernen im Luziden Traum», *Dvs-Informationen*, 20, 3, 2005, págs. 7-9. (Trad. cast.: «Aprendizaje motor en el sueño lúcido»).

Evans-Wents, W. Y.: *Yoga tibetano y doctrinas secretas*. Kier Editorial, 1971.

Frederiksen, T. y Pless G.: «Antioxidantive Potential of Melatonin and Pinoline in Lipid Peroxidation of Brain Tissue», *Tesis de máster*, 1998, págs. 1-52, App.

Freeman, D.: «Energy of the Universe», *Scientific American*, n.° 9, 1971, pág. 51.

Freud, S.: *La interpretación de los sueños*. Alianza Editorial, 1969.

Fuller, J. G.: *The Airmen who would not die*. GP Putnam. Nueva York, 1979.

Georgi, H. M.: *Grand unified theories*. Davies, P. Véase también: *The New Physics*. Cambridge, Cambridge University Press, 1989, págs. 425-445.

Gielas, A.: «Ein bisschen Aberglaube schadet nicht – im Gegenteil!», *Psychologie Heute*, enero de 2013, pág. 21. (Trad. cast.: «Un poco de superstición no hace daño, todo lo contrario»).

Göhler, B.; Hamelbeck, V.; Markus, T. Z.; Kettner, M.; Hanne, G. F.; Vager, Z.; Naaman, R. y Zacharias, H.: «Spin Selectivity in Electron Transmission Through Self-Assembled Monolayers of Double-Stranded DNA», *Science 331*, 6019, 2011, págs. 894-897. AG Zacharias, Universität Münster. Disponible en: ‹www.uni-muenster.de/Physik.PI/Zach›.

Graves, F.: «The Ultimate Frontier: Edgar Mitchell, the Astronaut-Tuned-Philosopher Explores Star Wars, Spirituality, and How we Create Our Own Reality», *New Age*, mayo/junio, 1988, pág. 87. Citado en Talbot, pág. 237.

Green, C.: *Lucid dreams*. Oxford. Institute for psychophysical Research, 1968.

Green, C. y McCreery C.: *Träume bewußt steuern. Über das Paradox vom Wachsein im Schlaf*. Frankfurt am Main, Krüger, 1996. (Trad. cast.: «Control consciente de los sueños. Sobre la paradoja de estar despierto en el sueño»).

Greyson, B.: «Incidents and Correlates of Near-Death-Experiences in a Cardiac Care Unit», *General Hospital Psychiatry*, n.° 25, 2003, págs. 269-276.

—: «The near-death experience as a focus of clinical attention», *J Nerv Ment Dis.*, mayo de 1997, 185, 5, págs. 327-334.

Grinberg-Zylberbaum, J.: «Brain to Brain Interactions and the Interpretation of Reality», Universidad Nacional Autónoma de México e Instituto Nacional para el Estudio de la Conciencia, *Proyecto: D6APA UNAM IN 500693, IN 503693*, 1994. Disponible en: ‹www.start.gr/user/symposia/zylber4.htm›.

—: «The Einstein-Podolsky-Rosen Paradox in the Brain. The Transferred Potential». *Physics Essays*, n.° 7, 1994, pág. 4.

Grinberg-Zylberbaum, J. *et al.*: «Human Communication and the electrophysiological activity of the brain», *Subtle Energies*, n.° 3, 3, 1992, págs. 25-43.

Grinberg-Zylberbaum, J. y Ramos, J.: «Patterns of interhemisphere correlations during human communication». *International Journal of Neurosciences*, n.° 36, 1987, págs. 41-53.

Grof, S. y Bennet, H. Z.: *Die Welt der Psyche – Die neuen Erkenntnisse der Bewusstseinsforschung*. Rororo, Reinbek bei Hamburg, 1997.

Hagelin, J.; Orme-Johnson, D.; Rainforth, M. y Cavanaugh, K. A. C.: «Results of the National Demonstration Project to Reduce Violent Crime and Improve

Governmental Effective-ness in Washington, D. C.», *Social Indicators Research,* n.° 47, 2, 1999, págs. 153-201.

HALDANE, J. B. S.: «The Origin of Man». *Nature,* n.° 176, 1955, pág. 169.

HARTMANN, P.: *Der magische Ergregor.* Metathron, 2, 20, 1992. (Trad. cast.: «El mágico Ergregor»).

HAWKING, S.: *Historia del tiempo: del Big Bang a los agujeros negros.* Editorial Crítica, 1998.

HEISENBERG, W.: *La parte y el todo: en torno a la física atómica.* Ellago Ediciones, 1973.

—: *Más allá de la física: Atravesando fronteras.* La Editorial Católica, 1974.

HOLZBAUER, M.: *Der Papst und die armen Seelen.* Verlag Das Weisse Pferd, Marktheidenfeld, 2.ª edición, 1999. (Trad. cast.: «El papa y las pobres almas»).

Hu, H. y Wu, M.: *Possible Roles of Neural Elektron Spin Networks in Memory and Consciousness,* 2004. Disponible en http://cogprints.org/3544/1/ElectronSpinMind.pdf

—: «How mind influences brain through proactive spin», *Neuro-Quantology,* 2007.

—: *Spin-Mediated Consciousness Theory and Its Experimental Support by Evidence of Biological, Chemical and Physical Non-local Effects*, 2006. Disponible en arxiv.org/ftp/quant-ph/papers/0208/0208068.pdf

HUTSON, M.: *The 7 laws of magical thinking: How irrationality makes us happy, healthy and sane.* Hutson Street Press, Nueva York, 2012.

IMHOF, B.: *Wie auf Erden, so im Himmel. Wie das Leben als Mensch das Leben im Jenseits bestimmt.* Aquamarin, Grafing, 2012, pág. 157. (Trad. cast.: «Como en la tierra, así en el cielo. Cómo la vida como persona determina la vida en el más allá»).

India Daily Team: «The fact that our mind can traverse the spatial dimensions of the parallel universe shows we are genetically connected to aliens».

India Daily Team: *The parallel universe exists within us – it is closer to you than you can ever imagine.* Disponible en: www.indiadaily.com/editorial/3728.asp

JAHN, R. y DUNNE, B. J.: *An den Rändern des Realen. Über die Rolle des Bewusstseins in der Physikalischen Welt.* Zweitausendeins, Frankfurt/Main, 1999. (Trad. cast.: «Al borde de lo real. Sobre el papel de la conciencia en el mundo físico»).

JAKOBY, B.: *Wir sterben nie. Was wir heute über das Jenseits wissen können.* Nymphenburger Verlag, Múnich, 2007, pág. 218. (Trad. cast.: «Nunca morimos. Lo que podemos saber sobre el más allá hoy»).

JAYNES, J.: *El origen de la conciencia en la ruptura de la mente bicameral.* Fondo de Cultura Economica, 2009.

JONES, M. D. y FLAXMAN, L.: *Déjà-Vu. Eine Reise in die Rätsel von Geist, Gedächtnis und Zeit.* Lotus, Múnich, 2010, pág. 110. (Trad. cast.: «Déjà vu. Un viaje a los enigmas de la mente, la memoria y el tiempo»).

JUNG, C. G.: *Siete sermones a los muertos.* Editorial Heptada, 1990.

— «Theoretische Überlegungen zum Wesen des Psychischen». Véase también: *Gesammelte Werke*, Bd. VIII. Düsseldorf, 1995, pág. 197.

JUNG, C. G. y Pauli, W.: *La interpretación de la naturaleza y la psique.* Ediciones Paidós Ibérica, 1983.

KANT, I.: *Vorlesungen über Metaphysik*, Erfurt, 1821, págs. 230, 238, 258 (Trad. cast.: «Conferencias sobre la metafísica»).

IN JAFFÉ, A.: *Geistererscheinungen und Vorzeichen.* Prefacio de C. G. Jung. Herder Spektrum, Freiburg im Brsg, 1997. (Trad. cast.: «Apariciones de fantasmas y augurios»).

KARAMANOLIS, S.: *Rätsel der Materie.* Elektra Verlag, Neubiberg/Múnich, 1988, pág. 56. (Trad. cast.: «El enigma de la materia»).

KENNY, R.: *What can Science tell us about Collective Consciousness?*, 2004. Disponible en: www.collectivewisdominitiative.org/paper/kenny_ science.htm

KENSINGER, K. M.: «El uso del banisteriopsis entre los cashinahua del Perú». Véase también: HARNER M.: *Alucinógenos y chamanismo.* Ediciones Guadarrama, 1973.

KNOBLAUCH, H.: *Berichte aus dem Jenseits. Mythen und Realität der Nahtod-Erfahrung.* Herder Verlag, Freiburg, Basel, Wien, 1999, pág. 16. (Trad. cast.: «Informes de la otra vida. Mitos y realidad de la experiencia cercana a la muerte»).

KOTHARI *et al.*: *The yogic claim of voluntary control over the heart beat.* AM. HEART J. 86, 1983, págs. 282-284.

KRISHNA, G.: *Kundalini: el yoga de la energía.* Kairós, 1988.

LABERGE, S. y REINGOLD H.: *Exploring the World of Lucid Dreaming.* Ballantine Books, Nueva York, 1990.

LABERGE, S.: *Lucid dreaming: The Power of Being Awake and Aware in Your Dreams.* Ballantine Books, Nueva York, 1986.

—: «Lucid dreaming: Evidence and methodology». *Behavioral and Brain Sciences*, n.° 23, 6, 2000, pág. 962.

LANGER, S. Z.; LEE, C. R.; SEGONZAC, A.; TATEISHI, T.; ESNAUD, H.; SCHOEMAKER, H. y WINBLAD, B.: «Possible endocrine role of the pineal gland for 6-Methoxy-tetrahydro-beta-carboline. A putative endogenous neuromodulator for the (3H) Imipramine recognition site», *Europ. J. Pharmacol.* 102, 1984, págs. 379-380.

LEINO, M.: «6-Methoxy-Tetra-Hydro-Beta-Carbolin and Me- latonin in the Human Retina», *Exp. Eye Res,* 38, 3, 1984, págs. 325-330.

LEWIN, R.: «Is your Brain Really necessary?», *Science,* 12, 1980, págs. 1232-1234.

LORBER, J.: «The family history of "simple" congenital hydrocephalus. An epidemiological study based on 270 probands», *Zeitschrift für Kinderchirurgie,* n.° 39, 2, 1984, págs. 94-95.

LU ZUJIN: *Scientific Qigong Exploration.* Amber Leaf Press, 1997, pág. 373.

LUKE, J.: «The Effect of Fluoride on the Physiology of the Pineal Gland». University of Surrey, Guildford. *In Fluoride Action Network: Health Effects. Fluoride and the Pineal Gland,* 1997. Disponible en: www.fluoridealert.org/health/pineal.htm

MANDEL, R.: Véase también: NEUSER, W. y NEUSER-VON OETINGEN, K.: *Quantenphilosophie,* Spektrum, Akademischer Verlag, Heidelberg, 1997. (Trad. cast.: «Filosofía cuántica»).

MÜLLER, K. H.: *Informationen aus dem Jenseits. Eine Studie über mediale Mitteilungen.* Turm Verlag, Bietigheim, 1982, pág. 7.

MUSÈS, C. A.: *Consciousness and Reality.* Morrow/Avon, Nueva York, 1983.

NAHM, M. y GREYSON, B.: «Terminal lucidity in patients with chronic schizophrenia and dementia: A survey of the literature», *Journal of Nervous and Mental Desease,* n.° 197, 2009, págs. 942-944.

NAHM, M.; GREYSON, B.; KELLY, E. W. y HARALDSSON, E.: *Terminal lucidity: A review and a case collection.* Archieves of Gerontology and Geriatrics pre-print online publication, 2011. doi:10.1016/j.archger.2011.06.031.

NAMKHAI NORBU, R.: *El yoga de los sueños y la práctica de la luz natural.* Ediciones Dharma, 1997.

NARANJO, C.: *El viaje interior: en los clásicos de oriente.* Ediciones La Llave, 2013.

—: *Exploraciones psicodélicas: para la transformación colectiva de la conciencia.* Ediciones La Llave, 2016.

M. NIEMZ, M. H.: «Lucy mit c. Mit Lichtgeschwindigkeit ins Jenseits. Leben nach dem Tod. Neue wissenschaftliche Indizien», *Books on Demand,* 3, 2006, reimpresión actualizada. (Trad. cast.: «Lucy con c. A la velocidad de la luz en el más allá. La vida después de la muerte. Nueva evidencia científica»).

ORME-JOHNSON, D. W.: «The Science of World Peace: Research shows Meditation is effective», *The International Journal of Healing and Caring On-Line,* 3, 3, 1993, pág. 2.

Orme-Johnson, D. W.; Dillbeck, M. C. y Alexander, C. N.: «Preventing terrorism and international conflict: effects of large assemblies of participants in the Transcendental Meditation and TM-Sidhi programs», *Journal of Offender Rehabilitation,* 2003 36(1-4), págs. 283-302.

Parnia, S.; Waller, D. G.; Yeates, R. y Fenwick, P.: «A Qualitative and Quantitative Study of the Incidence, Features and Aetiology of Near-Death experiences in Cardiac Arrest Survivors», *Resuscitation,* 48, 2001, págs. 149-156.

Paul, D.: *Die Urkraft. dtv*, Múnich, 1990, págs. 45, 46, 54. (Trad. cast.: «La fuerza elemental»).

Pauli, W. y Jung, C. G.: *La interpretación de la naturaleza y la psique.* Ediciones Paidós, 1983.

Pauli, W.: «Wissenschaftlicher Briefwechsel mit Bohr, Einstein, Heisenberg etc.», 1950. Editado por Karl von Meyenn 1996, vol. 4/I. Springer, Berlín, pág. 37.

Pavel, S.; Goldstein R; Petrescu M. y Popa M.: *Melatonin, Vacotocin and REM-Sleep in prepubertal boys,* 1981. Véase también: Biran N.; Schloot W., *Melatonin,* págs. 343-347. (Trad. cast.: «Correspondencias científicas con Bohr, Einstein, Heisenberg et al.»).

Penfield, W.: *El misterio de la mente: estudio crítico de la consciencia y del cerebro humano.* Pirámide, 1977.

Philip, Y.: «Das zähe Leben von Schrödingers Katze», *Spektrum der Wissenschaft Digest, vol.* 3: *Quantenphänomene,* 2003, pág. 32. (Trad. cast.: «La dura vida del gato de Schrödinger»).

Pietschmann, H.: *Die Physik und die Persönlichkeit von Wolfgang Pauli.* Véase también: Atmanspacher, H.; Primas, H. y Wertenschlag-Birkhäuser, E.: *Der Pauli-Jung-Dialog und seine Bedeutung für die moderne Wissenschaft.* Springer, Berlín, 1995, pág. 71. (Trad. cast.: «La física y la personalidad de Wolfgang Pauli / El diálogo de Pauli y Jung y su importancia para la ciencia moderna»).

Planck, M.: *Wissenschaftliche Selbstbiographie.* Mit einem Bildnis und der von Max von Laue gehaltenen Traueransprache, 1948, p. 22, Johann Ambrosius Barth Verlag, Leipzig. (Trad. cast.: «Autobiografía científica»).

Platton, C. M. y Wheeler, J. A.: *Is Physics Legistated by Cosmogony?*, 1975. Véase también: Isham, C. J.; Penrose R.; Sciama, D. W., *Quantum Gravity.* Clarendron Press, Oxford, 1975.

Playfair, G.: *Twin Telepathy: The psychic connection.* Vega Books, Londres, 2002.

Powell, D. H.: *Das Möbius-Bewusstsein. Warum es paranormale Fähigkeiten gibt und wie wir sie trainieren können.* Goldmann Arkana, Múnich, 2009, pág. 217. (Trad. cast.: «La conciencia de Möbius. ¿Por qué hay habilidades paranormales y cómo podemos entrenarlas?»).

PRICE, W. A.: *Nutrition and Physical Degeneration.* La Mesa, California, 1998.

QUAY, W. B.: *Pineal Chemistry.* CC Thomas, Springfields, Illinois, 1974.

RIMLAND, B. y FEIN, D.: *Special talents of autistic savants*, 1988, 2009. Véase también: OBLER, L. K. y FEIN, D.: *The Exceptional Brain.* Nueva York, zitiert in Powel.

RING, K. y ELSÄSSER-VALERINO, E.: *Im Angesicht des Lichts.* Ariston-Verlag, Múnich, 1999. (Trad. cast.: «A la vista de la luz»).

RIVIER, L.; y LINDGREN, J. E.: *Ayahuasca the South American hallucinogenic drink: an ethnobotanical and chemical investigation.* Véase también: FRANKEL, O. H. y BENNET, E.: *Economic Botany.* Blackwell Scientific Publications, Londres, 1971, pág. 101-129.

ROEBKE, J.: «Realität auf dem Prüfstand», *Spektrum der Wissenschaft Dossier* 4/10, 2010. (Trad. cast.: «La realidad de la prueba»).

RONEY-DOUGAL, S.: *Wissenschaft und Magie.* Zweitausendeins, Frankfurt, 1993, pág. 136. (Trad. cast.: «Ciencia y magia»).

ROTH, G.: *Aus Sicht des Gehirns.* Suhrkamp, Frankfurt/M., 2003, pág. 214. (Trad. cast.: «Desde el punto de vista del cerebro»).

RUCH, W.; PROYER, R. T. y BUSCHOR, C.: «Testing Strenths-Based Interventions: A Preliminary Study on the Effectiveness of a Program Targeting Curiosity, Graditude, Hope, Humor, and Zest for Enhancing Life Satisfaction», *Journal of Happiness Studies*, 14, 2012, págs. 275-292. doi:10.1007/s10902-012-9331-9.

SAINT-DENY, H.: *Dreams and how to guide them.* Duckworth, Londres, 1982.

SARFATTI, J.: «The physical roots of consciousness», 1975. Véase también: MISHLOVE, JEFFREY: *Roots of consciousness*, pág. 292.

SARTORI, P.: «The Incidence and Phenomenology of Near-Death-Experiences», *Network Review Scientific and Medical Network*, 96, 2006, págs. 23-25.

SATYANANDA SWARASWATI, SWAMI: *The Pineal Gland* (Ajna chakra). Bihar, India: School of Yoga, 1972.

SCHLAG, O.: *Von alten und neuen Mysterien – die Lehren des A.*, vol. I. Ergon Verlag, Würzburg, 1998. (Trad. cast.: «De viejos y nuevos misterios - las enseñanzas de A»).

SCHRÖDINGER, W.: *Mente y materia.* Taurus, 1961.

SERRANO, M.: *El círculo hermético: de Hermann Hesse a Carl G. Jung.* Grupo Libro 88 , 1992.

SPANGLER, D.: *Revelación : el nacimiento de una nueva era.* Océano, 1998. *Spektrum der Wissenschaft: Schwerkraft – eine Illusion?* 16. 02. 2006, 01. 11.

2003, 23. 12. 2008. (Trad. cast.: «El espectro de la ciencia: ¿es la gravedad una ilusión?»).

Spierling, K. H.: *Der Klartraum und seine Anwendung zur Angstreduktion und Streßbewältigung im Traum*. Mikrofiche-Ausgabe Tectum, Marburg, 1997. (Trad. cast.: «El sueño lúcido y su aplicación para reducir la ansiedad y manejar el estrés en el sueño»).

Spinelli, E.: «Paranormal cognition: summary and implications». *Parapsychic Revue,* 14, 5, 1983, 5-8.

Stapp, H. P.: *Mind, Matter, and Quantum Mechanics*. Springer, Nueva York, 1993.

Strassmann, R.: *Dmt: La Molécula del Espíritu: Las Revolucionarias Investigaciones de Un Médico Sobre La Biología de Las Experiencias Místicas Y Cercanas a la Muerte*. Inner Traditions, 2014.

Swanson, C. V.: *The Synchronized Universe: New Science of the Paranormal*. Poseidia Press, Tucson, AZ, 2003, págs. 105-108.

Taimni, I. K.: *The Science of Yoga – the Yoga Sutras of Pantanjali. A Quest Book*. The Theosophical Publishing House, Weaton, Illinois, USA, 1961.

Talbot, M.: *El universo holográfico: una visión nueva y extraordinaria de la realidad*. Palmyra, 2007.

Tammert, D.: *Nacido en un día azul*. Editorial Sirio, 2007.

Targ, R. y Puthoff H.: *Mind-Reach*. Delacorte Press, N.Y., 1977.

Tart, C.: «Physiological Correlates of Psi Cognition», *International Journal of Parapsychology,* 5, 1963, págs. 375-386.

—: «Was wir von Sterbenden lernen können», *Psychologie Heute,* n.° 1, 2000, pág. 15. (Trad. cast.: «Lo que podemos aprender de los moribundos»).

—: *Altered States of Consciousness*. Wiley & Sons, Nueva York, 1969.

Taube, M.: *Materie, Energie und die Zukunft des Menschen*. Hirzel, Wissenschaftliche Verlagsgesellschaft, Stuttgart, 1988, pág. 135.

Tholey, P.: *Schöpferisch träumen – wie Sie im Schlaf das Leben meistern*. Klotz, Eschborn bei Frankfurt am Main, 1997, pág. 61 ss. (Trad. cast.: «Sueña de forma creativa: cómo dominar tu vida mientras duermes»).

Todt, U.: *Martinus' Leben und Werk,* vol. II. Das Werk von Martinus. Novalis, Schaffhausen, 2008, pág. 209. (Trad. cast.: «La vida y la obra de Martinus»).

Ullman, M.; Krippner, S. y Vaughan, A.: *Dream Telepathy: Experiments in Nocturnal Extrasensory Perception*. Hampton Roads Publishing, 1973.

van Eeden, F. W.: «A Study of Dreams», *Proceedings of the Society for Psychical Research*, 26, 1913, págs. 431-461.

van Lommel, P.: *Consciencia más allá de la vida: la ciencia de la experiencia cercana a la muerte*. Atalanta, 2012.

VAN LOMMEL, P.; VAN WEES, R.; MEYERS, V. y ELFFERICH I.: «Near Death Experiments in Survivors of Cardiac Arrest: A Prospectiv Study in the Netherlands». *Lancet,* 358, 2001, págs. 2039-2049.

VON GÖRRES, J.: *Die christliche Mystik.* GJ Manz, Múnich, Neuauflage, 1836, 1960, págs. 515-519. (Trad. cast.: «Misticismo cristiano»).

VON MEYENN, K.: *Wissenschaftlicher Briefwechsel mit Bohr*, 1993, EINSTEIN, HEISENBERG ET AL., vol. 3 VON WOLFGANG PAULI, KARL VON MEYENN. Verlag Birkhäuser, pág. 763.

VON ROHR, W.: «Es steht geschrieben ... Ist unser Leben Schicksal oder Zufall?», Goldmann, 1996, p. 95; p. 133. (Trad. cast.: «Ya está escrito ... ¿Es nuestra vida un destino o una coincidencia?»).

VON WEIZSÄCKER, K. F.: Epílogo de la antología de NEUSER, W., NEUSERVON OETINGEN, K.: *Quantenphilosophie.* Spektrum Akademischer Verlag, Heidelberg, 1997. (Trad. cast.: «Filosofía cuántica»).

VOSS, U.; HOLZMANN, R.; TUIN, I. y HOBSON, A.: «Lucid dreaming: a state of consciousness with features of both waking and non-lucid dreaming», *SLEEP 32*, 9, 2009, págs. 1191-1200.

WAELTI, E.: *Der dritte Kreis des Wissens.* Ansata, Interlaken, 1983. (Trad. cast.: «El tercer círculo del conocimiento»).

WAGGONER, R.: *Lucid Dreaming: Gateway to the Inner Self.* Moment Point Press, Needham, MA. Disponible en: www.lucidadvice.com. Consulta: [01.10.2008].

WARNKE, U.: *Gehirn-Magie: Der Zauber unserer Gefühlswelt. Der archaische Zivilisationsmensch,* vol III. Popular-Acad.-Verl.-Ges., 2.ª edición, Saarbrücken, 1998. (Trad. cast.: «Magia cerebral: La magia de nuestro mundo emocional. El hombre de la civilización arcaica»).

WASILJEW, L. L.: *Experiments in distant influence.* E. P. Dutton, Nueva York, 1976.

WHEELER, J. A.; MISNER, C. y THORNE, K. S.: *Gravitation.* Freeman, San Francisco, 1973.

WITTMANN, U.: *Leben wie ein Krieger. Die verborgene Botschaft des Yaqui-Zauberers Don Juan.* Ansata Interlaken, 1984, 2.ª edición 1988. (Trad. cast.: «Vive como un guerrero. El mensaje oculto del mago yaqui Don Juan»).

XIN YAN; FENG LU; HONGJIAN y JIANG *et al.*: «Certain Physical Manifestation and Effects of External Qi of Yan Xin Life Science Technology», *Journal of Scientific Exploration,* 16, 3, 2002, Allen Press, Lawrence.

ZOHAR, D.: *Through the Time Barier. A Study of Precognition and Modern Physics.* Heinemann, Londres, 1982.

ZUGER, A.: «Removal of Half the Brain Improves Young Epileptics Lives», *New York Times*, 19.08.1997.

Nota:
Es posible que algunas de las páginas web especificadas no estén disponibles o hayan cambiado su dirección URL después de algún tiempo.

Índice analítico

Índice